高等学校计算机专业教材精选·计算机技术及应用

普通高等教育“十一五”国家级规划教材

信息系统设计与应用

（第2版）

赵乃真　编著

清华大学出版社
北京

内容简介

本书是普通高等教育"十一五"国家级规划教材。

书中内容可以分为4个部分：第一部分：基础知识；第二部分：系统开发方法及实例；第三部分：信息系统管理；第四部分：信息文化和信息人才。这几部分内容之间既有联系又有一定的独立性，在学习时可以根据需要调整学习的顺序和选择学习的内容。

本书除了保持第1版的一些基本特征以外，在修改时考虑了以下指导思想：内容和篇幅更紧凑；尽可能带给读者更完整的信息系统开发的知识；能体现和跟踪信息系统开发新的思想。

本书主要面向管理信息系统、计算机应用等专业的本科生作为专业课教材，也可以作为相关信息专业以及经济、管理等专业的本科生及研究生学习信息系统设计与应用知识的辅助教材使用。

图书在版编目（CIP）数据

信息系统设计与应用 / 赵乃真编著．—2版．—北京：清华大学出版社，2009.10
（高等学校计算机专业教材精选·计算机技术及应用）
ISBN 978-7-302-21079-5

Ⅰ.信…　Ⅱ.赵…　Ⅲ.信息系统－系统设计－高等学校－教材　Ⅳ.G202

中国版本图书馆CIP数据核字(2009)第163220号

责任编辑：汪汉友
责任校对：焦丽丽
责任印制：王秀菊

出版发行：清华大学出版社　　**地　　址**：北京清华大学学研大厦A座
http://www.tup.com.cn　　**邮　　编**：100084
社　总　机：010-62770175　　**邮　　购**：010-62786544
投稿与读者服务：010-62776969，c-service@tup.tsinghua.edu.cn
质量反馈：010-62772015，zhiliang@tup.tsinghua.edu.cn
印 刷 者：北京市清华园胶印厂
装 订 者：三河市李旗庄少明装订厂
经　　销：全国新华书店
开　　本：185×260　　**印　张**：18.25　　**字　数**：445千字
版　　次：2009年10月第2版　　**印　次**：2009年10月第1次印刷
印　　数：1～4000
定　　价：28.00元

本书如存在文字不清、漏印、缺页、倒页、脱页等印装质量问题，请与清华大学出版社出版部联系调换。
联系电话：010-62770177转3103　　产品编号：032350-01

出 版 说 明

我国高等学校计算机教育近年来迅猛发展，应用所学计算机知识解决实际问题，已经成为当代大学生的必备能力。

时代的进步与社会的发展对高等学校计算机教育的质量提出了更高、更新的要求。现在，很多高等学校都在积极探索符合自身特点的教学模式，涌现出一大批非常优秀的精品课程。

为了适应社会的需求，满足计算机教育的发展需要，清华大学出版社在进行了大量调查研究的基础上，组织编写了《高等学校计算机专业教材精选》。本套教材从全国各高校的优秀计算机教材中精挑细选了一批很有代表性且特色鲜明的计算机精品教材，把作者们对各自所授计算机课程的独特理解和先进经验推荐给全国师生。

本系列教材特点如下。

(1) 编写目的明确。本套教材主要面向广大高校的计算机专业学生，使学生通过本套教材，学习计算机科学与技术方面的基本理论和基本知识，接受应用计算机解决实际问题的基本训练。

(2) 注重编写理念。本套教材作者群为各校相应课程的主讲，有一定经验积累，且编写思路清晰，有独特的教学思路和指导思想，其教学经验具有推广价值。本套教材中不乏各类精品课配套教材，并力图努力把不同学校的教学特点反映到每本教材中。

(3) 理论知识与实践相结合。本套教材贯彻从实践中来到实践中去的原则，书中的许多必须掌握的理论都将结合实例来讲，同时注重培养学生分析、解决问题的能力，满足社会用人要求。

(4) 易教易用，合理适当。本套教材编写时注意结合教学实际的课时数，把握教材的篇幅。同时，对一些知识点按教育部教学指导委员会的最新精神进行合理取舍与难易控制。

(5) 注重教材的立体化配套。大多数教材都将配套教师用课件、习题及其解答，学生上机实验指导、教学网站等辅助教学资源，方便教学。

随着本套教材陆续出版，相信能够得到广大读者的认可和支持，为我国计算机教材建设及计算机教学水平的提高，为计算机教育事业的发展做出应有的贡献。

清华大学出版社

前　言

本书第1版出版到现在已经6年了。在这6年中我国信息化建设有了长足的发展和进步。企业、组织中的信息化应用日益普及，甚至在人们的日常生活中，也已经离不开各种形式的信息系统应用。在这种形势下，对信息系统开发应用的教学、人才培养都面临着新的需求和挑战，需要在这个领域从事教学的广大教师认真研究，编写出更适应时代需要的新教材供学生使用。

本书在改版时，作了如下修改：

(1) 删掉信息技术和系统科学两章的内容；

(2) 为了强调系统开发前期工作的重要性，增加了信息系统规划和需求工程的章节；

(3) 部分章节的内容作了调整和更新，特别是一些时效性很强的数据及网页等；

(4) 开发方法学中增加了敏捷开发方法。

除了保持原版的一些基本特征以外，在修改时考虑了以下指导思想：

(1) 内容和篇幅更紧凑；

(2) 在有限的篇幅内尽可能讲述更完整的信息系统开发的知识；

(3) 能体现和跟踪信息系统开发新的思想；

(4) 原版中有些案例虽然不是太新，但很有典型意义，因此仍然予以保留。

本书适合管理信息系统专业的本科生作为专业课教材，也可以作为相关计算机应用专业以及经济、管理等专业的本科生及研究生学习信息系统知识的辅助教材使用。本课程需要的前导课程知识包括计算机程序设计、数据库设计应用等基础知识。本课程的后续课程可以设置信息系统数据处理以及系统建模等课程。

本书内容大致可以分为以下4部分。

第一部分：基础知识，包括第1～2章。

第二部分：系统开发方法及实例，包括第3章～第6章。

第三部分：信息系统管理，包括第7章～第8章。

第四部分：信息文化和信息人才，包括第9章。

上述各部分内容之间既有联系又有一定的独立性，在学习时可以根据需要调整学习的顺序和选择学习的内容。但是信息系统开发是一门实践性很强的课程，强调的是能力的培养和提高。这里除了程序编写的能力以外，还包括沟通、协作和表达能力以及良好的工程习惯。书中无论哪一部分知识，都只能通过实践才能真正掌握，所以建议在学习本课程时，可以采取组建项目开发小组的方法，通过一个小型管理信息系统项目的开发和应用实践来理解和掌握书中讲述的知识。

在本书的编写过程中得到了安淑芝、武淑萍等老师的大力支持和帮助，在此表示衷心的感谢。同时还要衷心感谢清华大学出版社的编辑，没有他们的支持以及卓有成效的工作，本书也不能出版。最后也要感谢参考文献的作者们，本书引用了其中的一些观点和论述，使本书增色很多。

由于作者能力所限，书中难免有表达不是很清晰甚至值得推敲的地方，敬望读者给与批评指正，不吝赐教。

编　者

2009 年 8 月

目　　录

第1章　信息及其管理

“信息”是本课程研究和管理的对象。为了管理好、应用好信息，首先应该对“信息”这种特殊的对象有比较全面和深入地认识。对于信息的理解，1975年图灵奖得主赫伯特·西蒙(H. A. Simon)曾说过：“管理就是决策，决策依靠信息。”这句话透彻地说明了信息、决策和管理三者之间的关系。1978年，正是由于其在决策理论方面的卓越贡献，赫伯特·西蒙获得了诺贝尔经济学奖。本章将从不同角度研究信息究竟是什么，有什么特性，为什么信息的管理在现代社会变得非常重要。本章知识的主线是，信息—信息的价值—信息管理及信息系统—信息化战略。对我国目前信息化战略的理解可以有助于提升读者的专业使命感和责任感。

本章主要内容：

(1) 信息的概念。

(2) 如何使信息变成资源。

(3) 信息资源管理，NOLAN模型。

(4) 信息化意识和我国信息化战略。

案例1-1　精准农业

精准农业是当今世界农业发展的新潮流，是由信息技术支持的根据空间变异，定位、定时、定量地实施一整套现代化农事操作技术与管理的系统，其基本含义是根据作物生长的土壤性状，调节对作物的投入，即一方面查清田块内部的土壤性状与生产力空间变异，另一方面确定农作物的生产目标，进行定位的“系统诊断、优化配方、技术组装、科学管理”，调动土壤生产力，以最少的或最节省的投入达到同等或更高的收入，并改善环境，高效地利用各类农业资源，取得经济效益和环境效益。

精准农业由10个系统组成，即全球定位系统、农田信息采集系统、农田遥感监测系统、农田地理信息系统、农业专家系统、智能化农机具系统、环境监测系统、系统集成、网络化管理系统和培训系统。其核心是建立一个完善的农田地理信息系统(GIS)，可以说是信息技术与农业生产全面结合的一种新型农业。精准农业并不过分强调高产，而主要强调效益。它将农业带入数字和信息时代，是21世纪农业的重要发展方向。

精准农业发源于美国。据1998年对该国精准农业服务商和种子公司的调查显示：在它们的用户中有82%进行土壤采样时使用GIS，74%用GIS制图，38%收割机带测产器，61%采用产量分析，77%采用精准农业技术。预计今年使用精准农业技术将达到90%。近年来以航空为主的遥感技术开始在农田信息采集中应用，虽然还处于起步阶段，但是发展势头迅猛。精准农业在英国、德国、法国、荷兰、西班牙、澳大利亚、加拿大等发达国家也在迅速发展。不少发展中国家也在酝酿实施这一项目。

我国是个贫水国家，又是水资源浪费严重的国家，农田灌溉水的有效利用率只有45%，而先进国家达50%～70%。根据田间土壤水分情况实施精确灌溉，最大程度地提高田间水分利用率是我国农业资源利用的重要方向。我国化肥利用率也相当低，仅在30%～40%，氮肥损失率高达70%～80%，浪费十分严重，还造成环境问题。

精准农业通过精心计算出庄稼所需化肥、水分、农药等的量，就可以极大地节约各种原料的投入，大大降低生产成本，提高土地的收益率，同时十分有利于环境保护。精准农业使农业生产由粗放型转向集约型经营，其重要特征是使各种原料的使用量达到非常准确的程度，经营可以像工业流程一样连续地进行，从而实现规模化经营。精准农业技术的应用非常广泛，如根据土壤的需要使肥力的状况得到改善，根据病虫害的情况来调节农药喷洒量，根据干旱情况及时灌溉，自动调节拖拉机的耕种深度，及时改善土壤，防止土地板结和肥力下降等。

案例讨论

(1) 实现精准农业需要采集什么信息？如何获取这些信息？

(2) 在精准农业的实施中如何应用信息？

(3) 通过精准农业的实例说明信息给农业的发展带来什么效益？

(4) 结合学习生活中的事例说明信息有什么用途？

1.1 信息是什么

当人们决定做或不做某事时，总是先要了解一些情况。例如，在决定出门是否要带伞时，往往要听一下天气预报，或看一看天上的云彩。在这里，天气预报或天上云彩的情况就是信息，尽管表达的方式不同。可见信息是任何人拿主意、做决策时需要从客观世界获取和了解的东西，是拿主意、做决策的原始依据。只不过对于一个企业或组织的领导者、管理者，在做决策时可能需要的信息量、信息种类更多、处理起来更复杂而已。显然，作为一个企业或组织的各级管理者记录在本子上，保存在档案柜中的各种形式的会议记录、决定、方案、报表、账目、规划、规章制度、业务流程，以及计算机中存储的各种数据都是管理信息。无论是哪个部门或科室的管理工作，实质就是信息的搜集、传递、处理和应用的过程。因此在美国将办公室工作人员称为知识工作者(Knowledge Worker)，或直译为知识工人。

1.1.1 信息的多种定义

信息(Information)是一个十分广泛的概念。"信息"一词在中国港、澳、台地区译作"资讯"。由于信息和所有的学科、所有的行业和所有的人都密切相关，因此信息的定义也是多种多样的。下面列出几种常用的定义。

(1) 控制论的创始人诺伯特·维纳(Norbert Wiener)。信息是人们在适应外部世界并使这种适应反作用于外部世界的过程中，同外部世界进行交换内容的名称。

(2) 信息论的创始人香农(C. Shannon)。信息是事物不确定性的减小。

(3)《中国大百科全书》的《自动控制与系统工程卷》。信息是符号、信号或消息所包含的内容，用来消除对客观事物认识的不确定性。

(4) 新华字典。消息、音信。

(5) 其他类似的术语。情报、资讯、通知、报告、知识、新闻等。

实际上信息是客观世界的反映，是事物存在的方式或运动的状态，以及这种方式或状态的直接或间接的表述。信息与物质世界共生共存无法分割，信息也是宇宙万物之所以构成联系的纽带。正是因为信息的存在，世界才是一个相互关联、有生命力、变化万千的整体。从这种意义上可以说，万物皆信息。

多姿多彩的信息是客观世界的反映，这些信息可以分为3种类型或3个层次。

(1) 事物的静态属性信息。事物的形状、颜色、状态、数量。

(2) 事物的动态特征信息。事物的运动、变化、行为、方法、操作和时空特性。

(3) 事物的内在联系信息。事物之间的关系、影响和相互运动的规律。

前两类信息直观，容易采集和处理。第三类信息具有潜在、隐含的特点，难以直接获得，描述也比较复杂，往往是在前两类信息基础上分析、综合的结果，常常被称为知识。因此学习的过程实际也是不断获得关于客观世界信息的过程。人类不断探索、发现和使用信息正是人类社会不断进化的标志之一。

信息的概念和应用现在已经渗透到军事、科学技术、经济、工业、农业、社会、政治、文化等几乎所有的领域。不同的学科和研究领域对信息有不同的定义方法。不同的定义反映了信息的某一方面的特征。

1.1.2 管理领域信息的定义

在企业或组织的管理中，信息定义在比较狭窄的范围，含义更加具体明确：管理信息是经过加工的数据，对接收者的行为产生影响，对接收者的决策有价值。本课程研究的目标主要是企业和组织中的信息管理，所以常采用这个比较狭义的定义。

在这个定义中强调管理信息的3个特征：目的性、处理过程和相对性。

1. 目的性

管理信息有明确的目的性和确定的范围，强调的是服务于管理、对管理决策有用。对于那些日常生活中熟视无睹的信息，如每天走过的楼梯阶数、铺天盖地的各种无用的广告等，不能说不是信息，但由于对于管理决策无用，所以不在本书讨论的范围之内。从某种意义上说，研究信息的目的之一就是要找到信息并筛除、过滤掉大量无用的信息。另一方面这个定义强调管理信息的价值体现在对决策者决策的影响效果。

2. 处理过程

管理信息的概念强调了对信息的加工和处理过程。引入了数据和信息的区别。信息加工的原材料是数据，加工的结果是信息。在这里，信息是客观事务状态和特征的表述，数据是载荷信息的可鉴别的符号。信息是经过加工后的数据。可以用图1-1简单描述数据和信息之间的关系。

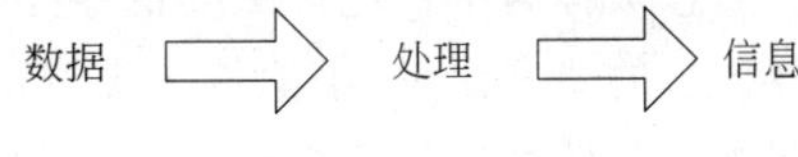

图1-1 数据和信息的关系

信息处理的概念有广义和狭义之分。广义的信息处理包括信息的产生、搜集、积累、存储、传递、加工、应用等全部过程。狭义的信息处理主要指信息的加工过程，其中包括信息的整理、筛选、过滤、计算、统计、数据挖掘等过程。信息管理的核心是信息的处理，信息处理的关键是算法。信息处理需要信息系统和多种信息技术的支持。

3. 相对性

在信息的管理应用中，对于某一种应用，由数据加工得到的信息对于下一级应用来说又是加工的原材料的数据。经过不同阶段的加工获得不同层次的信息、从而满足不同管理层次的决策需求。实际上，企业和组织的管理过程正是信息的不断加工、处理和应用的过程。信息加工的这种特点可称为信息加工的相对性和传递性。反映了信息的层次和不断的加工过程。因此，除非在某些特定场合，一般情况下并不严格区分数据和信息的概念。有时使用一次信息、二次信息等来区分信息加工的层次。

显然，信息的加工处理存在深度的区别，例如可以将知识看作是信息的再加工，是信息处理的结晶。知识是人类通过实践认识到的关于客观世界的规律性的东西，是概念、规则、规律、模式、约束等的集合，知识被以各种形式记录在书本等媒体中。可以说，知识描述了信息之间的关联结构。由基本信息到知识层次需要经过复杂的加工、试验和转换、提高的过程。

1.1.3 信息是人类社会的重要资源

随着社会的进化，信息已经成为人类社会不可或缺的三大基本要素之一：物质、能量、信息。这 3 个要素对人类社会都是不可或缺的，但其影响各不相同。关于这种影响，科学家的表达如下。

(1) 缺少物质的世界是空虚的世界。

(2) 缺少能量的世界是死寂的世界。

(3) 缺少信息的世界是混乱的世界。

信息既不同于物质和能量，又与物质和能量有密切的关系、无法分隔。任何物质都具有作为信息源的属性，只要存在的东西是物质，它必然向外发送信息。信息的传递要依赖物质，信息的储存也只有借助物质才能实现。信息本身不等同于能量，但获取信息要消耗能量，驾驭能量又需要信息。信息与物质和能量的关系可以用图 1-2 所示的资源三角形表示。

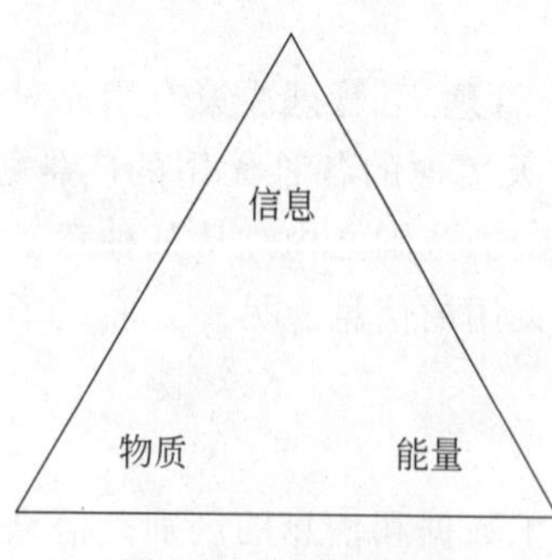

图 1-2 资源三角形

人们从外界接收的是信息、向外界发出的是信息、实现互相沟通和联系的还是信息。没有信息，人类社会无法存在，企业难以生存。正是信息使得自然界、人类社会和任何一个企业、组织成为有序的整体。因此，G. B. 戴维斯将信息对于企业的重要性比作就像空气和水对于人一样重要。其重要性如表 1-1 所示。

信息被称为本世纪最重要的战略资源，信息资源的管理需要更多的人才。从信息作为一种独立的要素出发，诺伯特·维纳得出结论“信息就是信息，不是物质，也不是能量”。他强调的正是信息这种要素和其他两种要素相比有很多不同的特征。这也正是人们不懈地研究和管理信息的原因之一。

表 1-1　信息的重要性

人类需求的丧失		企业信息的丧失		
成　　分	危及生命的时间	成　　分	涉及的活动	危及组织的时间
氧	几分钟	事务单据	作业	几小时～几天
水	几天	作业报告	作业控制	几天～几周
食物	几周	计划和控制报告	管理控制	几周～几个月
感情支持	几个月或几年	长期发展报告	战略计划	几个月～几年

1.1.4　信息的表达

信息是客观事物特征的反映，因此信息有多种多样的表现形式，除了声、光、色、嗅、味以及形状、重量等常见的信息形式外，实际上 DNA 双螺旋结构和生物基因组序列、意识、心灵的感应、灵感、空间、时间等都是信息的表达或传输形式。自然界中，有很多信息的表达和传递方式至今还是人类研究的课题。总之，不要将信息的表达形式仅仅局限于数字、图形和文字。只不过在现代信息系统中这些信息一般都转换为二进制的数字形式处理、存储和传递。因此在信息管理和信息系统中研究信息的特征时，是以数字化信息为主。在存储、处理和传输其他形式信息时，常常是首先要转换为数字信息。

这样，在信息管理中，一个很重要的也是首要的工作就是将客观世界的各种信息表达形式转换为容易记录、存储、传输、处理和便于使用者理解的形式。在现代信息管理系统中，信息的记录和存储方式也越来越多样化。人们在力图直接记录和存储更多种类型的信息。多媒体技术和数据库技术的发展为各种信息的管理和应用创造了条件。例如应用电子文档和电子表格软件就很容易建立多媒体电子文档。图 1-3 描述了三维立体统计图形合 DNA 的双螺旋结构两种信息的表现形式。

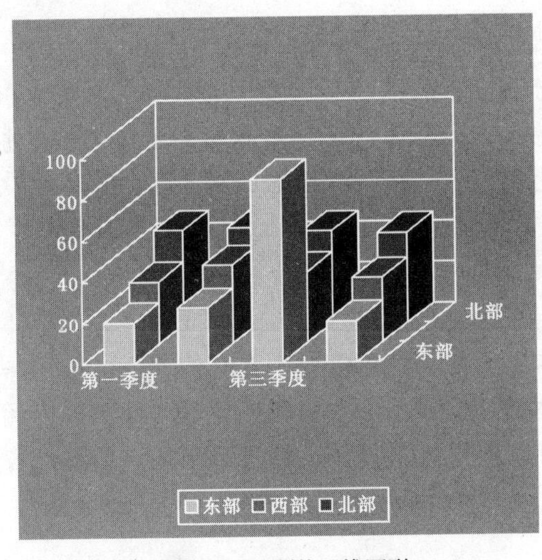

(a) 用 Excel绘制的三维图形

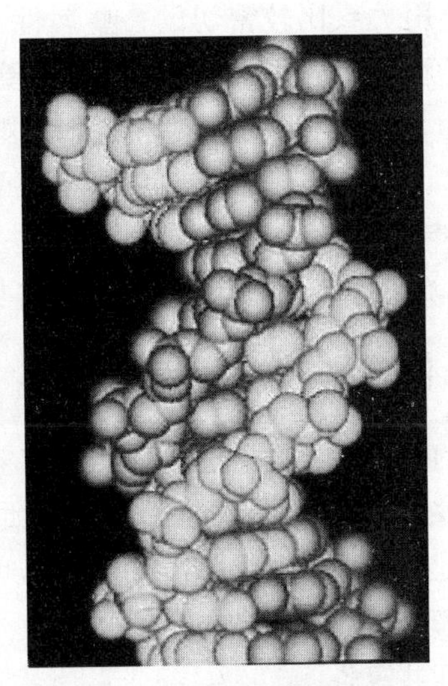

(b) DNA 双螺旋结构

图 1-3　信息的表达

在信息管理中目前常用的信息表达形式有如下几种。

(1) 数字。具有精确的特性,现在常用二进制、十进制等进制格式。

(2) 文字。具有易读特性,但需要避免二义性。

(3) 公式。简捷的知识表达,适合描述规则、定理、规律。

(4) 图形、曲线。适合于表示趋势、关系和对比,非常直观,信息含量大,在系统分析设计中大量使用图形工具。

(5) 表格。便于比较和运算处理。

(6) 多媒体。综合使用图像、音频、视频等信号,容易表达动态、多维信息。

(7) 多媒体文档。在电子文档中使用多媒体信息表达方式,生动、印象深刻。

(8) 超文本文档。以网页的形式表达和传输信息,建立电子文档之间的超链接,极大丰富信息的表达方式和手段。

在信息管理中,使用什么形式表达信息主要应取决于管理的需要和使用者的喜好,信息系统应该提供用户所需要的信息形式。由于图形的可视性和易于理解性,管理中流行一种说法,使用图形来表达信息可以使会议的时间减少 90%以上。所以现代信息系统的发展趋势之一就是尽可能多地提供各种图形化的信息。

1.2 信息的属性

人们之所以将信息视作是与物质和能量并列的独立要素,除了信息不可或缺的重要性外,还因为信息具有与物质和能量完全不同的属性。信息的属性有很多维度,从不同的角度有不同的属性表现出来。就像传说中瞎子摸象的故事一样,每一个瞎子摸到了大象的不同部位,所以感觉到了大象的不同特征。实际上这些特征综合起来才是大象比较完整的形状。同样,站在不同的角度信息也表现出不同的属性。在这里,主要讲述与信息管理、信息系统开发和应用关系比较密切的一些属性。

为了管理和应用某种资源,都需要首先要研究这种资源的特殊属性。正是由于信息的特殊属性,使得信息的管理和一般的物质与能源管理有所不同,也使信息产生了不同的价值。显然,只有深刻理解信息的这些属性,才能全面认识信息这种资源的特性,进而才能有效地管理和高效地应用信息。为了表达清晰,下面将信息的属性分为信息的一般属性和在管理中体现出的特殊属性两类分别研究。

1.2.1 信息的一般属性

信息的一般属性是指从信息的基本概念角度分析信息所具有的特征。描述一种客观事物时,定义表达的是抽象的概念或本质性的内容,而事物的属性则是其外在或内涵特征的具体描述,是从不同侧面对事物的观察,可以使得概念具体化的具体表述。信息的各种属性都在信息管理中得到充分的应用。

1. 可共享性

物质和能量都具有"零和"(zero-sum)的属性,也就是说总量是守恒的。比如,某人有 3 个苹果,给了别人 1 个,自己还剩 2 个,给了别人 2 个,自己还剩 1 个。不管怎么分配,自己剩下的和别人得到的总和还是 3 个,这就是零和的含义。但信息却具有"非零和"的属性。

例如你知道了一条消息，然后告诉了10个人，现在有11个人都知道了这条消息，然而你并没有失去这条消息。信息的这种非零和属性使得信息具有一个非常美妙的属性——可共享性(share)。共享性是信息和其他资源的本质区别之一。在物质世界中，正是由于自然资源的有限性，所以经常因为争夺资源爆发冲突。但在信息世界中，信息可以无限的复制，可以在一定程度上实现信息的共享和平等。管理信息的基本目标之一就是使信息在更大的程度上得到共享，充分发挥信息的价值，减少对物质和能源资源的消耗。

信息的可共享性使得信息非常容易复制，而且复制的边际成本很低。尤其是数字化信息，一旦创造出来，无论复制多少份，并不需要增加多少成本。信息的这种属性在给人们带来巨大便利的同时也引发了诸如版权保护等方面的一系列问题。以至于有些情况下，人们不得不想方设法，防止和限制信息的共享。

2. 易存储性

自然界有多种信息的表达形式，不同信息的存储形式也不相同，自然界还有很多的存储奥秘有待研究。信息的易存储性是指，在现代信息系统中，各种媒体的信息都主要是使用数字形式存储和传递的，使得信息的存储非常容易。信息的易存储性主要表现在两个方面。

(1) 多种存储介质和技术。光、半导体、磁介质、化学、生物等。

(2) 存储成本低，由于各种存储技术的发展，使得存储成本趋于零。

图1-4为1966—2008年期间，存储成本下降趋势的曲线。

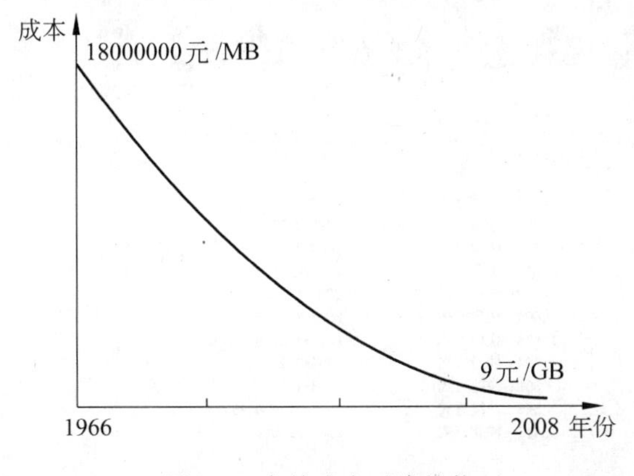

图1-4　存储成本下降趋势

3. 易传输性

信息的易传输性是指，信息可以很容易通过不同的媒体实现远距离的传送，传输的成本与物质、能量的传输成本相比低得多。信息的传输可以通过不同的传输介质实现传输，传输的成本也不同。尤其是计算机网络技术的出现和发展，使得信息的传输又有了一个空前强大、方便、快捷的传输渠道。在现代管理信息系统中，无论是图、文、声、像，还是其他各种表达形式的信息，主要都是以数字信息的形式，通过计算机通信网络实现传输的。利用计算机网络高速传输各种数字信息，任何管理者和普通的网络系统用户都可以真正做到“秀才不出门，全知天下事”。所以现代信息系统离不开计算机网络。

信息技术为信息的传输提供了更多的选择和更低的成本。常用的传输介质有电流、微波、光波、红外线等多种形式。在管理中,常常利用信息的易传输性,通过计算机网络,以信息的传递来优化物质和能量的流通配送过程,降低企业经营成本、提高管理的效率。另外,从某种意义上讲,正是为了以信息的传递减少物质和人力流动的目的才产生了电子商务这种崭新的商业模式。

4. 可压缩性

信息的可压缩性表现在,表示信息的量可以压缩而不丢失信息(不失真)的内容。信息的可压缩性也是物质和能量难以实现的。在日常生活和工作中,人们经常使用压缩的方式表达信息,如果一个人在和别人交谈时,每一句话都要使用主、谓、宾、补、定、状完整的语法结构,一定会被认为神经有问题。实际上,诗歌、艺术作品也是信息压缩应用的一种典范。

在信息系统中,主要使用数字化信息表达方式,数字信息的压缩特性无一不是通过一定的算法实现的。数据的压缩技术已经成为信息技术的重要分支之一,产生了多种视频压缩技术、图形压缩技术等压缩技术和标准。数据压缩技术主要应用在以下方面。

(1) 用于信息存储压缩。以节省存储空间。

(2) 用于信息传输压缩。以减轻网络负载,提高传输速率。

(3) 用于信息加密。以使信息安全、保密。

实际上,数据压缩技术在日常电子文档管理中已经得到普遍应用。图 1-5 为比较流行的一种文档压缩软件 WinRAR 的界面。

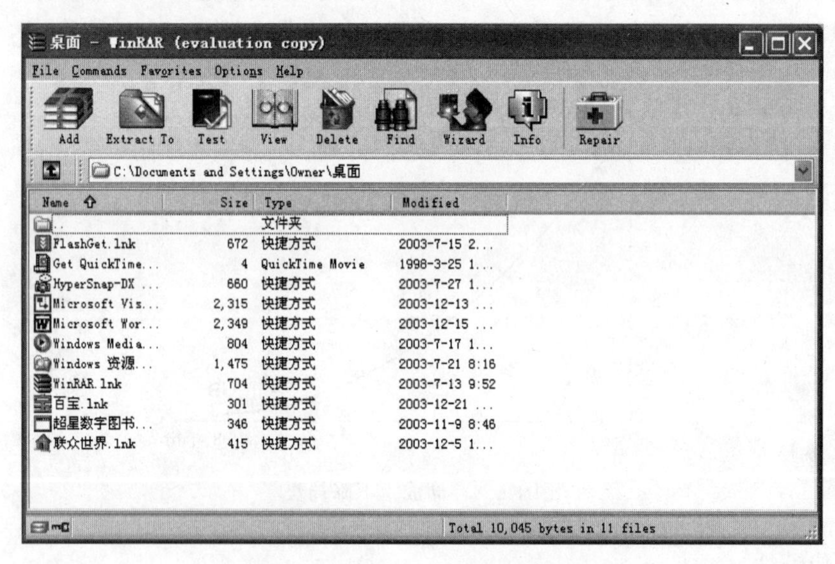

图 1-5 文档压缩工具 WinRAR 的界面

5. 易扩散性

信息的易扩散性是指信息有自发(主动)扩散的趋势,是信息易传播性的另一种表现形式。中国的俗语:“纸里包不住火”和“好事不出门,坏事传千里”,都说明了信息的易扩散性。这种扩散有明显的方向性。扩散的方向是由信息浓度大的地方向信息浓度小的地方扩散。信息扩散的速度除了扩散的工具外主要取决于受众的感兴趣程度。计算机网络为信息的扩散提供了最快速的通道。尤其是利用因特网这样覆盖全球的公共信息网络,任何消息一瞬间就可轻易传遍全世界。

信息的易扩散性有两重性。一方面，可以使得信息快速传播和知识的普及；另一方面使得信息难以保密。有的时候为了限制信息的扩散还要依靠纪律或法律手段。

计算机网络使得信息更容易获得，同样也使各种有害和不良信息更容易扩散。各种病毒、黄色信息、违法信息、垃圾信息同样容易传播，而且难辨真伪。因此在信息管理中，一方面要充分利用计算机网络提高信息的传播速度；另一方面还要通过法律来制约有害信息的扩散。

1.2.2 管理信息的属性

在企业和组织的管理中，除了要充分利用和发挥信息的上述属性以实现信息系统的目标外，还有些属性是管理中特别重要的属性，体现了管理信息的特征。对信息系统的开发和应用有重要的意义。强调这些属性对信息管理和系统开发特别重要。

管理信息的属性非常多，例如信息真实性、信息精度、使用频度、信息的空间属性、信息的时间属性等，下面仅说明在管理中最重要的几个属性。

1. 真实性

信息的真实性是要求信息应正确地反映客观世界的真实情况。管理决策依靠信息，但再高明的管理者要做出正确的决策也只能依靠正确的信息。因此，信息的真实性对于管理来说就尤其显得重要。信息系统的开发和使用者必须铭记，真实信息是信息系统价值的前提和基础。因此经常把信息的真实性称为管理信息的第一属性，因为它是正确决策的基础。信息的真实性也称为信息的物质性或客观性。

真实的信息是信息系统处理的原材料，是信息系统具有价值的基础，否则，如果输入的是虚假的信息，即便使用的技术再先进也只能输出垃圾。即对于信息系统"输入的是垃圾，则输出的还是垃圾"，甚至可以说，虚假信息经过信息系统的处理则更虚假，更具有欺骗性。另一方面，作为一个决策者要努力获得真实的信息，也要有去伪存真的辨别能力，依靠真实的信息才有可能做出正确的决策。

正如马克·吐温所说："不是你不了解的东西对你造成了伤害，而是你了解的东西实际并非如此。"信息系统的失败经常也并不是由于技术的落后，而是由于加工的是错误的信息和垃圾信息。

虚假信息是信息系统面临的第一大敌。而且，越是先进的系统，虚假信息造成的危害可能越快，危险性也越大。从这个意义上讲，信息系统应提供信息真伪的识别、评估、筛选和操作性错误发现、纠正的机制，尽可能排除或减少虚假、错误信息对系统的干扰，避免对系统应用者决策的误导。

因此，要求信息系统输入和处理真实的信息，不仅仅是技术问题，这里也包含了对信息系统的开发、管理人员职业素质的基本要求。只有自觉地不使用虚假信息、不制造虚假信息，信息系统才能真正发挥应有的作用。

2. 层次性

现在大多数的组织和企业都分成不同的层次来进行管理。管理的层次一般分为战略计划(决策层)、管理控制(管理层)、作业控制和事务处理(运行操作层)等。不同的管理层次承担不同的管理职责。因此，管理的层次性造成了不同的管理层次对信息的需求，以及需求的信息特征有所不同，这种特性就是管理信息的层次性。管理层次和信息层次的对应关系如

图 1-6 所示。

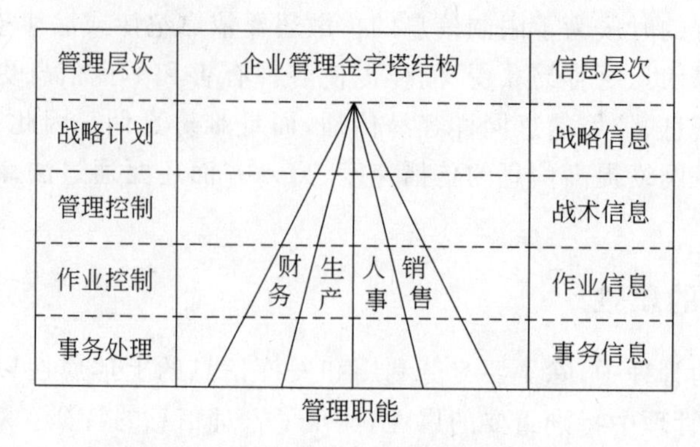

图 1-6 企业管理层次和信息层次的关系

例如，不同层次的信息在精度、时间特征、空间特征、结构化程度等方面都表现出明显的区别，不同层次管理信息的属性如表 1-2 所示。

表 1-2 不同层次管理信息的属性比较

信息层次	结构化程度	信息源	时间性	精度	使用频度
战略信息	低	外	历史	低	低
战术信息	↓	↑	↓	↓	↓
作业信息					
事务信息	高	内	当前	高	高

实际上，在信息的管理、使用，包括信息系统开发的各个阶段都表现出信息的层次性。信息的层次性虽然源于管理的层次性，但实际上具有更广泛和深刻的含义，例如包括以下的内涵。

(1) 管理层次。

(2) 决策层次。

(3) 处理层次。

(4) 知识层次。

(5) 应用层次。

研究信息的层次性可以使信息管理和信息系统的开发更具有明确的目标，提高信息系统的质量和应用价值。

3. 时滞特性

在管理活动中，需要搜集大量的数据和信息，然后经过信息系统的处理提供管理和决策应用。因此，决策使用的信息普遍具有时间滞后的特征，称之为时滞特性。当管理者使用信息系统提供的信息决策时，这个信息所反映的事实肯定已经发生了，所以时滞特性是管理信息的基本属性之一。信息滞后的时间取决于信息搜集和信息处理时间之和。因此时滞的大小与数据采集的时间、传输时间、处理时间等诸因素有关。

为了衡量信息的滞后时间的长短，常常用信息使用的时间和信息发生的时间之差来表示，并称其为信息的“新度”(age)。为了决策及时，现代企业管理常常要求信息系统应该提供新度尽可能小的及时信息，尤其是那些变化速度很快的信息。现代计算机和网络技术提供了这种可能。在一定程度上，管理信息和时间的相关程度要远远大于其他资源。

4. 转换性

信息是一种独立的社会要素，但其价值往往不是信息的本身，而是表现在其转换性，即信息可以转换为另外两种要素：物质和能源。400多年前，培根的"知识就是力量"就揭示了这种转换性的实质。可以说，信息需要管理就是为了更好地使用信息，充分挖掘信息的价值，实现信息的转换效应。现代信息管理最重要的不是把信息放到数据库中保管起来，或仅供查询使用，而是实现信息价值的转换，支持决策并为企业或组织带来期望的效益。信息的转换性主要是价值的转换，这种价值表现在能源、物质、人才、资金、竞争的优势等多个方面。信息的转换性包括以下含义。

(1) 信息管理的主要目标是实现信息的转换。

(2) 信息的转换需要对数据的不断处理。

(3) 信息的转化有不同的层次和深度。

(4) 信息转化价值最终是通过信息应用实现的。

(5) 信息系统的价值主要是实现信息的转换。

信息管理重要的功能是对信息进行不同层次的处理，以期获得更大的转换价值。信息的处理层次可以表示如下。

(1) 数据。原始采集的数据。

(2) 信息。经过处理，满足一般的管理需要。

(3) 知识。由信息中提炼出来事务之间的关系和变化规律，用以支持决策过程。

(4) 经验。决策者通过使用信息、知识获得的决策能力。

显然，不同层次的信息无论对于使用者还是对组织来说转换的价值是大不相同的。

5. 增值性

信息的增值性有两重含义。

(1) 信息不同于物质和能源，不会因为使用而减少，反之是越使用越多。因为在使用中，旧有的信息不仅不会丢失，对这些信息的加工、处理还会不断创造新的信息。

(2) 信息的价值也具有增值的特性。对于某一个孤立的信息，随着使用和时间的推移，其应用价值会逐渐降低并最终会退出。但随着信息的积累，会产生新的价值，这表现在经验的积累、规律的分析以及对未来的预测等。这种增值特性也可以称为信息的时效性或积累效应。例如今天的天气预报到明天对一般人来说就没有价值了；但是对气象专家来说，随着天气信息的积累，则可以用来预测天气的变化规律，使得天气预报更加准确。

从某种意义上说，信息管理的重要工作之一就是实现对信息的不断处理使其产生增值的效果，不断挖掘累积信息的价值。孔子所云"温故而知新"，实际也是信息增值性的一种表现。

1.2.3 信息量

信息是一种重要的资源，为了便于管理和处理就需要对其进行科学的度量。但是由于信息本身的虚拟性，决定了信息的度量要比物质和能源的度量困难得多。在这里介绍的信息度量主要包括信息量和冗余度。

1. 信息量的概念

信息量可以表示事物不确定性的大小。对于要决策的事情，常常存在多种可能性。为了减少不确定性，就需要获取信息。随着信息的获得，由多种可能性逐渐变为少数几种可能性，以便尽可能获得准确的信息，为最终决策提供最准确的依据。

实际上，在做决策时之所以犹豫不决，就是因为事情发展存在很多不确定性，也就是决策的结果存在很多种可能性。越是不确定的事情越是难以决策，也就需要获得更多的信息来减少这种不确定性。这就是信息对决策的决定作用。因此可以用这种不确定性的大小来表示信息的量。正是基于这一点，香农(C. Shannon)把信息定义为"事物不确定性的减小"，也就是说信息作用的本质是减少事务的不确定性。因此不确定性的大小就可以作为信息量的一种度量方法。信息的这种不确定性也称为信息熵。

2. 信息量的计算

信息量的计算公式如式(1-1)所示：

$$I = \log \frac{\text{后验概率}}{\text{先验概率}} \tag{1-1}$$

式中，后验概率表示事情发生后的概率，这时结果是确定的，因此后验概率为1。先验概率是在计算信息量时，该事情估计的可能性的多少和概率。由于现在数据处理都是在计算机中以二进制进行，所以在计算对数时一般是以2为底。这时计算出的信息量的值实际为二进制位(bit，b)的值。

例如，今天某位同学没来上课，则可能是由于生病了、交通事故、家有事情、参加学校活动等4种原因。假设每种情况的概率相等为0.25，代入式(1-1)，可计算出这时的信息量为

$$I = \log_2 \frac{1}{0.25} = 2 \quad (\text{bit}, \text{b})$$

该计算结果表示，这件事的信息量(或信息熵值)为2，即该事件有4种可能性。两位二进制数可以表示4种状态。所以上式计算的结果可以表示为二进制的位(bit，b)数。

根据式(1-1)显然若某事件只有一种可能，则其熵值为$\log_2 1=0$。如果有4种可能且等概率，则有$\log_2 4=2$，显然

$$\log_2 4 > \log_2 1$$

如果n种可能不等概率，则可得出一般情况的信息量计算公式为

$$I = \sum_{i=1}^{n} P_i \log_2 \frac{1}{P_i} = -\sum_{i=1}^{n} P_i \log_2 P_i \tag{1-2}$$

式中，i表示1～n可能性的数目；

P_i表示第i种可能出现的概率。

【例1-1】 已知某事件有4种可能，每种可能的概率分别是0.5，0.25，0.15和0.1，计算该事件的信息量是多少？

解：首先计算每种可能所对应的$\log_2 P_i$的值分别为-1.00，-2.00，-2.74和-3.32。

代入公式(1-2)则可打出信息量的值为

$$I = -\sum P_i \log_2 P_i = 1.74$$

由此结果请读者根据信息量的概念思考，在"可能"的数量相同时，为什么不等概率情况

下信息量要小于等概率情况的信息量?

3. 关于熵

熵的概念来源于热力学的研究。早在1850年,28岁的克劳修斯(R. J. E. Clausius)就发现,对于一个热力系统,虽然能量是守恒的,但能做功的能量并不守恒。他将这种无效热能称为熵,并发明了一个新的词汇(entropy)表示熵。1865年,克劳修斯提出,对一个孤立的系统,其熵只能增加。这个原理就是著名的热力学第二定律,也被称为熵增原理。

后来科学家发现,热力学第二定律不仅对热力学系统有效,并且可以在其他各种系统中发现熵的影响。这项研究结果震动了整个科学界,因此有人把熵称为"科学之妖"、"潘多拉的魔盒"等。诺贝尔奖得主普利高津(I. Prigogine)说:"我们科学遗产中包括两个至今未得到答案的基本问题,无序与有序的关系以及什么是熵。"爱因斯坦(A. Einstein)甚至断言:"熵理论,对于整个科学来说是第一法则"。足见熵理论在科学发展史中的重要影响。

当一件事情存在很多种可能性时,所表现出的也是一种混乱、无序的状态。随着信息的不断获取,情况逐渐清晰,逐渐变为有序状态。因此,香农用熵来表示事物的不确定性,即信息量的大小。维纳(N. Wiener)则认为可以用熵来定义信息:"信息即负熵。"

1.2.4 信息的冗余度

信息的冗余(redundancy)是指用于表达信息的量和实际信息量之间的差值。冗余是信息存储管理和信息系统设计中的一个重要概念。在信息系统中,一方面为了减少信息的存储容量和避免信息的不一致性,要尽可能减少信息的冗余;另一方面,有些情况下(例如为了检验信息的传输是否正确所加入的冗余位以及信息的安全等)信息的冗余又是必须的,这时冗余的信息就不是多余和无用的信息了。合理地处理数据的冗余也是信息系统设计者要考虑的问题之一。

1. 冗余的计算

信息的冗余度的计算公式如式(1-3)所示:

$$R = 1 - \frac{I_n}{I_m} \tag{1-3}$$

式中,I_n 表示表达信息所需要的信息量;

I_m 表示表达信息(编码)采用的信息量 且 $I_m > I_n$。

【例 1-2】 已知:$I_n = 4$,$I_m = 6$,则信息冗余为

$$R = 1 - \frac{4}{6} = \frac{1}{3}$$

2. 信息冗余的应用

在信息管理和信息系统中,信息的冗余有多种应用。举例如下。

(1) 数据传输中的校验码。在数据中常常需要在有效信息中附加用于检错和纠错的冗余码。举例如下。

① 奇偶校验。

② CRC 循环冗余校验。

③ 海明码。

(2) 数据备份。在数据管理中,保证数据安全的重要策略之一就是建立数据备份。常

见的数据备份有以下两种。

① 数据库自动备份技术。

② 磁盘或磁带数据的备份。

(3) 数据应用。为了数据使用者使用方便，经常需要将相同的数据存放在不同的地点。

案例1-2 "9·11"事件带给信息管理的教训

哪个预言家也没有预测到2001年9月11日在美国发生的恐怖事件让纽约的世贸中心顷刻间灰飞烟灭。曾经因为能够在这座伟大的建筑物里占有一席之地而感到自豪的国际大公司，都因这次浩劫而损失惨重。特别是在9月11日纽约世贸中心惨剧发生之后，许多公司的商务资料在瞬间毁于一旦，著名的财经咨询公司摩根·斯坦利损失最惨，因为它在世贸中心总共租用了50层共计298km^{2}的办公用地，有近4000名员工在此办公。值得庆幸的是，摩根·斯坦利公司在世贸中心倒塌前十几分钟内，已经把所有商务资料备份到离世贸中心数千米之外的第二个办事处了，这就是异地容灾，由于使用了该技术，同样受到重创的摩根·斯坦利公司却在第二天就正常运转。其实，数据丢失的可能性并不是只有在大楼倒塌时才会出现，例如突然断电、意外宕机、人为破坏等类似情况，都可以给数据存储用户带来无法估计的损失。由此可见，数据存储一定要做到防患于未然。

目前，很多公司在"9·11"事件之前并没有意识到数据备份和异地容灾的重要性。据有关数据表明，接近50%的公司需要关键业务24小时连续运作，但是在这些公司中，有67%的公司没有在别的地方拥有冗余的计算机设备，79%的公司没有备用的关键业务系统，86%的公司没有适当的备份计划和数据恢复计划来保证Web业务的连续运行。"9·11"的灾难又一次提醒所有的管理者，数据备份是多么重要。

案例讨论

(1) 由此案例进一步体会数据对于企业和公司的重要性。

(2) 从信息管理的角度"9·11"带来的最大启示是什么？

(3) 信息应该如何备份才能保证信息的安全？

1.3 信息的价值

信息之所以称为战略资源就是因为信息具有价值。最大限度地发挥信息的价值，正是我们致力于研究信息管理和信息系统的基本原因和根本目的。因此，信息的价值是贯穿本书最重要的概念之一。但是，信息与能源和物质不同，其价值的体现和计算要复杂得多，不能完全用数量的多少来衡量。实际上信息过多、过滥，往往使得信息的价值降低，也使信息系统的使用价值降低。信息的价值在信息生命周期的不同阶段有不同的内涵和表现形式。

1.3.1 信息的生命周期

从管理和应用的角度，信息和其他资源类似，也有生命周期的概念。信息的生命周期可以分为要求、获得、服务和退出4个阶段，如图1-7所示。信息生命周期实际就是实现信息管理的主线。信息生命周期的每一个阶段有不同的管理工作，需要不同的技术支持，实现不同的管理目标。

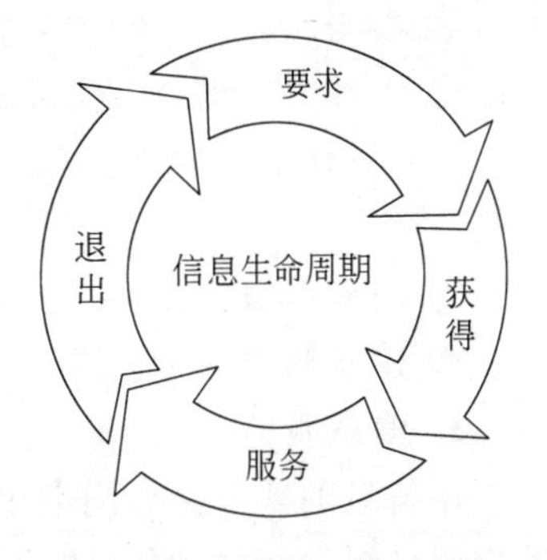

图1-7 信息的生命周期

概括地说，信息生命周期及其各阶段的主要工作如下。

(1) 要求阶段。信息的孕育和构思，确定信息目标、环境、种类和结构。

(2) 获得阶段。通过各种方式实现信息的收集。

(3) 服务阶段。信息的传输、存储、处理和使用。

(4) 退出阶段。信息老化、销毁、更新。

要求是动力、获得是基础、服务是目的、退出是新周期开始的准备。其中核心的阶段是服务阶段。在每个阶段中，信息价值概念的体现是不一样的。下面分别介绍各阶段的管理工作和技术支持。信息系统在建立和管理信息时实际是按照信息的生命周期来开发和管理的。

1. 信息要求

信息是决策的依据，所以信息要求是在要解决某问题的决策时提出的。这种需求是信息获取的基本依据和动力。在这个阶段，决策目标越明确对信息的需求才能越清晰。信息需求应包括以下几点。

(1) 确定信息内容。

(2) 确定信息源和信息搜集的方法。

(3) 信息的表述方法。

(4) 明确信息数量、新度等属性要求。

2. 信息获得

信息获得阶段信息的价值体现在能够尽可能多地获得对解决问题所需要的准确信息。这些信息是信息处理、服务的基础。信息的获取是多方位、多途径、工作量巨大、细致的工作。获取不同的信息，使用不同的方法。

(1) 收集信息的空间特性。

① 地点。内源、外源。

② 时间。初期、中期、后期。

③ 层次。一次信息(现场信息)、二次信息(经处理并存储后的信息)等。

(2) 信息收集策略。

① 广泛收集。统计。

② 专项收集。抽样。

③ 随机收集。目标很宽或没有明确的目标。

(3) 信息的调查方法。

① 用户调查。搜集资料、访谈；需要解决是什么(what)、为什么(why)、何时(when)、何地

(where)、谁(who)、如何(how)等问题,即称为 6W 问题。调查前应拟定详细的调查提纲。

② 调查表。当需要进行大量信息的搜集时,需要设计高质量的调查表。调查表可以设置多种调查问题的形式,例如单选、多选、分级选、回答问题。

③ 参与、观察。亲自参与其中,观察、搜集并记录信息。

④ 多种方法结合。实际使用时,应多种方法综合使用。

(4) 信息搜集的新方法。进行信息搜集时,应该充分使用网络等现代化的信息搜集工具。

① 搜索引擎的使用。例如现在流行的搜索网站 Google 和 Baidu 等。

② 建立调查网站。网上调查表,网上测评表的应用。

3. 信息服务

在信息的整个生命周期中,这一阶段包含的工作内容最多、技术含量最高,以满足不同的应用目标。其中,服务的含义包括提供(传输)、存储、加工和使用等。

(1) 信息的传输。信息的发生地和信息的存储、管理者和使用者一般不会在同一地点,需要通过信息的传输实现信息的流动,以便满足应用的需求。信息传输的要求是实现信息的高速、准确、及时和安全的传送,以便在新系统中实现信息的沟通、存储和共享以及分布式的应用。

高效的通信网络是系统结构基础设施的重要组成部分。信息的传输过程可以用如图 1-8 所示的简单传输模型表示。

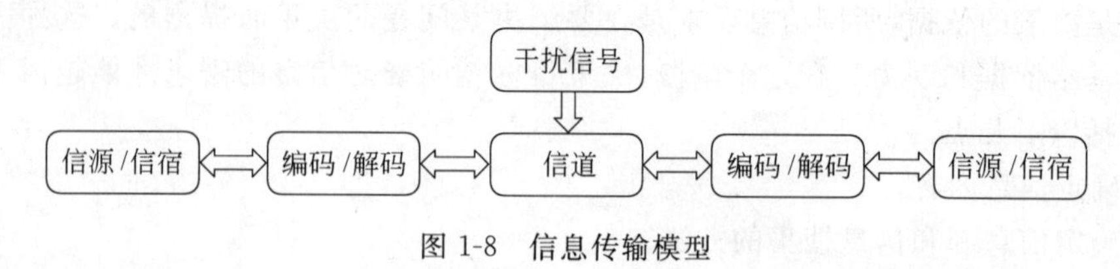

图 1-8 信息传输模型

① 信源和信宿。信源和信宿分别为发送和接收信息的实体。

② 信道。信息的传输可以通过光缆、双绞线、同轴电缆、电磁波、微波等传输介质进行,每种传输介质各有优缺点。信息的传输可以是双向的。在现代信息系统中信息传输主要是依赖计算机网络来实现的。

③ 信息编码与解码。完成信号和数据之间的转换。

- 信号的类型。模拟或数字。
- 编码和解码。调制与解调(modulate、demodulate)数字编码、模拟编码。
- 调制的方法。幅度调制、频率调制或相位调制。

④ 干扰信号。来自信道内部和外部的干扰信号,限制了信息传输的距离。

⑤ 信息传输的方式。

- 单工。信息只能单向传输。
- 双工。信息能同时进行双向传输。
- 半双工。能双向传输但不能同时进行。

(2) 信息的存储。信息的存储需考虑以下因素。

① 存储介质。纸、胶片、半导体存储器、磁盘、光盘、磁光盘(MO)、磁卡、IC 卡。

② 存什么信息。

③ 存储时间。

④ 存储地点。

⑤ 信息备份。

⑥ 存储数据安全保密。

⑦ 存储数据维护。

⑧ 存储成本。

(3) 信息的处理。

①数据处理的深度。

- 分类、筛选和简单计算等。
- 统计分析。
- 数据挖掘。由数据和信息提炼的概念、规则、定律。
- 预测和智能化管理。

② 广义的信息处理概念。信息处理包括信息的搜集、信息的传输、信息的存储、信息的运算和信息的应用。

③ 狭义的信息处理。信息处理即信息的加工过程,其核心是算法。

显然,不同的处理阶段对信息的处理要求不同,需要不同的技术支持。

4. 信息退出

当决策做出后,为了这个决策所使用信息的生命周期就完结了,这些信息自然可以退出本次决策应用过程。但是应该注意,在这里信息的退出也包含了多种内涵。相对于本次决策来说,信息的生命结束了,但并不意味着信息就再没有价值、需要彻底删除了。实际上根据信息的增值性,这些信息可能将是新的信息生命周期的资源。所以要对不同信息作不同的退出处理。退出处理形式主要有以下几种。

(1) 简单删除、销毁。

(2) 存储到数据仓库,作为历史信息。

(3) 将本次处理的结果作为经验,存储到模型库或经验数据库,支持智能决策或专家系统等更复杂的决策应用。

1.3.2 信息的质量和价值

信息作为社会要素之一,其重要性是不言而喻的,但由于信息的特殊性使得信息价值的定量计算却不是很容易的一件事。信息能转换为其他类型的资源关键在于使用信息做出了正确的决策。因此,在信息管理和信息应用中,必须努力获取和提供高质量的信息,以便根据这些信息做出科学决策,才能充分发挥和体现信息的价值。

1. 信息质量

在信息社会,信息是重要但并不稀缺的资源。对决策者而言,稀缺的往往是那些重要的,对决策起到关键作用的信息。现在因为信息传输和复制方式发生了本质的变化,任何一个人通过网络,就可以轻易得到大量信息。但这些信息里很多是低质量的、无用的垃圾信息。例如虚假信息、错误信息、多余的信息和用处不大的信息。

信息的质量(quality)往往不是由信息本身决定,例如信息量的多少、信息的精确度、信息的新旧程度等，而是由信息的使用价值来衡量。也就是说对决策有用的信息才是信息质量高低的最终标准。管理信息的质量标准可以归结为以下内容。

(1) 有用。对接收者决策有用。

(2) 适用。对使用者适用(内容、时间、地点、好处)。

(3) 及时。决策需要的时候提供。

(4) 准确。符合决策需要的精度，可能是定性或定量信息。

(5) 便捷。形式简洁、应用方便、符合使用者偏好。

(6) 安全。可靠、保密，便于管理。

信息质量体现在信息系统的各个层次，信息质量的概念包括输入信息也包括输出信息。高质量的信息对处理方法提出要求。提供高质量的信息也是信息管理和信息系统的关键使命之一。

2. 信息价值的概念

信息与其他资源的区别之一就是其价值难以定量计算。信息的价值不能单纯用信息的数量来衡量。信息价值计算的难度主要表现在以下一些方面。

(1) 同样的信息对不同的人有不同的价值，例如信息的价值对于信息的使用者和信息的生产者显然不同。

(2) 随时间、地点的变化、信息的价值也会变化。

(3) 信息价值存在潜在性、长期性和积累性。例如"书到用时方恨少"就是这种情况的描述。

(4) 信息所带来的很多效益是综合的、难以完全准确量化的。

因此，信息价值的计算方法已经成为当前信息科学和信息经济学的重要研究课题之一。信息管理的最重要目标之一就是实现信息价值，将信息转变为管理者和组织的知识、经验、能力、效益和机会。信息的价值可以从两个方面进一步理解：有形价值、无形价值。

1.3.3 信息的有形价值

信息的有形价值是指那些比较容易计算的，容易量化的信息价值。尽管这些计算方法并不能完全体现信息价值的全部含义以及信息作为一种特殊资源的所有特征，但毕竟可以作为一种给信息、信息产品或信息服务定价的参考依据。

1. 信息使用价值

信息的使用价值是从信息使用者角度如何来判断所获取信息的价值，也称为外延价值、效益价值或效果衡量。对于使用者来说，所面临的任何问题都会有多种决策选择。如果获得了完整和准确的信息就可以采取最优的决策，从而获得最大的效益；反之，如果没有获得信息，就可能随机地选择某一种决策。这时可以通过各种决策所获得效益的期望值来描述没有获得信息所得到的效益。二者之间的差值则可表示该信息的价值。计算方法如式(1-4)所示。

$$P = P_{\mathrm{opt}} - \sum_{i=1}^{n} \frac{1}{n} P_i \tag{1-4}$$

式中，P_i 表示随机采取第 i 种决策所得到的效益；

P_{opt} 表示由于获得信息，采取最优决策所得到的效益。

2. 信息产品价值

对信息产品和信息服务的生产者来说,任何信息的生产和信息服务的提供都需要成本和获取利润。信息的这种价值也称为信息的内在价值或剩余价值。这种价值的计算方法如式(1-5)所示。

$$V = C + P \tag{1-5}$$

式中,V 表示信息产品或信息服务的价值;

C 表示信息产品或信息服务的成本;

P 表示信息生产者要获得的利润。

3. 全情报获取价值

全情报价值(Expected Value with Perfect Information,EVPI)是既考虑多种可能的情况(条件),又考虑了多种可能的决策两种情况下计算信息所产生的价值的方法。是一种二维信息价值计算公式,如式(1-6)所示。

$$\text{EVPI} = \sum P(\beta_j)\max[c(\beta_j, \alpha_i)] - \max E(\alpha_i) \tag{1-6}$$

式中,i 表示可能的决策数;

j 表示可能的状态数。

下面通过一个实例说明 EVPI 的含义和使用方法。

【例 1-3】 已知一个路边的快餐馆老板要决策,决策的种类有 3 种:维持现状、装修、重新翻盖(扩大营业面积),但是老板面临 3 种可能的情况:原来的道路情况保持不变、可能会出现新的竞争者、可能在附近又扩建了一条新的更宽的马路,且已知每种情况出现的概率分别是 0.50、0.20 和 0.30。这时,该快餐馆老板就可以使用 EVPI 来计算信息的价值,从而选择对他来说最佳的决策。

解:首先计算如表 1-3 所示的该快餐馆的收益矩阵和对应的期望值。

表 1-3 快餐店收益矩阵

决策 \ 条件概率	不变	新竞争者	改路	期望值 $E(\alpha_i)$
	0.50	0.20	0.30	
维持现状	2000	0	−1000*	700
装修	4000	3000*	−3000	1700*
扩建	7000*	2000	−10000	900

表中所有带星号(*)的项表示对应某种条件下的最佳决策所得到的收益;带减号(−)的收益,表示收益的减少。将所得到的值带入式(1-6),可得

$$\text{EVPI} = [7000 \times 0.5 + 3000 \times 0.2 + (-1000) \times 0.3] - 1700\text{ 元} = 2100\text{ 元}$$

这个计算结果的实际意义在于,如果有人要向该餐馆老板出售确切信息的话,则若信息的出价小于 2100 元,老板就可以认为是值得的,否则就不值得。这也体现了信息的获取需要代价。当然,所谓的全情报信息只是一种理想的状态。

1.3.4 信息的无形价值

信息的无形价值的含义是难以直接定量计算的信息价值。信息的无形价值常常是一种

潜在的、综合的或长期价值的体现。主要是信息在对决策影响、满足人的高层次需求等方面所体现出来的价值。

1. 对科学决策的影响

决策者使用信息做出科学的决策,则对于企业、组织或个人来说,产生的影响是综合性的。例如,企业采用科学决策,则会在产品设计水平、生产数量和质量、库存量的减少、降低能源消耗等各个环节产生影响,获得多方面综合效益。应用信息科学决策所产生的价值主要表现在以下几个方面。

(1) 综合效益(节省能源、提高质量、提高效率、降低成本、提高竞争优势和找到发展机遇等)。

(2) 决策模型的建立和完善。

(3) 管理者知识、经验的积累。这是一个学习过程。

(4) 提升职工的价值,增加其所拥有的信息、知识和能力。

2. 满足人的高层次需求

信息无形价值的另一个深层次含义体现在满足人的高层次需求。按照马斯洛(A. H. Maslow)的人类激励理论,人的需求可分为5个层次,即生理(physiological)、安全(safety)、友爱(love)、得到尊重(esteem)和自我实现(self-actualization)。显然,在人类的高层次需求中离不开对信息的需求。

现在信息技术以及因特网等为满足人类的高层需求提供了越来越强有力的支持,几乎涵盖了人们生活、学习、娱乐、休闲和互相沟通等一切方面。人们的信息消费的比重在所有开支中占的比例越来越大,这不仅体现了信息的价值,也成了信息时代的重要特征之一。在管理信息系统的开发中如何体现和满足这类需求也是值得研究的课题之一。

1.3.5 管理中信息价值的体现

信息价值的体现和信息管理重要性的提高,对传统的管理理论带来了冲击,产生了一些新的管理理念和流程的重组。信息管理和信息的应用被提到重要的位置,足以体现信息在管理中的价值。但是在管理中,对应不同的管理层次和管理领域,信息的价值有不同的体现。

1. 不同的管理应用层次

在企业和组织的管理中,在管理的不同层次和信息生命周期的不同阶段,信息的价值有不同的体现,这表现在以下方面。

(1) 使用的目标和阶段不同,对信息属性的要求不同。

(2) 信息管理的阶段不同,决策影响范围和深度不同。

(3) 在信息生命周期的不同阶段,信息价值体现在不同方面。

2. 不同管理领域

几乎所有的领域都涉及信息的管理,但由于每个领域的目标、使用信息的方式不同,所以对信息价值的标准也有所区别,举例如下。

(1) 电子商务。真实、准确的客户信息等。

(2) 电子政务。透明公开的公民信息服务等。

(3) 军事。通过各种方式获取机密情报等。

(4) 学习。知识的广泛积累等。

3. 提高信息的价值

高质量的信息常常不是随便在什么地方就能找到的，信息的价值也不是轻而易举就能实现的。信息系统不能仅仅提供一大堆信息，信息系统的开发者和管理者的重要职责之一就是如何使信息更有价值。信息的价值来自于管理、处理和使用，其中包括以下内容。

(1) 如何找到有用的信息。

(2) 如何高效的管理。

(3) 信息的流动以及一体化和共享程度的提高。

(4) 对信息的深度挖掘和处理。

(5) 提供使用的便捷性，例如图形化应用界面、可视化系统等。

(6) 信息价值的获得是需要付出代价(成本)的。

1.4 信息资源管理

通过上述分析，有用信息对于任何一个企业、公司、组织和国家都是十分重要的资源。对于如此重要的资源，自然应该研究如何管理才能最大程度发挥信息的作用。信息管理正是在这样的背景下成为一门专门的学问和职业。实际上信息系统的直接目的就是管理信息资源。在这里仅介绍信息管理的一般概念，以便作为信息系统研究的基础。只有深刻理解信息管理的概念，才能对信息系统的功能、开发和应用有比较深刻的理解。

1.4.1 信息资源

现在，信息技术的飞速发展把人类社会推到了一个崭新的时代——信息时代。随着对信息作为一种资源来管理的需求日益加强，信息研究领域中出现了一种新的管理思想和模式——信息资源管理(Information Resources Management，IRM)。

1. 信息资源的概念

信息是重要的资源，狭义的信息资源概念主要指信息本身，但广义的信息资源的概念就宽泛得多。广义的信息资源的概念不仅包括信息本身，还包括信息源(source)、信息服务(services)和信息系统(system)3 部分，这 3 个部分构成了信息资源的三要素。它们的英文词汇都是以字母“S”开头，所以，可以简称为“3S”。三者的联系如图 1-9 所示。

(1) 信息服务居于三角形的顶端，服务是目的，建立信息系统，收集信息资源，都是为了实现信息服务的目标。

(2) 信息源居于三角形的一个底角。信息源代表有关信息的资源，信息的渠道，或可能取得信息的任何来源。

(3) 信息系统居于三角形的另一个底角。信息系统是按照信息服务的要求，将信息资源进行处理的方法和工具，实现信息的有序化。

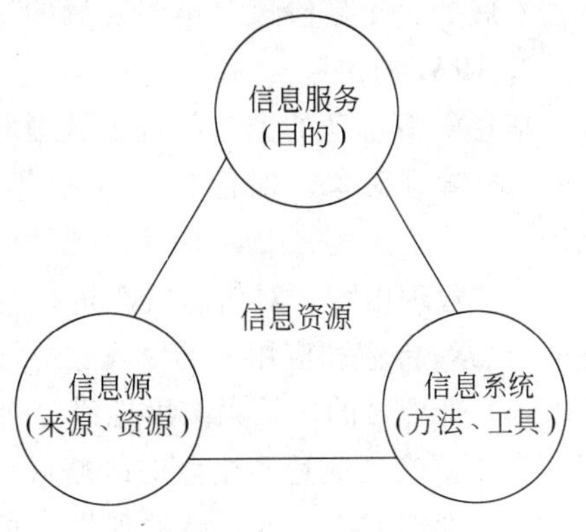

图 1-9 信息资源的概念

信息源、信息系统和信息服务构成了信息资源管理的总体。对于企业或组织而言，信息源与其实际的管理问题相关，信息系统与组织采用的计算机信息技术相关，信息服务与组织中不同管理者的需求有关。

2. 信息资源的特点

对于企业和组织来说，从管理的角度分析，信息资源和其他类型的资源有很多明显的区别，举例如下。

(1) 各层管理人员都要使用。

(2) 同一类信息使用的方法不同。

(3) 信息资源可以共享。信息集成、一体化。

(4) 信息需要不断流动、更新。网络、流量。

(5) 信息资源在使用时要经过加工，多种加工方法。界面、处理模式、视图。

(6) 多种信息媒体。数据库。

(7) 信息存在安全、并发访问、一致性问题。

(8) 信息价值的体现。对使用者、由使用效果衡量。

这些区别的存在，必然导致信息资源在管理的方式、管理的工具等方面和其他类型资源的管理完全不同。信息资源管理已经成为一门专门的学问。

1.4.2 信息资源管理的概念

究竟什么是信息资源管理？见仁见智，目前还没有完全一致的定义。每种观点都有独特的视角，从某个侧面概括了信息资源管理的内在本质。

1. IRM 定义

现代意义上的信息资源管理，就是对信息资源及其开发利用活动的计划、组织、控制和协调。换句话说，为了对信息资源进行充分开发和有效利用，必须加强和改进对信息资源的管理。信息资源管理是整个信息管理工作的根本性的工作。简单说，信息资源管理就是以最有效的模式管理一个组织的信息资源的各种要素，以支持一个企业或组织正确地进行管理和决策。

狭义的信息管理强调信息的本身，也称之为信息管理(Information Management，IM)，实际上可以将信息管理看作是信息资源管理的一部分，也可以将信息资源管理看作是信息管理发展的一个新阶段。本书强调的是信息资源管理。

2. IRM 的内容

信息资源管理的概念包含了管理对象、管理内容、管理目的和管理方法等多重含义。

(1) 管理对象。对信息活动中各种要素(包括信息源、信息、人员、设备、资金等)的管理。

(2) 管理内容。对信息资源进行计划、组织、控制和协调，具体包括信息的收集、加工、存储、检索、传输和应用等的管理。

(3) 管理目的。最大限度地满足企业和组织的信息需求，充分挖掘信息的价值，确保利用信息资源实现或达到企业的战略目标；

(4) 管理方法。需要借助现代信息技术以实现信息资源的合理配置和有效控制，其中最重要的就是信息系统的开发、建设。

3. IRM 的基本思想

概括起来，IRM 思想主要有以下几点。

(1) 信息资源是一种战略性资源。正是 IRM 的兴起，才使信息资源在组织中的战略地位得以确立，并最大限度地发挥信息资源的重要作用，实现信息资源的价值。

(2) 必须将技术、经济、人文手段相结合，实现对信息资源的整体管理。IRM 使信息管理摆脱了单纯依靠技术因素的观点，以一种全新的、综合的、系统的管理思想为指导，逐步成为管理科学中独立的领域。

(3) 信息资源管理是一种观念，也是一种模式。IRM 作为一种新的思想是管理思想的重要组成部分，具有先进性。更重要的是，IRM 提供了一种新的、更具实用性的信息管理模式。

1.4.3 信息资源管理的模式

IRM 理论的奠基人是霍顿，他最早使用了 IRM 之一术语。在 20 世纪 70 年代，当时由于计算机和通信技术的迅速发展，信息量骤增，对信息及信息处理的需求空前增长，造成在使用和管理中出现了很多混乱局面，所以逐渐在管理科学中形成了信息资源管理分支。

1. 信息管理和物质管理的区别

由于信息资源的特殊属性使得信息管理与物质资源的管理有很大区别，表 1-4 列出了其中的一些区别。

表 1-4 信息管理和物质管理的区别

项 目	物质管理	信 息 管 理	项 目	物质管理	信 息 管 理
管理对象	主要是物	信息、软件、设备、人	数量	消耗性	增值性
传送	不负责	网络和分布设计	保管	简单	管理复杂、依靠信息系统
加工	不负责	需要进行不同层次加工	涉及范围	某一过程	整个企业或组织
使用	不负责	考虑使用者和应用目标	重要性	短期、局部	全局、长期、综合

正是由于信息管理的这些特点，产生了信息系统研究的新理论和方法。

2. IRM 的产生和发展

自从人类学会表达、传递和记录信息后，信息管理就自然成为一种需求，只不过随着社会的进化，无论从管理的内容、管理的工具、管理的效率等方面，信息管理都在不断发展，产生了巨大的变化。人类信息管理方式从远古时期的结绳记事、烽火台、驿道，逐渐演变为造纸、电话、电报、电视，现在则由于信息技术发展，计算机、网络、数据库、信息系统等已经成为信息管理的主要手段。

信息管理的发展可以大致分为 3 个阶段。

(1) 手工。主要是使用纸介质记录、人工传递。

(2) 计算机。以计算机文件系统管理信息，以磁介质为主记录和传递信息。

(3) 信息系统。以信息网络管理和传递信息。

现在，企业和组织管理的核心之一即信息的管理，所有的科室人员都在从事某一方面的信息处理工作。

现代信息管理方式带来的变化如表 1-5 所示。

表 1-5　信息管理方式的变化

项　目	传统管理	现代管理
记录介质	纸介质	磁盘、磁带、半导体存、光存储设备
传送方式	人工	各种数据通信网络
表达方式	文字、数字	多媒体电子文档、超文本
数据处理	大脑	计算机
信息冗余	大、不一致	小、可控
检索、查找	困难	便捷
信息更新	困难	容易

随着信息技术的发展与信息化的进程，信息量爆炸性增长，决策难度剧增，因此人们开始更加关注充分开发和有效利用信息资源以求组织目标的实现。管理信息系统的发展正在从技术管理过程向资源管理过程转变。信息资源开发与利用在组织内部特别是企业内部的主导作用得以确立，信息资源管理成为企业管理的重要支柱之一。

1.4.4　管理信息系统

企业管理实际是信息管理。企业的管理部门都是将企业某一方面的业务数据经过加工处理产生相应的管理决策信息，实现对企业的某种管理职能。显然只要有企业就需要管理，只要有管理就有信息的流动、加工处理和应用。只不过在计算机出现以前，这些管理流程都是通过人工方式完成的。只有当计算机出现后才带来企业信息管理的革命性变化，进而产生了现代意义上的管理信息系统。而且计算机为基础的信息系统也是在不同进化和演变的，总需要不断以更强大、先进的信息系统取代过时的、无法满足进一步需求的信息系统。

1. 管理信息系统定义

电子计算机在被创造出来后，很快就开始在企业管理中得到应用，最早大约在 1955 年左右，美国开始将计算机用于企业的工资和人事管理，这就是最早的基于计算机的管理信息系统的雏形。随着计算机等信息技术的发展，管理信息系统无论从内涵、功能还是组成都有了巨大的变化，并对传统的企业管理的理念带来前所未有的冲击。

最早的管理信息系统（Management Information System，MIS）定义是由美国学者瓦尔特·肯尼万（Walter T. Kennevan）1970 年给出的："以书面和口头的形式，在合适的时间向经理、职员以及外界人员提供过去的、现在的、预测未来的有关企业内部及其环境的信息，以帮助他们进行决策。"之后，随着信息技术的发展，管理信息系统的研究也在不断深化，很多学者和组织都提出了各自的管理信息系统的定义表达。这些定义的区别和变化也反映了管理信息系统理论的发展。

中国企业管理百科全书对管理信息系统的定义是："一个由人、计算机等组成的能进行信息的收集、传送、存储、加工、维护和使用的系统。管理信息系统能实测企业的各种运行情况；利用过去的数据预测未来；从企业全局出发辅助企业进行决策；利用信息控制企业的行为；帮助企业实现其规划目标。"该定义从管理信息系统的组成、功能等方面给出了完整的描述。本书主要以这个定义对管理信息系统展开讨论。

管理信息系统首先是个系统，人们可以从系统的一般概念和管理信息系统的特征两方面理解管理信息系统的定义的内涵。

(1) 结构。是一个系统，包含多个子系统(和组织模型及结构相关)。

(2) 组成。人机一体化：使用者、计算机和网络硬件设备、系统软件和应用软件、数据、处理过程。

(3) 功能。信息管理、信息处理、提供信息、辅助决策。

(4) 目标。实现企业规划目标(效益和效率)。

需要注意的是，这个定义是一个普遍的、综合的定义，实际的信息系统则是多种多样的。根据系统的规模、功能、类别的不同，有各式各样的信息系统。另外，不同的组织、不同的行业、不同的领导有不同的企业结构、文化、战略系统，因此也会有不同的管理信息系统。千万不要把信息系统的定义(包括本书的其他定义)看成是呆板的、僵化的概念和教条。

在实际应用时，“信息系统”的概念与“管理信息系统”的概念之间有联系也有区别。信息系统的概念相对要宽泛的多，应用的技术类型也更复杂。例如完成某种应用的图像信息、音频信息处理系统也是信息系统。在本书中有时并不严格区分两种概念，以避免把管理信息系统的概念理解的过于狭隘，但本书的内容主要还是面向管理的信息系统。在实际应用时由于研究的侧重有所不同，信息系统定义也有广义和狭义的区别。

(1) 广义的信息系统。由上述定义描述的由硬件、软件、使用者、维护者管理者组成的系统。

(2) 狭义的信息系统。在一定的系统程序平台上运行的一组软件程序。

管理信息系统的核心是能实现其目标的软件系统，但由于管理信息系统的上述特点，将决定 MIS 的开发方法不同于一般的软件程序。

2. 系统基本目标

用一句话概括，管理信息系统的基本目的就是在适当的时间、适当的地点、以适当的方式、向适当的人、提供适当的信息并完成适当的决策。其中最重要的是对于决策者的决策是“适当”的。西蒙(H. Simon)在总结美国第一代管理信息系统基本上是失败的原因时说，其原因在于开发者只考虑了提供更多的信息，而没有考虑提供有益的信息。所以最重要的是为使用者提供有用的决策信息。

基于这样的认识，在构建信息系统时为了实现预期的目标需要研究组织结构、管理的风格和企业文化以及不同管理层次的决策类型等特点。其中，重要的是要研究不同的决策类型和决策过程。

3. 管理信息系统的组成

了解系统组成可以有助于深刻认识信息系统理论涉及的范围以及其作为一个社会技术系统的特征。按照信息系统组成各要素的特点，可以将其分为技术组成和社会组成两类。

(1) 技术组成。

① 计算机、网络及其办公自动化(OA)设备。

② 应用数据库及数据库管理系统。

③ 系统管理软件及应用软件。

④ 模型库及算法库。

(2) 社会组成。

① 组织。

② 最终用户。

③ 系统开发管理者。

在使用管理信息系统实现企业或组织的管理的过程中,各个层次的管理人员应用各种信息化设备和系统的支持,进行信息的录入、处理、输出和应用。因此这些管理人员现在被称为知识工人,这也反映了现代管理和传统管理的区别。

4. 管理信息系统的结构

信息系统的核心是对信息的处理和应用,从这一点出发可以将管理信息系统的概念表示为图 1-10 的所示的 4 个部分。

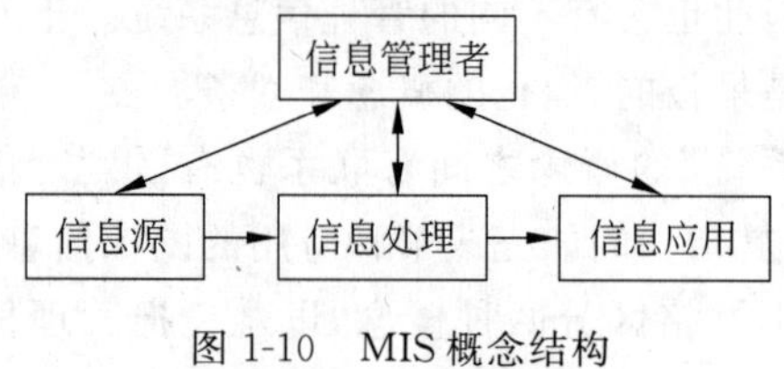

图 1-10　MIS 概念结构

其中各部分的作用如下。

(1) 信息管理者。信息系统的开发、维护和系统后台的管理。

(2) 信息源。原始信息的产生地,来自企业外部、历史和企业的业务过程。

(3) 信息处理。信息传输、存储、加工、提供。

(4) 信息应用。各管理层次的用户使用信息完成决策。

5. 管理信息系统的信息处理功能

信息系统要完成的信息处理功能包括很多内容,绝不仅仅是将数据放到数据库中就万事大吉了。MIS 要完成的信息处理应该包括以下一些基本内容。

(1) 信息的采集(多维数据、多媒体数据)。

(2) 信息的处理(筛选、概括、数据挖掘、决策)。

(3) 信息的管理(安全、并发控制、过滤)。

(4) 信息的存储(集中、分布)。

(5) 信息的检索(个性化、不同的信息)。

(6) 信息的传输(内部、外部、防火墙、代理)。

(7) 信息应用(用户界面、信息属性、表达方式)。

(8) 系统及数据的后台维护处理(及时更新、安全可靠)。

信息系统功能的核心是数据的处理。除了上述基本功能外,随着信息系统理论和技术的发展,对数据处理的层次日益加深,以便支持更高级的应用,例如数据挖掘、决策支持、专家系统、智能信息系统等。

1.5　企业信息应用

半个多世纪以来,信息管理和应用的广度和深度都发生了巨大的变化,而且还在不断发展之中。如何应用信息支持决策,使企业获得竞争优势成了现代企业管理的重要话题之一。

1. 决策类型和过程

信息的价值在于应用,在于对决策的支持。根据组织和个人决策过程的预先计划能力,决策可以分为程序化决策和非程序化决策两种决策类型。不同类型的决策对信息的使用和依赖程度都有明显的区别。

管理中的决策大致可分为以下两种类型。

(1) 决策(Decision making)的类型。

① 结构化决策(Structured Decision)。有章可循,即有确定的决策准则和规程的决策,在决策时可预知决策的结果,属于确定性的决策。

② 非结构化决策(Unstructured Decision)。决策时没有决策的准则和规程,决策的结果未知,存在风险,属于不确定性决策。

管理中,实际决策的特征常常属于两种决策的中间状态,也称为半结构化决策。不同类型的决策应用不同的管理层次。

(2) 决策模型。西蒙提出了决策过程的3阶段模型如图1-11所示。

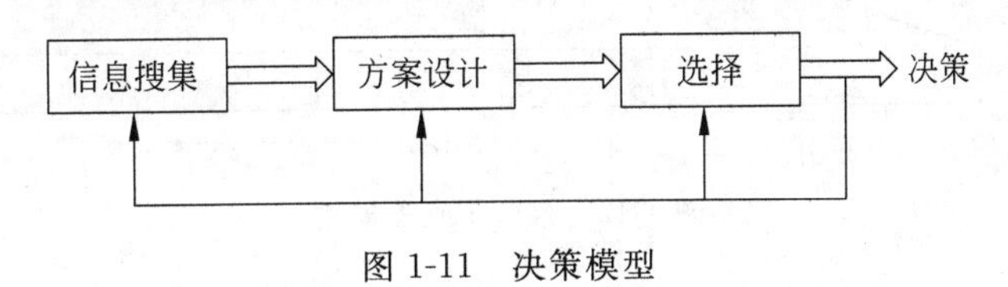

图1-11　决策模型

模型中各阶段的工作如下。

① 信息搜集。调查决策环境,搜集和处理原始数据,以便找出问题或机会。

② 方案设计。发现、分析可能的行动方案。

③ 从多个可行的方案中选择最佳的决策方案做出决策并实施。

实际的决策过程一般不会是单方向的,当某一个步骤出现问题时常常需要返回到上一个步骤。决策每一个步骤都涉及到信息的搜集、处理和应用的问题。在现代管理中,决策过程依靠信息系统提供的信息和支持功能,管理信息系统必须支持决策的全部过程。

2. 信息应用的3个层次

信息在管理中有多种应用,例如基本业务流程的管理、知识管理、战略决策管理等,提高了管理和决策的科学性。不同的应用对企业和组织来说产生的效益也不同。从信息应用的效能出发,薛华成教授将信息应用分为提高效率、转化效益和寻找机会等3个层次。

(1) 提高效率。这一层次主要使用计算机完成数据录入和输出等事务处理工作,着眼点主要在于提高办公效率,节省人力。

(2) 及时转化。认识到管理的艺术在于驾驭信息,认识到信息的价值要通过转化才能实现。鉴于信息的生命周期有限,因此转化必须及时。这个层次信息主要用于管理控制。

(3) 寻找机会。这个阶段信息真正成为一种资源得到有效的集成和管理,信息主要用于支持各级决策,提高企业的整体效益并获得更大的竞争优势和发展空间。这时需要网络技术和数据库技术的支持。

3. Nolan 成长模型

作为一个企业,计算机的应用也是一个不断深化的过程。1976年美国学者诺兰Nolan,总结了美国企业信息技术应用的过程,提出了Nolan成长模型(Nolan growth stage model),用来描述这个规律。Nolan模型如图1-12所示。

Nolan模型将企业信息应用分为6个阶段,每一个阶段意味着不同的信息应用深度和

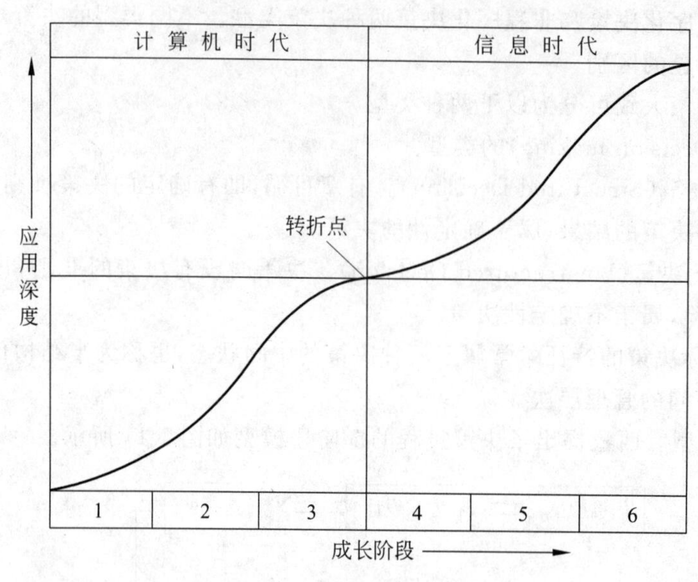

图 1-12　Nolan 成长模型

不同的技术特征。具体表述如下。

(1) 初始(Initiation)阶段。

① 开始一个部门使用计算机处理数据,单机。

② 显示出计算机的功效。

(2) 扩散(Contagion)阶段。

① 安装计算机的数量和部门增加。

② 扩展计算机应用内容。

(3) 控制(Control)阶段。

① 硬件和软件系统的不统一,局域网。

② 缺乏统一规划。

③ 计算机应用效益下降。

(4) 一体化(Integration)阶段。

① 整合已有系统。

② 统一规划计算机应用。

(5) 数据管理(Data)阶段。

① 数据集中管理,中央数据库建设。

② 数据的流动。

③ 消灭信息孤岛,数据共享。

(6) 成熟(Maturity)阶段。

① 数据的完全有效管理、充分应用,覆盖企业的企业网并与外部因特网相连接。

② 成为战略资源。

③ 信息系统效益的实现。

4. 转折点的内涵

Nolan 模型的 6 个阶段从信息应用的本质又可分为两大阶段,即数据处理阶段(计算机时代)和数据资源阶段(信息化时代)。

(1) 数据处理(Data processing)阶段。

① 以改变数据处理方式为特点。

② 提高管理效率为主要目标。

③ 减少对各种输入资源的消耗。

(2) 数据资源(Data resources)阶段。

① 强调数据的一体化管理。

② 深入挖掘数据应用。

③ 以提高效益(产品和服务的价值)为目标。

5. Nolan 模型的意义

虽然 Nolan 模型表示的是美国信息应用的成长规律,但也符合我国企业信息应用的成长规律,对企业信息系统的建设有指导作用。可以在企业信息化的道路上避免大的失误,加速信息化的进程。Nolan 模型描述了组织信息化(计算机应用)的发展规律。

(1) 描述信息使用方式变化趋势。由单机、孤立应用向一体化、系统集成、信息共享变化。

(2) 反映信息使用深度的变化。由提高效率(Efficiency,降低对各种资源的消耗)向增加企业的整体效益(Effectiveness,提高产品和服务的价值)发展。

(3) 可以使组织信息化进程更加理性。该模型描述了信息系统成长规律,企业信息应用的发展阶段,用于企业在信息系统规划及各实施阶段中的诊断和控制,加速信息应用水平的提高。

小　　结

"信息"是本课程研究和管理的对象,所以首先需要对信息有比较全面地认识。本章从信息的概念、属性、价值、管理和应用等多个方面随信息的概念进行了全面地分析和讨论。

1. 本章学习目标

(1) 从不同的角度加深对信息的理解。

(2) 增强信息化意识。

(3) 掌握信息资源管理的方法和管理信息系统的基本概念。

(4) 为学习信息系统开发打下坚实的基础。

2. 本章主要内容

信息是任何人拿主意、做决策时需要从客观世界获取和了解的东西,是拿主意、做决策的原始依据。只不过对于一个企业或组织的领导者、管理者,在做决策时可能需要的信息量、信息种类更多、处理起来更复杂而已。信息是一个十分广泛的概念。控制论的创始人诺伯特·维纳指出信息是人们在适应外部世界并使这种适应反作用于外部世界的过程中,同外部世界进行交换内容的名称。

信息表征了事物的内在联系信息:关系、影响、规律。随着社会的进化,信息已经成为人类社会不可或缺的三大基本要素之一:物质、能量、信息。在信息管理中,一个很重要的也是首要的工作就是将客观世界的各种信息表达形式转换为容易记录、存储、传输、处理和便于使用者理解的形式。

信息具有和其他资源完全不同的属性：本章从一般属性和管理属性两方面论述了信息的属性，例如共享性、真实性等。信息的生命周期可以分为要求、获得、服务和退出 4 个阶段。要求是动力、获得是基础、服务是目的、退出是新的周期开始的准备。

信息的价值主要体现在支持决策过程。企业采用科学决策，则会在产品设计、生产、库存等各个环节产生影响，获得多方面综合效益。另外，在人类的高层次需求中离不开对信息的需求。信息的价值可以从有形价值、无形价值以及在管理中价值等 3 方面研究，对于有幸价值，给出了 3 个计算公式。

随着对信息作为一种资源来管理的需求日益加强，信息研究领域中出现了一种新的管理思想和模式——信息资源管理，信息资源包括信息源、信息服务和信息技术 3 个要素。信息应用分为提高效率、转化效益和寻找机会等 3 个层次。给出了管理信息系统的定义和模型。Nolan 成长模型将企业信息应用的成长过程描述为初始、扩散、控制、一体化、数据管理、成熟 6 个阶段。

3. 重要术语

信息	社会资源三角形	Nolan 模型
信息属性	信息资源	信息的有形价值
信息资源	信息资源管理	信息的无形价值
信息熵	管理信息系统	信息质量
信息冗余度	结构化决策	信息人才
信息价值	非结构化决策	知识管理
信息生命周期	决策模型	信息意识
熵增原理	信息共享	国家信息化战略

习题与实践

一、习题

1. 信息究竟是什么(学习完本章后再回答)?
2. 在管理领域信息如何定义?
3. 举例说明为什么说信息是社会的三大要素之一。
4. 举例说明在管理中不同的信息描述方法的引用。
5. 举例说明信息的属性。
6. 举例说明信息的属性在管理中是如何应用的。
7. 举例说明“熵增原理”的概念。
8. 如何理解信息“熵”作为信息的度量?
9. 举例说明虚假信息对决策造成的危害。信息系统如何才能避免虚假信息的危害?
10. 我国的信息化战略是什么? 有什么重大意义?
11. 通过生活中的实例说明信息的价值。
12. 应该如何计算信息的价值?
13. 决策为什么需要信息?

14. 在你的学习、生活中那些信息是属于低质量的信息，你是如何处理这些信息的？

15. 举例说明信息价值计算的难度。

16. 什么是信息资源，应如何管理？

17. 什么是管理信息系统？

18. Nolan 模型有什么意义？

二、实践

1. 到系里或学校教学管理部门调查如果要管理学生的学籍需要哪些信息，编制调查提纲。

2. 搜集信息在管理中重要性体现的实例和故事。

3. 下载并安装一种实用的文档压缩软件，并应用其压缩不同类型的文档，分析其性能。

4. 搜集信息人才的市场需求和资格考试的项目及价格：记录信息的来源、表达方式、介质、传输的方式等，体会信息的属性。

5. 通过自己生活中决策的实例（例如选择什么资格考试）说明需要什么信息，如何做出决策？

6. 设计一个调查表：班里（或系里）同学对使用什么编程工具感兴趣。

7. 利用 Google 或 Baidu 等搜索引擎，在因特网上搜索关于信息系统的文献，体会搜索引擎的功能。

第2章 信息系统及其应用

第1章提到，现代企业是用信息系统来管理信息的，那么，信息系统究竟是什么样子，学习信息系统分析与设计后能做哪些工作？为了回答这些问题，在介绍具体的理论和方法之前，首先从组织、技术等角度介绍实际运行的各类信息系统，其中并不涉及系统的开发技术问题，以达到如下目的：首先，通过实际应用的信息系统，将概念具体化，进而深刻理解其概念和本质，理解各类信息系统的应用层次、应用范围、应用方式以及发展过程等；其次，通过对应用的了解，提高学习本课程的兴趣。

本章主要内容：

(1) 信息系统的维度特征。

(2) 不同类型的信息系统的功能及组成。

(3) 信息系统的发展规律和内涵。

案例2-1 联邦快递公司的信息系统

美国联邦快递(FedEx)公司创建于1973年，公司创始人弗莱德·史密斯当年29岁。公司初创时期境况非常艰难，几乎发不出员工工资。然而，从仅有的几百美元起家，发展成为全世界几家最大的快递公司之一，靠的是什么呢？联邦快递公司依靠地面网络、空中网络和电子(计算机和通信)网络的相互联系。

航空快递听上去很简单，不过是接收信件，送上飞机，最后送到收件人手中。然而，面对全世界主要城市，每天处理成千上万份信件，沟通地上的邮车、快递点、机场、空中的飞机、天气情况、交通情况和不同地点的不同用户要求等工作，是多么艰巨复杂。信息技术恰恰是专门用来处理类似复杂事务的，联邦快递公司面对如此繁杂的业务却也得心应手。计算机收到顾客电话后，顾客的要求即被传入联邦快递公司的三个中心之一进行处理。接着，顾客的要求被输入到蒙菲斯城计算机中心，通过打印机和终端屏幕显示。如果这是一件来自某个主要城市的信件，它将通过数字辅助分配系统装入邮车。

邮车配备小型计算机和连接在数字无线电上的显示终端，司机利用这个系统通过联邦快递公司的分配人员直接与中心计算机连接。司机接通车上的计算机，当日需要他去送的邮件就会显示在屏幕上。司机取到邮件后立即在计算机上键入识别数据，分配人员在下班前注销此项信件。航空信件发出前，邮件号码通过卫星被扫描输入计算机中心。顾客可以随时查询邮件传递情况，这是联邦快递公司服务的特征之一，也因此有别于其他的快递公司。在每一处快递点和机场设有计算机终端，与计算机中心相连接，计算机系统贯穿整个传递链。

对于货物配送状况进行跟踪，当前已是快递公司普遍采用的措施。货物配送跟踪服务的创始者就是联邦快递。

1986年史密斯在全美计算机大会上被授予"杰出技术奖"，以表彰他在信息技术领域的杰出成绩。还在念大学的时候，史密斯就开始筹划其航空快递业务，而在一篇论文中阐述这一设想时，他的教授却很不以为然，几乎给他一个不及格成绩。然而事实证明史密斯是具有战略远见的企业家。图 2-1 为联邦快递网站的中文主页。

图 2-1 FedEx 网站主页

案例讨论

(1) 联邦快递如何搜集信息和使用信息?

(2) 联邦快递构建了哪些信息系统?

(3) 顾客跟踪货物的递送会带来什么效果?

(4) 联邦快递是如何管理这些有用信息的?

(5) 通过此案例学习，你理解什么是管理信息系统?

2.1 信息系统的类型

信息系统不只是一个概念、一种管理的理念和竞争的战略，更不是一个固定的标准和呆板的定义。随着信息技术的发展，已经产生了并还在产生着不同类型的信息系统。在具体应用中，信息系统是鲜活的、多种多样的、实实在在的。因此，应该把管理信息系统理解为一个多姿多彩的、不断发展的实际应用。

2.1.1 信息系统多维概念模型

虽然在第1章给出了管理信息系统的一般定义，但实际上站在不同的角度研究，管理信息系统呈现出不同的特征。小到一个简单的财务报表管理系统，大到复杂的城市信息系统、国家金融信息系统等，实际都是管理信息系统。这种特征被称为信息系统的多维特性。信息系统的多维特性主要有3种表现类型。

(1) 组织特征。按照信息系统服务的部门、组织和管理特征分类。

① 管理层次维。支持不同层次的管理。

② 管理职能维。支持各个职能的应用。

③ 组织类型维。不同类型的组织和企业有不同的应用系统。

(2) 技术特征。按照信息系统应用的技术内容和深度分类。

① 应用技术复杂程度。

② 应用技术的目标。

③ 应用技术的方式。

(3) 系统综合性特征。大型信息系统综合管理的目标，可以有很多类型。

① 电子商务系统。

② 电子政务系统。

③ 地理信息系统。

④ 数字城市系统。

深入分析，信息系统还可以有其他多种维度的属性，例如不同的管理风格形成的信息系统特征，可称为管理方式或决策方式维：集中式管理、民主式管理；社会应用不同形成的不同特征，可称为社会维：包括人、文化、民主、透明、公开、伦理价值观念等。只是这些不作为本章研究的重点。为了区别，常常给这些信息系统冠以不同的名称，但其作用都是实现某一方面、某一类型信息的某种深度的管理和应用。

图2-2的概念模型描述了按照组织特征分类时信息系统的组织、职能和层次三维特性及其关系。

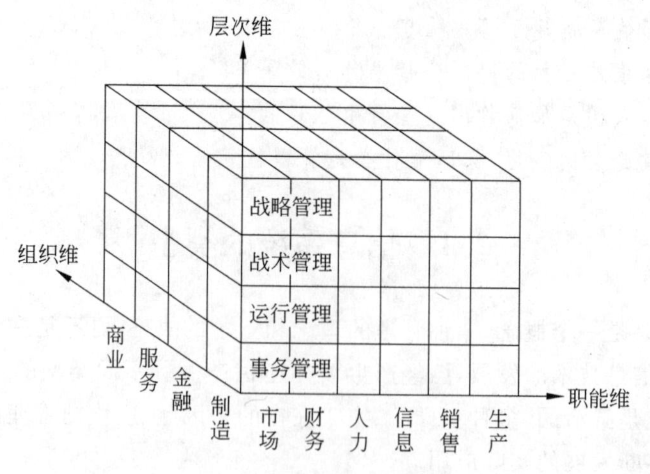

图2-2 信息系统三维模型

2.1.2 信息系统的技术特征

信息系统发展的基础是信息技术的支持。信息技术日新月异的发展使得信息系统应用深度和广度日益增加,出现了多种信息系统类型。企业或组织的信息管理包括3种要素,即信息、系统和人。其中信息和系统两种因素都包含了丰富的技术内容。信息技术应用的目标和深度的不同体现了不同信息系统的技术维特征的区别。

1. 技术特征的表现方式

信息系统技术特征有多种体现方式,例如技术本身的特征、管理应用的特征和社会特征等。站在不同的角度,信息系统的技术特征有不同的分类方法。从某种含义上说,信息系统的质量高低和应用效益大小就取决于技术、管理和社会三者之间关系的正确处理。

(1) 技术(IT)。技术应用层次、技术使用深度。

(2) 管理。用户、系统结构、应用目标。

(3) 社会。文化、决策方式、习惯、人的素质、领导风格、价值观念。

2. 技术应用的深度

信息系统本质上是计算机的硬件、软件和使用者共同组成的复杂系统。其核心是计算机软件系统。信息系统应用的类型也说明信息系统的发展过程。

(1) 手工(人工)系统。

(2) 初级信息系统。单机、局域网络,简单数据的管理。

(3) 网络化信息系统。因特网、数据仓库、数据挖掘技术应用。

(4) 智能化信息系统。数据的深度处理和高层管理决策支持。

3. 技术应用的目标

不同的应用目标的信息系统在使用的技术、开发方法和界面设计等方面都表现出很大的差异。

(1) 管理应用层次。事务处理、管理控制系统、决策支持、专家系统、知识管理。

(2) 目标应用层次。提高效率、及时转化价值、寻找机会。

(3) 信息集成度。单项应用、内部管理、MRP、MRPⅡ、ERP、CRM。

下面按照信息系统的三维模型分别介绍不同类型信息系统的功能和特点。

2.2 层次信息系统

传统企业的组织结构大多数是基于层次化的组织方式,因此企业信息系统应用从事务处理到决策支持包括管理的各个层次。不同管理层次对信息的需求和应用都不相同。每一个管理层次会涉及组织的多个甚至所有的管理职能。

2.2.1 事务处理系统

事务处理系统(Transaction Processing System,TPS)也称为作业控制或数字数据处理(EDP),是组织管理的基础活动,主要包括中层和高层管理所需要的原始数据的录入和基本报表的产生等功能。

这类信息系统从结构上相对简单、功能单一,可以在单机运行,也可以在网络环境运行,主要面向单项应用。事务处理虽然简单，但是数量大且非常重要，是企业所有管理和决策信息系统的基础。这些活动一般都是可程序化的，操作过程相对规范、稳定，所以最容易在计算机上实现。这些功能往往代替原来的手工操作，提高了效率、节约了人力，并且能增加服务的内容和提高服务质量。组织信息化往往是从事务处理的计算机化开始的。主要的事务处理系统主要包括以下几类。

1. 数据的录入系统

数据输入是任何信息系统基本和初始的工作，例如大量的原始数据和单据等数据录入。原来都是靠手工使用键盘录入，速度慢且难免出错。现在实现数据自动录入的设备和方法越来越多，例如众多磁性或光学读入装置、POS机、ATM机等。

目前最新的自动输入技术是无线射频识别(Radio Frequency Identification，RFID)技术。其主要核心部件是一个电子标签，直径不到2mm。通过相距几厘米到几米距离内传感器发射的无线电波，可以读取电子标签内储存的信息，识别电子标签代表的物品、人和器具的身份。例如一位顾客挑选了装满整整一个购货车的商品，走到超市出口的时候，不需要任何条码扫描，只需几秒，总货款被清清楚楚地显示在屏幕上。

2. 单据生成

各种单据的录入、打印和查询是信息系统中重要的运行层日常管理工作。举例如下。

(1) 订货管理(订单、发票)。

(2) 工资管理(工资表)。

(3) 库存管理(入库单、领料单、提货单)。

3. 查询处理

查询操作是信息系统应用的主要方式之一。信息系统要为客户和不同层次的管理人员、不同的决策需求提供灵活、方便、多样化的查询服务功能，以及人性化、友好的查询界面格式和信息表达方式。

信息查询需要对数据进行筛选、统计、分类等简单处理，例如人事档案和工资等的查询，铁路、航空订票系统、旅馆预定系统等应用。查询的数据源多来自于数据库中的表及其各种视图。

2.2.2 管理控制信息系统

与简单的事务处理系统不同，管理控制信息系统的主要用户是企业的中层管理者。他们需要使用管理控制信息来衡量绩效、确定控制行动、制定运行人员使用的规章以及分配各种资源等，辅助实现组织各部门的管理功能。实际上，MIS的概念最早就是来自于管理控制。现在MIS的概念已经大大扩展，涵盖了组织管理的各个层次和所有的管理功能。

1. 管理控制信息系统的特点

管理控制信息系统需要对原始输入的数据作必要的处理并具备一定的决策支持功能。其主要目的是实现组织中层管理职能计算机化。因此管理控制信息系统往往具有如下基本特征。

(1) 主要服务于中层管理人员的应用，需要满足他们在管理过程中的决策需求和习惯。

(2) 依赖事务处理层提供的原始数据(当前和历史的)。

(3) 需要对数据进行汇总、筛选、综合和概括或预测等程序化处理，在此基础上提出相应的决策方案，提供组织高层管理者决策。

(4) 管理控制系统提供的决策过程大部分是结构化或半结构化的，处理起来相对简单。

2. 统计报表

信息系统要控制企业或组织的运行，及时监测和跟踪整个组织系统的运行状态，其中一个重要的方式就是产生各种类型的统计报表，作为管理决策的依据之一。各类报表也是信息系统的主要输出形式。报表的输出可以是屏幕显示或打印输出等形式，输出报表的形式可以是多媒体的表达方式。报表的类型大致有以下几种类型。

(1) 进度报表。以时间为周期生成定期报表，如生产、成本或利润等的日报、周报、月报和年报等，用以对系统运行状态的定期监测，以便及时加以控制。

(2) 需求报表。根据管理者的要求产生的报表。这种报表经常是管理者为了做出某项决策而要了解所查询的信息，因此需求的时间或内容都可能是随机的，如临时查询旅店客房的出租率或现在的库存等情况的报表。

(3) 异常情况报表。为了提示管理者，避免产生灾难性的结果，当出现各种非预料的结果时系统应能自动产生相应的报表。这些异常情况的定义和参数的设定是系统开发时根据管理的要求设置的。

(4) 常规报表。就某一情况为管理者提供更为详尽的数据报表。

(5) 关键指标报表。是针对组织中涉及其关键成功因素的活动数据的经常性的报表，以便决策者及时了解这些关键数据，及时做出正确的反应。对于不同的管理者涉及的关键指标报表的内容显然不同。

2.2.3 战略决策信息系统

主要服务于组织高层管理者管理需要。典型的例子是经理信息系统(Excecutive Information System，EIS)。实际上EIS并不是一个完全独立系统，而是组织信息系统的一个重要子系统。但是由于使用者的不同，使得EIS应该有很多不同于管理控制信息系统的特点。

(1) 完全个性化的桌面系统，其界面风格和信息的提供方式应满足使用者的习惯和需求，个性化明显，表现在偏好、使用方式、界面设计、信息表达方式等方面。

(2) 提供使用者所需要的信息，其数据来自于中层管理控制信息系统经过加工后的数据，包括大量的外部数据和历史数据。

(3) 满足大量半结构化和非结构化决策需要，应提供多种决策模型和数据处理方法。

(4) 提供与下属员工特别是中层管理者便捷的沟通方法，如电子邮件等。

(5) 需要提供系统的核心数据，因此安全管理和权限管理非常重要。

2.3 职能信息系统

对不同类型的组织，其职能的划分或内容都有相当大的差别。一般来说对企业的内部管理而言，企业主要职能包括财务管理、人力资源管理和营销管理、生产管理和信息管理等。按照组织的不同职能构建的信息系统称为职能信息系统。实际上，每一种管理职能信息系统的实现都包含了作业层、管理层和决策层的功能。下面仅以几个典型的职能信息系统为例加以说明。

2.3.1 财务信息系统

对于任何一个企业或组织,财务管理都是最重要的核心管理部门之一。财务管理的功能实际可分为两大部分:会计和财务管理,分别实现不同的管理目标。下面分别介绍这两部分系统的功能和特点。

1. 会计信息系统

企业中会计信息系统的主要任务是完成记账处理,使资金运作不出错。一般企业的信息化都是从会计的信息化开始的。会计部门通常是最早实现计算机化的部门,其原因主要是会计工作的重要性、规范化、数据量大、报表多,需要的人力多、手工操作容易出错、用计算机处理可以获得明显的效益等。会计信息系统是企业中应用最成熟的信息系统之一。会计工作信息化人才的需求甚至催生了高校中的会计电算化专业。

会计信息系统的功能一般包括下述子系统。

(1) 订单处理子系统。

(2) 库存管理子系统。

(3) 会计应收子系统。

(4) 会计应付子系统。

(5) 总账子系统。

(6) 工资子系统。

(7) 财务报告子系统。

2. 财务信息系统

财务管理的含义要比会计管理更广泛,系统的决策支持功能更强,技术支持更复杂。财务管理信息系统的主要目标是如何运作好资金,使其产生效益,实现资金的最好利用和剩余资金的最优投资。

财务管理信息系统的组成除了会计管理的职能外,还应包括下述 4 个子系统。

(1) 内部审计子系统。该子系统用于实现财务审计和运营审计。

(2) 财务情报子系统。该子系统用于向企业所有者(股东)、财务社团以及政府机构提供财务信息。

(3) 预测子系统。该子系统用于对市场的短期和长期变化趋势进行预测。

(4) 资金管理子系统。它是财务信息系统最主要的子系统,目标是保证收入流大于消耗支出流,并保证此条件是稳定的。

2.3.2 人力资源信息系统

组织是由职工组成的。随着知识社会的来到,有知识、有经验、有能力的职工已经成为组织的最重要资源之一。人力资源(Human Resource,HR)管理将传统的人事管理提上到重要资源的管理。人力资源信息系统(HRIS)已经成为组织信息系统的重要组成部分之一。

1. 人力资源信息系统的职能

人力资源管理工作有些属于日常的操作层面的管理,比较简单,是传统人事管理的工作内容。现在,人力资源管理的概念在不断扩展和深化,使得人力资源管理的职能变得日益复杂，目前人力资源管理信息系统的主要职能一般包括以下功能。

(1) 人事档案管理维护。

(2) 人员考核和晋升管理。

(3) 工资的管理和调整。

(4) 招聘、选择和雇用。

(5) 岗位设置管理。

(6) 业绩评价、绩效管理。

(7) 雇员酬劳分析管理。

(8) 培训和发展管理。

(9) 健康、保安和保密管理。

2. HRIS 的主要子系统

现代人力资源管理的特点使得人力资源信息系统即包括日常业务处理子系统，也包含一些复杂的数据处理子系统。人力资源信息系统的复杂性在主要于人的不确定性、流动性、个性的多样性，能力知识的隐含性等，因此对数据的采集和处理提出更高的要求。HRIS 一般包括下述子系统。

(1) 人力资源研究子系统。人力资源及评价研究等。

(2) 人力资源情报子系统。外部人力资源信息以及需求预测等。

(3) 人力规划子系统。人力资源需求、岗位设置和规划等。

(4) 人力管理子系统。职工日常管理以及绩效管理、评价等。

(5) 酬劳子系统。业绩考核、工资、奖励和激励等。

(6) 环境报告子系统。对外的人力资源政策和实际情况的报告等。

2.3.3 制造信息系统

生产制造企业的业务过程比一般的商业企业或服务型的公司要复杂得多，其中有很多是涉及产品的开发、制造和运输等生产管理工作。制造信息系统的主要任务就是辅助这些和生产密切相关的业务过程的管理。因此使得制造信息系统的功能也比较复杂。

1. 制造企业的生产信息系统功能

制造信息系统主要包含生产技术信息系统和生产管理信息系统两部分。

(1) 通过技术实现产品的生产的技术信息系统。

① 计算机辅助设计(Computer Aided Design，CAD)。

② 计算机辅助制造(Computer Aided Manufacturing，CAM)。

③ 机器人(robot)制造系统。

(2) 通过管理实现生产过程的信息系统。

① 生产计划管理。

② 生产过程管理。

③ 生产资源管理。

④ 计算机辅助质量控制。

如果将上述技术和生产管理两方面的功能集成在一起，就构成计算机集成制造系统(Computer Integrated Manufacturing System，CIMS)。

2. 制造信息系统的主要子系统

为了实现生产过程的管理,制造信息系统一般应包括以下子系统。

(1) 主生产计划子系统。

(2) 库存控制子系统。

(3) 成本计划与控制子系统。

(4) 直接劳动成本的计划与控制子系统。

(5) 材料成本的计划与控制子系统。

(6) 管理费用的处理子系统。

(7) 计划和控制资产消耗子系统。

3. “生产”概念的扩展

现在“生产”的含义已经不局限于物质产品的生产过程,“产品”也不只是物质化的产品。生产和产品的概念包含了更广泛的含义。

(1) 制造企业。生产各种物质产品。

(2) 服务企业。提供各种服务产品,例如商业、教育、金融、信息服务等。

产品的含义包括物质产品、软件产品或服务产品(例如金融产品、信息服务产品等)等多种类型。只不过不同类型的产品需要不同的资源和生产过程。因此源自于制造信息系统的企业资源规划、企业流程再造等很多思想和方法在其他类型的企业中也得到广泛的应用。

2.3.4 企业资源规划

企业管理的实质之一是企业资源的管理。随着社会的发展,人们对资源的理解越来越扩展和深刻,因此使得信息系统的设计理念也得到不断的发展。由最初的库存量最佳订货、批量管理等到物料需求计划、制造资源规划和目前的企业资源规划等。这种变化决不是名词术语的改变,实际反映了企业管理的思想和方法的进步,同时也体现了信息系统建设方法和内涵的变革。这样的管理理念不仅对制造企业有效,也适用于其他各种类型的企业或组织的信息系统建设。

1. MRP

物料需求计划(Material Requirement Planning,MRP)是根据企业生产计划确定的产品种类、库存状态和物料清单,推算未来库存状况和缺件情况,从而按零件的提前期和批量准则,编制所需零部件、原材料的生产和采购计划,保证主生产按计划实施的信息系统。物料需求计划系统主要解决以下类型的管理问题。

(1) 生产效率低下,原材料不能及时足量供应。

(2) 零部件生产不配套和严重积压。

(3) 资金积压,周转期过长。

(4) 不能满足市场变化的要求。

(5) 类似的方法。订货点法、准时法(JIT)、最优化法等。

2. MRPⅡ

MRP是以计划驱动的物料管理模式。随着生产的发展,产品日益供大于求,这时单纯提高物料供应的管理水平已经难以使企业获得更大竞争优势。市场竞争的加剧,要求对企业所拥有的所有资源进行管理和优化。MRP的管理模式逐渐被一种更全面的管理模式,即制造资源规划(Manufacturing Resources Planning，MRPⅡ)所代替。注意MRPⅡ并不是表示MRP的第二个版本，而是表示与MRP的区别。MRPⅡ与MRP的主要区别如下。

(1) 将企业的资源包括材料、人力、资金、设备和时间一起加以规划并控制。

(2) 包括生产计划、库存控制、物料需求、成本核算、采购、销售、财务、会计等功能。

(3) 具有更强的辅助决策的功能，能根据不同的决策方案计算可能的结果。

3. ERP

MRPⅡ的不足主要表现在其管理的范围局限于企业内部，随着企业竞争范围和空间的进一步扩大，MRPⅡ自然难以适应这种变化，所以产生了企业资源规划(Enterprises Resources Planning，ERP)的管理思想。ERP最初由Gartner Group公司1990年提出，后又经过不断发展，适合于各种类型的企业，只不过管理的资源类型不同而已。

企业资源规划系统在MRPⅡ的基础上扩充了市场、供应链等管理功能，以市场需求来配置资源。其特点(与MRPⅡ的区别)是管理范围大、内容多、全面控制、深度管理、资源更好的整合，从而使企业获得更大的效益。

ERP包括以下基本功能。

(1) ERP基于MRPⅡ，同时全面管理企业的内外资源，包括人力资源、客户资源、质量控制、运输管理和项目管理等；ERP支持各种生产类型和制造环境。

(2) ERP面向企业供应链，可以实现对供应链上所有环节(包括合作伙伴和客户等)的有效管理。

(3) ERP支持分散结构和基于C/S计算环境，从传统集中式系统发展到分布式网络环境。

2.4 组织信息系统

信息系统的“组织维”特征反映了无论什么样的组织和行业都需要信息系统，只不过不同类型的组织的业务流程、管理的资源，实现的功能和管理的方式等都不相同，所以构建信息系统的方法以及信息系统的组成、技术等也有很大差异。例如，政府机构信息系统、外贸、银行信息系统、军事指挥信息系统、户籍管理、医疗保险、劳动保障信息系统等。

2.4.1 外贸信息系统

外贸行业涉及不同国家的多种类型的管理和业务部门，业务流程复杂，需要大量纸面业务文件和单证的传递和审核过程。传统的外贸业务完全靠手工和邮寄的方法完成，这样需要耗费大量的人力和时间，严重影响外贸进出口业务的效益。所以外贸行业的信息化和标准化引起世界各国的重视。下面仅以外贸出口业务说明其业务流程和主要的业务文件。

1. 外贸出口业务流程

(1) 市场分析，商情调查，提出进出口业务。

(2) 进口商以合同、确认书为依据，向银行提出申请开立信用证。

(3) 银行向出口商开立信用证，出口商经检查无误，确认接收。

(4) 出口商与有关生产厂协商订购产品，签订生产合同。

(5) 生产厂提供出口商所需产品，出口商进行财务核算，转成成本，将产品运往仓库。

(6) 与外运公司签订租船订仓合同，填写出口货物托运单。

(7) 与保险公司联系申请保险，填写投保单。

(8) 向商检局申请，要求提供商检证书。

(9) 向海关提供托运单、报关单、合同、配额证书、装箱单、出口许可证、商检证明书、危险品证书、保险证明书、原产地证明书等单证，向海关报关，填写出口货物报单。

(10) 经报关审定后在报关单上盖章，同意放行后，出口商将产品装货到装运港口。

(11) 在装运港口装船，运输部门签发装货单、发货单，托运人取得装船的单据。

(12) 将发票、装箱单、托运单、报关单等单据汇总提交给议付银行，要求议付。

(13) 议付银行将单据汇合提交给开证银行，开证银行收到单据并审查无误后验单付款。

(14) 买方向开证银行办理付款手续并取回单据。

(15) 提货，买方凭提单提货。

外贸出口业务流程如图 2-3 所示。

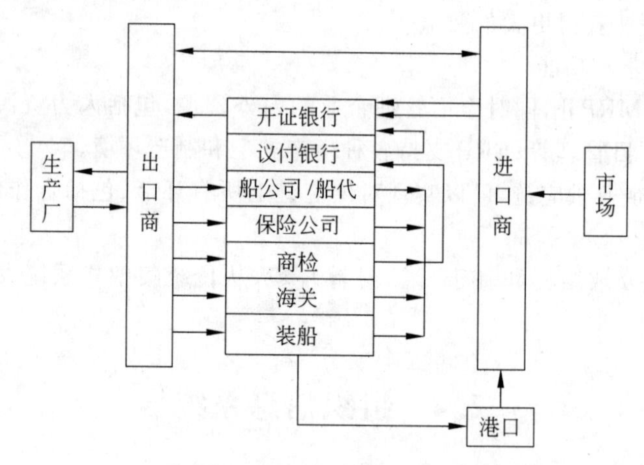

图 2-3　外贸出口业务流程图

2. EDI 系统

电子数据交换(Electronic Data Interchange，EDI)系统是外贸行业信息化的基本标志。EDI 是一种在公司之间传输订单、发票等作业文件的电子信息系统。它通过计算机通信网络将贸易、运输、保险、银行和海关等行业信息，用一种国际公认的标准格式，实现各有关部门或公司与企业之间的数据交换与处理，并完成以贸易为中心的全部过程。由于使用 EDI 可以减少甚至消除贸易过程中的纸面文件，因此 EDI 又称为“无纸贸易”。

(1) EDI 的基本特点。

① 传输的文件数据采用共同的标准和具有固定的格式。

② 通过数据通信网络(一般是增值网和专用网)来传输。

③ 数据是从计算机到计算机自动传输，不需要人工介入。

(2) EDI 的组成要素。

① 通信网络。是基础，例如 PSTN、ISDN。

② 计算机硬件、软件组成的应用系统。

③ EDI 标准。是 EDI 关键和灵魂，目前多采用 UN/EDIFACT(用于行政管理、商业和运输的电子数据交换)。

这 3 个要素相互衔接、相互依存，构成 EDI 的基础构架。

2.4.2 金融管理信息系统

金融业是信息最密集型行业，所有的金融交易和管理业务实际都是信息流动和处理的过程。因此建立金融信息系统，用信息流代替资金流和传统的纸介质单证的流动，会极大提高银行运行效率和效益。因此随着信息技术和网络技术的发展，金融信息化等特征越来越明显。金融信息系统的建设需要金融业务与信息技术的完美结合。下面仅列举几个金融信息系统的交易功能和信息流程。

1. 银行交易信息系统

(1) POS 消费系统。顾客在商场购物→柜台刷卡→金卡中心→银行扣款→金卡中心→柜台成交。

(2) ATM 业务系统。顾客在 ATM 机前插入卡→金卡中心→银行扣款→金卡中心→ATM 业务成功出钞。

(3) 国际结算系统(SWIFT)。SWIFT 又称"环球同业银行金融电讯协会"，是国际银行同业间的国际合作组织，成立于 1973 年，目前全球大多数国家的大多数银行已使用 SWIFT 系统。SWIFT 的使用，为银行的结算提供了安全、可靠、快捷、标准化、自动化的通信业务，从而大大提高了银行的结算速度。SWIFT 的格式具有标准化，目前信用证的格式主要都是用 SWIFT 电文。使用 SWIFT 系统交易过程如下：银行 SWIFT 操作人员进入本地网→国际 SWIFT 网→SWIFT 中心认证→交易完成→返回交易数据。

2. 银行与证券之间的交易信息系统

银行与证券之间的交易主要是银行顾客通过银行卡直接买卖股票的系统，顾客的资金是通过电子数据直接划转。主要有以下几种方式。

(1) 通过证券机构的资金划转。

(2) 资金存放在银行，证券资金存放在证券机构。

(3) 通过银行的直接的资金划转。

证券资金和银行卡的资金一般是同一个资金账户，股票与资金可在银行查询。

图 2-4 为银行证券信息系统的示意图。

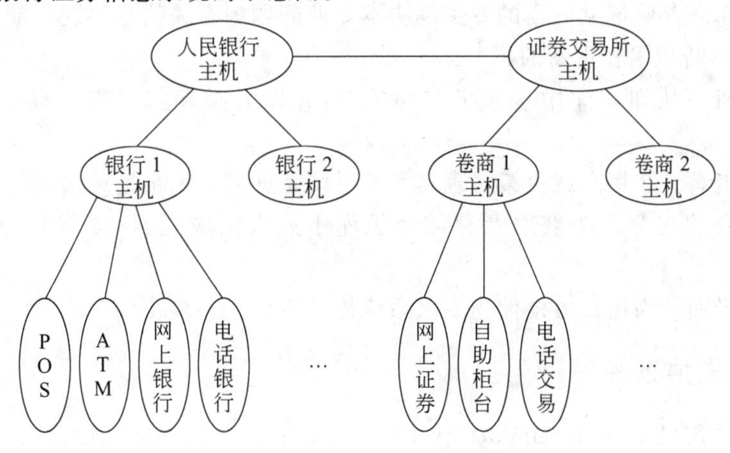

图 2-4 银行证券信息系统示意图

2.5 决策支持和知识管理

信息管理最终的目标不是保管信息，而是应用信息。从管理的目的来说就是应用信息做出科学的决策，最终使企业受益。管理就是决策，决策依靠信息，但只有原始的信息并不能保证做出正确的决策，关键是要对信息进行深度的处理，才能得出决策所需要的结果。

随着企业竞争的加剧，管理者，特别是高层管理者对信息系统的决策支持功能的要求也不断提高。因此出现了多种类型的辅助决策和知识管理的信息系统。信息系统的决策和知识管理功能是信息的深度应用，并在更高的层次体现信息的价值。

决策支持信息系统主要是解决非结构化决策过程的自动化问题，需要更多的信息技术支持特别是数学模型和算法的支持，例如人工智能技术、视觉系统、学习系统、自然语言处理、机器人技术、人工神经网络等技术的支持。

2.5.1 专家系统

专家系统(Expert System，ES)是包含知识数据库和相应的管理程序，帮助使用者解决某一领域遇到问题的决策信息系统。专家系统也是一种信息系统，是实现知识共享的一种途径，是实现信息系统价值的更高体现形式。专家系统的关键是如何获取专家的知识，并将这些知识表达出来供给其他用户应用。因此，专家系统与一般信息系统相比有很多自身的特征。

1. ES的特点

从专家系统所要实现的目标出发，围绕着某一个特定的专业领域，一般的专家系统应该具备以下基本特征。

(1) 求解问题。能进行某些问题的求解工作。

(2) 知识表示。以规则或框架的形式表示知识。

(3) 人机接口。能实现人和系统的交互。

(4) 输出。提供多种假设供使用者选择。

2. ES的组成

(1) 知识库。存储该领域内的专家解决本专业问题的有关信息、数据、规则和关系。知识库的内容是不断积累和更新的。

(2) 推理机。从知识库中搜索事实和关系，并以人类专家的方式提供答案、预测和建议。

(3) 解释工具。让用户或决策者理解专家系统是如何得出结论或结果的。

(4) 知识获取工具。为获取及存储知识库中所有组成元素，提供一种方便、有效的方法。

(5) 用户界面。为用户方便使用专家系统提供接口。

2.5.2 决策支持系统

决策支持系统(Decision Support System，DSS)是由数据库、模型库和灵活方便的应用接口等组成的，是供使用者解决非结构化或半结构化决策问题使用的信息系统。DSS是信息系统，但具有与其他类型信息系统不同的特征。

1. DSS 的特征

对于不同的管理层次，决策的内容和方法都有区别，决策支持系统主要是支持组织高层管理者的决策需要，因此在信息需求、信息处理和系统应用等方面都表现与运行层、管理控制层信息系统有明显的区别。

(1) 系统的使用者主要是决策层的管理者。

(2) 主要目的是解决非结构化或半结构化的问题。

(3) 综合运用数据、模型和分析技术。

(4) 提供用户使用交互友好的接口。

(5) 具有很高的灵活性和适应性。

(6) 是支持不是代替人的决策。

2. DSS 的组成

决策支持系统一般由下述 5 个子系统组成。

(1) 人机对话系统。使用者和系统的交互接口，提供决策需求和结果输出。

(2) 数据库系统。

(3) 模型库系统。

(4) 方法库系统。

(5) 知识库系统。

2.5.3 智能决策支持系统

智能决策支持系统(Intelligent Decision Support System，IDSS)的概念是为了增强和改善传统决策支持系统对复杂的非结构化决策的支持功能而提出的一种新的信息系统模式。

1. IDSS 的特点

(1) 主要支持非结构化的决策。

(2) 具有较高的智能，具有学习和推理功能。

(3) 在传统 DSS 的基础上增加人工智能(Artificial Intelligent，AI)的功能。

2. 组成

IDSS 组成的关键是在传统的决策支持系统基础上增加了一些深度知识库。知识库是指一般的、基础的知识，即关于知识的知识。IDSS 主要由下述几部分组成。

(1) 传统 DSS 的用户接口、数据库和模型库等。

(2) 关于管理科学和运筹学深度知识库以及多领域专门的深度知识库，存储各种决策知识应用方法。

(3) 学习和获取知识的深度知识库，根据知识，指导如何获取信息，并不断积累和学习获取信息的经验，以便不断更新专门的深度知识库内容。

(4) 基本决策和信息价值的深度知识库，包括有关决策最基本规律的知识、常识。

2.5.4 知识管理系统

知识是信息经过提取、加工后的产物，反映出事物的本质和规律，能指导人们的行为和决策过程。所以知识是信息价值的深度体现，知识管理是信息管理的更高层次。信息管理和知识管理之间的区别表现在管理的目标、功能和应用的技术等多个方面。

知识管理系统(Knowledge Management System,KMS)是实现知识的开发、共享、评价和利用,从而利用全体员工的智慧提高组织应变能力和竞争力的信息系统。知识管理的内容十分丰富,使用的技术也更复杂。

1. 知识管理的内容

(1) 知识的共享。

(2) 知识的搜集、表达、存储。

(3) 知识的积累。

(4) 知识生产的激励。

(5) 将知识作为产品进行生产。

(6) 将知识融入产品、服务和生产过程。

(7) 建立专家知识库。

(8) 建立和挖掘客户需求信息的知识库。

(9) 判断和计算知识的价值。

(10) 开发和利用知识资产。

其中的难点在于知识的积累、表达、评价和应用,这里除了一般信息管理的知识外,还涉及大量的数据挖掘、知识发现和计算机学习等信息科学的高端技术。

2. 知识管理信息系统组成

(1) 知识生成模块。从海量信息中抽取针对某个应用领域的知识。

(2) 知识挖掘模块。按照一定的指示提取算法,从知识库中发现隐含的、有意义的知识。

(3) 知识重组模块。寻找知识间的联系,找出指导行动的知识,根据用户需求形成特定的系统化的知识。

(4) 知识应用模块。知识管理的最终目标是将知识和企业的具体运作过程相结合,用知识解决实际问题并产生新的知识。产生科学的决策方案或新的科技成果。

2.6 电子商务系统

电子商务是建立在因特网基础平台上,以信息流取代传统商务中的商流、资金流等的商务活动模式。其核心是商务活动的信息化,是数字信息的流动和管理。因此,电子商务实际就是一个非常复杂的信息系统,没有信息系统就不可能有电子商务。

2.6.1 电子商务系统的概念

本节研究的电子商务系统是在因特网和其他多种网络的基础上,以实现各项商务活动为目标,支持企业各项管理和决策的信息系统,也称为电子商务信息系统。电子商务的商品展示、物流管理和支付过程等都是通过电子商务信息系统来完成的。功能完整的电子商务信系统是一个覆盖范围广、涉及单位多、功能复杂的大型信息系统,与前面提到的以组织内部管理为重点的信息系统有很大的不同。

1. 电子商务系统的特点

(1) 包含多种类型实体,例如消费者、商家、制造企业、分销商、银行、海关、物流配送企业、政府管理部门、认证中心等,通过因特网连接成一个系统。

(2) 多功能,通过信息的传递和处理实现多种商务功能。

(3) 跨平台,多网络(包括组织内部和因特网等)。

(4) 系统安全非常重要。

(5) 3 层逻辑结构(客户、Web 应用服务器、服务器),这 3 个逻辑层中的应用元素通过一组标准的协议、服务连接起来。

2. 电子商务信息系统的组成

(1) 网站系统(包括后台的数据存储和处理等)。

(2) 电子支付系统。

(3) 物流和供应链管理系统。

(4) 客户关系管理系统。

(5) 组织内部管理系统及和外部系统的接口(企业网、因特网)。

2.6.2 电子商务网站系统

电子商务网站是企业的网上门户,还起着连接企业内外信息的桥梁作用。电子商务网站也是网络营销的主要平台和模式。因此电子商务网站在电子商务中的重要作用是不言而喻的。一个电子商务网站按系统基本功能划分,可分为两大部分(子系统)——电子商务前台系统和电子商务后台管理系统。

1. 电子商务前台系统

电子商务网站前台系统是客户和企业的网上交互界面。网站内容的完整性和合理性,是电子商务网站是否吸引用户的关键因素之一,所以在设计前台系统时应当尽量从用户的角度和网络营销的角度出发考虑其功能结构和实现。

一般情况下,网站前台系统的主要功能如下。

(1) 企业形象展示、站标、企业介绍。

(2) 客户(会员)注册、登录。

(3) 商品展示、销售信息(订单、支付、配送信息)。

(4) 促销策略的实施(个性化服务、广告、有奖销售、热卖商品排行榜、友情链接等)。

(5) 联系我们(电子邮箱、投诉等)。

(6) 商品查询(站内、网上查询等)。

(7) 其他功能,如论坛、我的购物专区,版权等信息。

网站前台系统的每一项功能都是通过一个或多个网页实现的,而网站的结构是通过超级链接实现的。

2. 电子商务后台系统

严格地说,没有后台管理功能的网站不能算一个功能完整的电子商务网站。特别是对要实现网上交易的电子商务网站,管理功能更复杂。在电子商务网站越来越多的今天,电子商务网站的维护和管理越来越受到重视。一个管理上混乱的电子商务网站不但不会给管理者带来所预期的效益。相反,可能会使网站的形象受到损害,甚至因此失去很多客户。

电子商务网站后台系统从技术上的实现是一件很复杂的工作，网站后台系统应包括多个功能子系统。一般来说，具有交易功能网站的后台管理系统应主要包括以下功能。

(1) 网页文件、数据、各种资源的管理。

(2) 电子商务交易过程管理(销售、支付、安全等)。

(3) 顾客资源管理(用户登录、注册信息、购买信息等)。

(4) 管理人员管理(管理员密码、权限的管理)。

(5) 其他管理功能(如网站安全、客户查询信息、物流配送信息等)。

(6) 各种管理决策所需要的数据深度处理。

电子商务网站后台管理的内容主要为管理和维护电子商务网站的数据，实施安全的交易过程，并尽可能为企业内部的信息管理提供良好的支持。当然，电子商务的模式不同、功能不同，网站的后台系统设计也会有相当大的差别。但无论如何相对于网站的前台系统功能来说，电子商务网站的后台系统的实现要复杂和困难得多。

图 2-5 为我国目前最大的 C2C 电子商务网站淘宝网的主页。

图 2-5 淘宝网主页

2.6.3 电子支付系统

电子支付系统是电子商务系统的核心部分，也是技术最复杂、安全性要求最高的子系统之一。电子支付系统的基础设施是金融电子化网络，流通的支付工具是各类电子货币。支付功能主要通过在线模式以因特网中的交易信息流动和处理来实现。电子支付系统主要由以下几部分组成。

(1) 网上交易主体。网上支付系统的主体首先应包括买(消费者或用户)、卖(商家或企业)双方。

(2) 安全协议。网络支付系统应有安全电子交易协议或安全套接层协议等安全控制协议,这些涉及安全的协议构成了网上交易可靠的技术支撑环境。

(3) 金融机构。包括网络金融服务机构、商家银行和用户银行。

(4) 认证机构。公开安全的第三方认证体系,这一体系可以在商家与用户进行网上交易时为他们颁发电子证书,在交易行为发生时对电子证书和数字签名进行验证。

(5) 网络基础设施。电子支付建立在网络平台之上,包括因特网、企业内联网,要求运行可靠,接入速度快、安全等。

(6) 法律和诚信体系。属于网上交易与支付的环境的外层,是由国家及国际相关法律法规的支撑来予以实现的,另外,还要依靠完善的社会诚信体系。

(7) 电子商务平台。可靠的电子商务网站以及网上支付工具(电子货币,诸如电子支票、信用卡、电子现金)等。

2.6.4 客户关系管理系统

客户关系管理(Customer Relationship Management,CRM)为企业提供全方位的客户视角,赋予企业更完善的客户交流能力,最大化客户的收益率。CRM 反映电子商务引发的管理变革,由以产品为中心转向以客户为中心。CRM 的主要功能如下。

(1) 支持决策。选择客户、决定服务方式和内容、消费预测、确定营销策略。

(2) 为不同类型的客户提供有区别的服务。把客户纳入到企业管理的范畴,找到企业价值的主要来源。

显然,客户关系管理信息系统的基础是客户信息的搜集、处理和应用。

1. 客户信息的搜集和处理

客户信息的搜集和处理是 CRM 的基础性工作,主要的工作内容如下。

(1) 客户信息的搜集。将面谈、电话和 Web 访问交流等客户信息渠道协调起来,使客户既能以自己喜好的形式与企业交流,又能保证整个系统信息的完整、准确和一致。客户信息的质量和数量是 CRM 的基础但不是全部。

(2) 信息的整合。实现多渠道客户信息的整合以及企业前后台运营之间的平滑、无缝连接。CRM 必须与后台的信息系统很好地集成。如果前端的销售、市场和服务的信息等不能及时传达到后台的财务、生产、采购等部门,企业就难以有效地运转,也难以实现真正的客户关系管理。

(3) 客户信息的分析处理。面对浩如烟海的客户信息,需要数据挖掘技术和完善的智能分析系统的支持,以便进行客户信息的深度处理,提供决策应用。

2. 主要功能模块

CRM 软件的基本功能包括客户管理、联系人管理、时间管理、潜在客户管理、销售管理、电话销售、营销管理、电话营销、客户服务等。有的系统还包括了呼叫中心、合作伙伴关系管理、商业智能、知识管理等。

(1) 销售模块。销售模块用来帮助决策者管理销售业务,其目标是提高销售过程的自动化和销售效果。它的主要功能包括现场销售管理、额度管理、销售力量管理和地域管理。

(2) 营销模块。营销模块对直接市场营销活动加以计划、执行、监视和分析。使得营销部门实时地跟踪活动的效果,执行和管理多样的、多渠道的营销活动。

(3) 客户服务模块。其目标是提高那些与客户支持、现场服务和仓库修理相关的业务流程的自动化并加以优化服务。客户服务模块可完成现场服务分配、现有客户管理、客户产品全生命周期管理、服务技术人员档案、地域管理等。

(4) 呼叫中心模块。利用电话来促进销售、营销和服务。该模块主要包括呼入呼出电话处理、互联网回呼、呼叫中心运营管理、图形用户界面软件电话、应用系统弹出屏幕、友好电话转移、报表统计分析等功能。

(5) 电子商务模块。帮助企业构建电子商务系统。包括网上商店、网络营销、电子支付等功能。客户可在网上浏览商品和支付账单、提出和浏览服务请求、查询常见问题、查询订单状态等。

3. 客户数据处理

客户数据处理是CRM的核心,也是对决策支持的基础。在CRM中经常需要处理的数据包括以下一些类型。

(1) 客户类型分析。区分最忠诚客户、最有价值客户、最具成长性客户、一般客户。

(2) 销售分析和预测。

(3) 裙带度计算。裙带度是针对一种产品所进行的计算。首先确定一种产品的相关产品,然后根据公式计算出裙带度。若某客户所购产品的裙带度较大,则此客户的成长性就较高。

(4) 客户忠诚度的计算。

(5) 客户满意度的计算。

(6) 客户反馈信息的处理。

(7) 客户购买习惯分析及商品推荐处理。

(8) 欺诈检测。

(9) 客户流失警告。

2.6.5 物流信息系统

电子商务对物流管理(Logistics Management,LM)的依赖,使信息化物流配送行业得到发展。物流系统本身就是一个复杂、庞大的系统,这个系统的高效运行需要复杂的物流信息系统的支持。

1. 物流系统的组成

物流系统由仓储、配送系统、物流网络系统、物流客户服务系统和物流信息系统等子系统构成,其中物流信息系统是整个系统的核心和神经。

(1) 物流配送中心。物流配送中心是物流系统的核心。物流配送中心是融商流、物流、信息流为一体,集存储保管、集散转运、流通加工、商品配送、信息传递、代购代销、连带服务等多功能于一体的现代化物流管理中心。所有的物流信息在物流配送中心汇总、分析,并在此基础上执行物流方案的决策和控制。物流配送中心往往和大型仓储基地在一起,承担物资的集中和分发等多种功能。

(2) 物流信息网络。物流信息网络是整个物流系统管理和调度的信息平台,是物流系统信息基础设施。所有的管理信息、物流信息和客户服务信息都是通过数据通信网络平台传输和管理的。同时,物流信息网络应该实现同上下游企业或其他合作伙伴、物流企业之间的信息通信连接。

(3) 物流运输网络 。物流运输网络是由分布于不同地域,由各种运输工具和相应的管理系统和工作人员组成,主要完成货物运输的系统。物流运输网络是在物流信息网络的统一管理下运行的。所有的物流运输信息都通过物流信息网络实时地传送到物流中心的信息系统,以实现对整个系统的监控和管理。这需要计算机和网络通信技术的支持。

(4) 物流仓储。现代化的大型仓储场地和设备是物流系统存储、管理货物的基地,也是现代物流的标志之一。现代物流仓储无论是设备还是管理方式都不同于传统的物资仓库管理。为了实现存储空间的高效利用和货物的快速分检,现代物流仓储需要立体的存储货架、现代化的存取货物的机械设备以及智能化仓储管理信息系统。

(5) 客户服务和管理。物流是电子商务的最后一个环节,是电子商务优越性的最终体现。快速、便捷、透明的物流服务是使客户满意,从而获得更多忠诚客户的重要条件。因此一个功能完善的物流系统应该包括完善的客户服务系统,为客户提供全方位的物流信息服务。例如,客户物流跟踪信息、客户投诉和信息反馈以及客户查询信息功能等。

2. 物流信息系统的特点

物流管理和企业内部管理有很大的不同,致使物流管理信息系统在某些方面比一个企业的信息系统更复杂。其复杂性主要表现在物流信息系统具有下述特点。

(1) 地理范围大。跨地区、行业和国家等。

(2) 不同类型的系统和网络的集成。卫星、无线、有线、因特网和局域网。

(3) 多企业之间的协调。对响应时间、数量的要求更精确。

(4) 使用多种设备。移动通信设备、运输设备等。

(5) 决策支持功能。物流方案的确定需要通过复杂的计算,决定路径、运输工具、人员配置等,以获得更高的效益。

3. 供应链管理系统

供应链是指在整个商业交易中,从制造商、供应商、零售商到最终用户间的产品、信息及资金双向流动的一连串活动。供应链管理(Supply Chain Management,SCM)则是通过不断地整合与改造这些活动,以达到提升所有厂商的竞争力与客户价值的连锁性管理。供应链管理是一种一体化的管理思想和方法,它执行供应链中从供应商到最终用户的物流的计划和控制等职能。

(1) 供应链管理的主要内容。供应链管理就是对所有参与交易往来的企业间有关物流、资金流以及信息流的管理。可以用公式表示如下

供应链管理＝物流管理＋资金流管理＋信息流管理

具体而言,供应链管理包括以下具体内容。

① 企业内部与企业之间的运输问题和实物分销。

② 战略性供应商和用户合作伙伴关系管理。

③ 供应链产品需求预测和计划。

④ 供应链的设计(结点企业、资源、设备等的评价、选择和定位)。

⑤ 企业内部与企业之间物料供应与需求管理。

⑥ 基于供应链管理的产品设计与制造管理、生产集成化计划、跟踪和控制。

⑦ 基于供应链的用户服务和物流管理(运输、库存、包装等)。

⑧ 企业间资金流管理(汇率、成本等问题)。

⑨ 基于 Internet/Intranet 的供应链交互信息管理。

(2) 供应链系统的组成。供应链可以看作由一系列"供应链实体"组成。这些实体可能是不同企业或同一企业的各部门,也可能是最终消费者,它们都是整个供应链上的一环。在一个完整的供应链体系中,参与供应链活动的供应链实体通常会包括供应商、制造商、配销商、零售商及消费者这 5 种。在供应链中,现阶段的顾客可能变成下一阶段的中心工厂,而原来的中心工厂则是其上游的供应商,如此绵延不断地构成了一个供应链系统。

(3) 供应链管理系统。供应链管理主要的目的是希望做到降低管理成本、即时精确的信息分享和强化与供应商的合作关系。供应链管理实际就是物流管理的延伸和扩展。要使供应链通路有效率地运作,则需要大量的数据与决策逻辑,而且为了适应时间与地点的改变,数据与决策逻辑也需要不断地追踪与修改。因此供应链管理的核心技术是信息系统,通过数据的高效流动和处理获得供应链运行的高效和有序。

2.7 电子政务系统

电子政务是政府管理方式的革命。它不仅意味着政府信息的进一步透明和公开化,而且意味着政府要通过网络来管理其管辖的公共管理事务。电子政务最重要的内涵是运用信息及通信技术打破行政机关的组织界限,构建一个电子化的虚拟机关,使得人们可以从不同的渠道获取政府的信息及服务。

2.7.1 电子政务系统的发展

从世界范围看,各国电子政务的发展都伴随着信息系统的发展变化。电子政务信息系统的实现,是逐步消灭信息孤岛,实现信息公共服务应用模式的过程,其过程可以简单划分 3 个阶段。

1. 孤岛式计算机系统阶段

这是早期电子政务的应用模式,其特点是,以部门进行划分,计算机系统呈孤岛式。政府各个部门之间没有数据往来,只为部门内部提供信息服务。这时的电子政务系统具有以下特点。

(1) 没有统一的标准(众多的供应商,以及供应商控制的技术标准)。

(2) 在管理与维护上需要掌握较高的专业技能,消耗大量资源。

2. 初级互联阶段

这个阶段的信息系统运行模式是,孤岛式的计算机系统联成网络并组成大型的数据中心。系统主要为政府部门内部提供电子政务,同时对其他部门提供服务。系统具有以下的特点。

(1) 实现相关部门之间的信息交流,建设了政府部门之间专用网络和数据定义的标准化。这样的专用网络建造和维护费用比较昂贵。

(2) 建立了统一的政府公共应用平台、公共数据库，为整个应用环境提供了加密与密钥管理应用，定义了专用消息、EDI、数据交换标准，便于信息交换（审查、追索），可以同时满足政府部门新旧应用系统的运行要求。

3. 公共服务阶段

在这个阶段的信息系统运行模式是，通过公共的 IT 基础设施满足不同政府部门之间及和公众的信息共享、交换，逐渐建立较完全的电子政务。在这个时期的电子政务系统具有以下几个特点。

(1) 信息的共享变得越来越重要。

(2) 利用因特网和公共的 IT 基础设施，满足不同政府部门对信息系统的需求。

(3) 政府信息系统为公众提供更多使用政府信息资源的服务，公众通过与网络的连接，可享用政府信息资源和各项服务。

(4) 整个系统有完整的认证中心，全方位地为系统提供服务。

2.7.2 电子政务系统的结构

我国电子政务系统采用 3 层网络应用体系，各层网络之间采取隔离措施，必需的数据转接应采用安全数据网关，并确保不存在信息泄露的可能性。

1. 外网

外网与因特网连通，面向社会提供的一般应用服务及信息发布，包括各类公开信息和一般的、非敏感的社会服务。主要应用包括基于政府因特网网站的信息发布及查询；面向全社会的各类信访、建议、反馈及数据收集统计系统；面向全社会的各类项目计划的申报、申请；相关文件、法规的发布及查询；各类公用服务性业务的信息发布和实施，如工商管理、税务管理、保险管理等。

2. 专网

专网是政府部门内部以及部门之间的各类非公开应用系统，其中所涉及的信息应在政务专网上传输。主要包括各类公文、一般涉密数据以及政府部门之间的各类交换信息，这些信息必须依据政府内部的各类管理权限传输，防止来自内部或外部的非法入侵。主要应用如下：从中央政府到地方各级政府间的公文信息的审核、传递系统；从中央政府到地方各级政府间的多媒体信息的应用平台，例如视频会议、多媒体数据实时调度与监控等；同级政府之间的公文传递、信息交换。

3. 内网

内网是指政府部门内部的各类关键业务管理信息系统及核心数据应用系统。内部一般应用主要包括各种个人办公自动化辅助工具，如文字处理、多媒体处理、网络应用（电子邮件、浏览器、远程访问终端等）；政府内部的公文流转、审核、处理系统；政府内部的各类专项业务管理系统，政府内部的各类事务管理系统，政府内部的面向不同管理层的统计、分析系统；政府内部不同应用业务的数据库系统以及统一的数据资源平台。

为了使政府的信息实现共享，要建立互联、互通共享资源信息库，面向社会对公众开放。3 层网络和一个共享的数据库结构被称为“三网一库”的电子政务体系结构。此外，电子政务系统还包括一些涉及内部核心机密的应用系统，例如机要、秘密文件及相关信息数据管理系统；领导事务管理系统，包括日程安排，个人信息等；涉及重大事件的决策分析、决策处理系统；涉及国家重大事务的数据分析、处理系统；涉及重要事务的核心数据库系统等。

图 2-6 是我国电子政务三网构架的示意图。

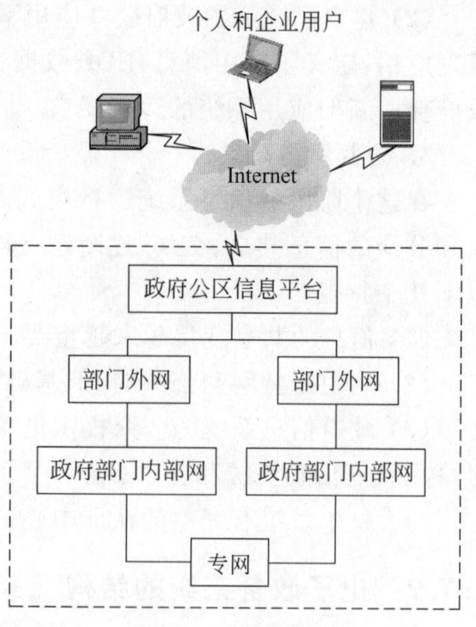

图 2-6 我国电子政务的三网构架

2.7.3 电子政务的功能

近期我国电子政务建设的主要目标是统一标准、完善功能，建立安全可靠的政务信息网络平台。覆盖全国的电子政务信息系统是非常复杂、庞大的信息系统，包括无数的子系统。目前我国正在集中力量进行 12 项重点业务系统的建设并力求取得显著成效。

1. 我国电子政务的 12 个重点系统

我国目前电子政务重点开发 12 项“金字”工程，每一项“金字”工程实际都是覆盖全国和国计民生关系密切的大型信息系统。

(1) 为各级领导决策服务的“办公业务资源系统”和“宏观政策管理系统”。

(2) 将所有税务机关和税种扩展成为全方位的税收电子化系统的“金税工程”。

(3) 将完整的通关业务电子化的“金关工程”。

(4) 为国家预算编制和预算执行提供网络化、数字化服务的“金财工程”。

(5) 对银行、信托、证券、保险进行有效监管的“金融监管工程”。

(6) 实现审计工作数字化的“金审工程”。

(7) 保障社会稳定、安全的“金盾工程”和“社会保障工程”。

(8) 防伪打假的“金质工程”。

(9) 应对水旱灾情的“金水工程”。

(10) 为农业现代化服务的“金农工程”。

2. 电子政务网站

政府网站是电子政务面向社会的窗口，也是一个复杂的信息系统。联合国把电子政务定义为 5 个阶段。分别为“静态式服务”(网站犹如“告示牌”，政府单向发布信息)；“增强式服务”(政府在网上放置公务表格供下载，并通过电子邮件解答问题)；“交互式服务”(政府网站形成门户，为市民提供在线交流阵地)；“交易处理式服务”(网站与政府的后台系统打通，相关业务如审批、采购、报税、报关等可直接在网上处理)；“无缝式服务”(为居民提供一站式服务)。若要真正达到一站式服务的水平，电子政务网站的后面必须有复杂信息系统的支持。图 2-7 为中国政府网站主页。

2.7.4 办公自动化系统

电子政务的实质就是通过运用信息技术，改造传统的办公、管理和决策方式，建立办事高效、政务公开、决策科学、行为规范、全天候服务的现代行政管理体系。无论是企业信息化还是电子政务，办公自动化(Office Automation，OA)系统都是重要的组成部分。

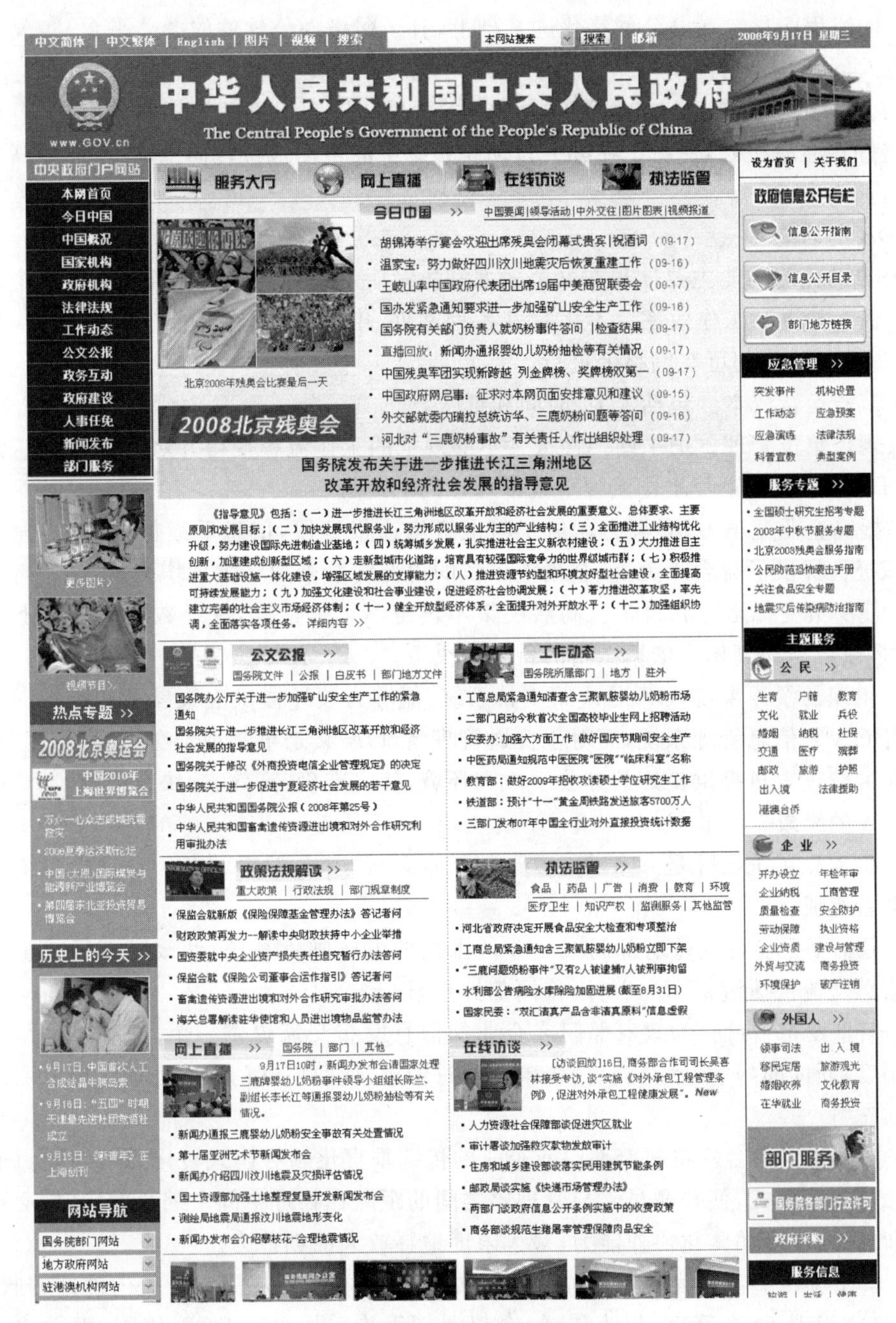

图 2-7 中国政府网站主页

1. OA 的发展

办公自动化的发展是一个不断进化的过程，随着计算机和网络技术的发展可以分为以下几个阶段。

(1) 办公计算机化。单位有了计算机，可以打印文件，保存数据，用一些单机版软件等。

(2) 办公网络化。单位的计算机有了局域网并连上了互联网，实现了资源共享，但内部缺乏秩序和安全。

(3) 网络程序化。在办公网络化的基础上，有了网络办公软件的办公平台，实现了轻松有序的管理。将来还可能有网络办公的智能化，办公变得越来越轻松。

目前，OA 已经发展到以知识管理为核心的阶段。以知识管理为核心，提供了丰富的学习功能与知识共享机制，使员工在办公自动化系统中的被动地位转向主动，从而提高企业和政府的运作效率。

2. OA 的功能

办公自动化的功能主要体现在办公效率和决策质量的提高。具体表现下述几个方面。

(1) 极大地提高工作效率。不用拿着各种文件、申请、单据在各部门跑来跑去，等候审批、签字、盖章，这些都可在网络上进行。

(2) 节省运营成本。包括人力、时间和纸张。

(3) 规范单位管理。把一些弹性太大不够规范的工作流程变得井然有序，比如，公文会签、计划日志、用款报销等工作流程审批都可在网上进行。

(4) 提高企业竞争力、凝聚力。员工与上级沟通很方便，信息反馈畅通，为发挥员工的智慧和积极性提供了舞台。无疑，企事业单位的内部的凝聚力将大大增强。

(5) 使决策变得迅速和科学。高层决策不再是不了解情况，缺乏数据的环境下拍脑袋的事，而是以数据和真相为依据做出的科学的决策。

对于组织的领导来说，OA 是决策支持系统，能够为领导提供决策参考和依据。对于中层管理者 OA 是信息管理系统，而对于普通管理者，OA 又是事物或业务处理系统。OA 能够为企业的管理人员提供良好的办公手段和环境，使之准确、高效、愉快地工作。

3. OA 的组成

办公自动化系统实际是一个功能复杂的信息系统，一个理想的办公自动化系统应有以下功能平台组成。

(1) 通信平台。建立政府部门或企业范围内的电子邮件系统，使政府部门或企业内部通信与信息交流快捷流畅，并且与因特网邮件互通。

(2) 信息发布平台。为政府部门或企业的信息发布交流提供一个有效的场所，使企业的规章制度、新闻简报、技术交流、公告事项及时传播，使政府部门或企业职工能及时感知企业发展动态。

(3) 协同工作平台。将政府部门或企业的传统垂直化领导模式转化为基于项目或任务的“扁平式管理”模式，使普通员工与管理层之间的距离在物理空间上缩小的同时，心理距离也将逐渐缩小，提高团队化协作能力，最大限度地释放人的创造力。

(4) 公文流转平台。改变了传统纸质公文办公模式，政府部门或企业内外部的收发文、呈批件、文件管理、档案管理、报表传递、会议通知等均采用电子起草、传阅、审批、会签、签发、归档等电子化流转方式，真正实现无纸化办公。

(5) 日常办公平台。OA 改变了传统的集中办公室的办公方式，扩大了办公区域，用户可在家中、城市各地甚至世界各个角落通过网络连接随时办公。

(6) 信息集成平台。OA 系统具备数据接口功能，能把政府部门或企业原有的业务系统数据集成到工作流系统中，使企业员工能有效获取处理信息，提高整体反应速度。

(7) 知识管理平台。系统性地利用政府部门或企业内部积累的信息资源、专家技能，改进政府部门或企业的创新能力、快速响应能力，提高生产效率和员工的技能素质。

2.8 数字化城市信息系统

美国原副总统戈尔 1998 年提出“数字地球”(Digital Earth)的概念。后来我国的信息系统专家根据我国信息化进程,提出“数字城市”的概念。主要是指在城市规划、建设与运营管理以及城市生产、生活中,充分地利用数字化信息处理技术和网络通信技术,将城市的各种数字信息及城市的各种信息资源加以整合利用。数字城市实际是由很多子系统组成的庞大的信息系统。

1. 数字地球

所谓“数字地球”可以理解为对真实地球及其相关现象统一的数字化重现和认识。其核心思想是用数字化的手段来处理整个地球的自然和社会活动诸方面的问题,最大限度地利用资源,并使普通百姓能够通过一定方式方便地获得他们所想了解的有关地球的信息。其特点是嵌入海量地理数据,实现多分辨率、三维对地球的描述,即“虚拟地球”。通俗地讲,就是用数字的方法将地球、地球上的活动及整个地球环境的时空变化装入计算机中,实现在网络上的流通,并使之最大限度地为人类的生存、可持续发展和日常的工作、学习、生活、娱乐服务。

从信息科学及其发展角度看,“数字地球”的概念强调了“数字化”的基础和关键作用。另一方面,“数字地球”概念对信息感知技术、获取技术、存储技术等提出了新的挑战,将极大地促进信息技术发展。“数字地球”概念还将极大地促进信息资源的共享与开发利用,促进人类社会发展。也可以说,数字地球是以计算机技术、多媒体技术和大规模存储技术为基础,以宽带网络为纽带运用海量地球信息对地球进行多分辨率、多尺度、多时空和多种类的三维描述,并利用它作为工具来支持和改善人类活动方式和生活质量。

2. 数字城市的概念

根据现代城市结构理论和信息科学的信息生命周期理论,以及数字地球的思想,可以将“数字城市”定义如下:数字城市是指依靠现代信息和网络技术,实现城市地理和社会活动信息的自动采集和处理,并通过对城市信息资源的整合和利用,为城市的规划、建设和管理提供决策与服务功能的开放的信息系统。

“数字城市”是一个基于网络环境的城市信息特别是空间信息服务系统,是信息技术在城市管理中的综合应用。“数字城市”建设的任务就是利用现代高科技手段,采集、整合和挖掘城市基础设施与社会和经济发展相关的信息资源(特别是空间信息资源),为政府、企业、社区和公众提供全方位的信息化服务。数字城市系统属于一个“人造系统”,即城市信息系统。

3. 数字城市信息系统组成

“数字城市”信息系统包含 4 个层次。

(1) 城市综合信息平台、城市空间基础信息平台和城市电信基础信息平台。

(2) 政府、企业、社区和公众应用系统。

(3) 相应的网站和信息接入终端。

(4) 数字城市的用户群体包括政府、企业、社区和公众。

数字城市的核心应用系统包括城市规则管理、城市房地产管理、城市综合管理、城市交通管理、城市可视化电子政务社区服务、公众服务等。

4. 数字社区

“数字社区”是数字化城市的重要组成单元或缩影,也是现代住宅小区建设的发展方向。数字社区的核心是为社区居民提供全方位的、便捷的生活数字化信息服务。数字社区实际也是一个功能广泛的信息系统,该系统包括以下几部分。

(1) 统一的社区信息服务和管理平台。

(2) 数字化的物业管理(安全以及水、电、气费的缴纳等)。

(3) 网络化生活服务(购物、求助、医疗等)。

(4) 居民的交流平台(通知、网上论坛、聊天等)。

(5) 各种信息服务(音乐、影视、教育等)。

2.9 管理信息系统的发展

前面介绍的各种类型信息系统的产生,实际经历了一个漫长的发展和演变过程。其发展的动力是信息技术的发展和对信息应用不断深化的需求。下面总结和归纳信息系统发展的轨迹和内在的规律,作为本章的总结和提高。

2.9.1 信息系统的演变

从 20 世纪 50 年代到现在,信息系统的发展大致经历了 5 个主要阶段,每一个发展阶段都产生了一些典型的信息系统。这些信息系统反映了当时开发技术的发展水平和管理理念的变化。这个发展阶段和典型的信息系统如表 2-1 所示。

表 2-1 信息系统的发展

年 份	信息系统类型	信息系统应用
1950—1960	数据处理	电子数据处理(EDP) 电子业务处理(ETP)
1960—1970	管理报告系统	管理信息系统(MIS) 管理报告系统(MRS) 信息管理系统(IMS)
1970—1980	决策支持系统	决策支持系统(DSS) 管理支持系统(MSS)
1980—1990	战略和终端用户支持系统	主管信息系统(EIS) 专家系统(ES) 战略信息系统(SIS)
1990 年至今	电子商务系统、电子政务系统、数字城市系统	企业资源规划(ERP) 企业过程再造(BPR) 客户关系管理(CRM)

上述发展的过程不是以新的系统取代旧的系统,而是反映信息系统功能的增加和集成的过程。

2.9.2 信息系统集成

信息系统发展的过程是不断集成的过程。信息系统集成包括应用(功能)的集成和系统资源(数据、软件、硬件)的集成。

1. 系统集成的内涵

信息系统发展的外在特征之一,就是一个资源和管理不断集成的过程。系统的不断集成的主要内涵是信息在更大范围的共享和信息价值更深层次的挖掘和应用。信息系统集成的结果促进了组织信息管理理念的发展和业务流程的变革。信息系统集成的背景和基础是信息技术的不断发展。

2. 系统集成类型

信息系统集成按照集成的内容可分为以下 3 种类型。

(1) 按涉及的范围,可分为技术集成、信息集成、组织和人员集成。

(2) 按系统优化的程度,可分为联通集成(网络)、共享集成(信息)、最优集成(资源优化)。

(3) 按具体化的程度,可分为概念集成、逻辑集成、物理集成——表示方案、分析、设计、实施等不同阶段的集成。

3. 资源的集成

信息系统的开发就是一个集成过程。信息系统集成使得各种资源在更大的范围实现优化配置,提高管理的效益。其含义如下。

(1) 信息系统集成可以促使实现整个组织资源的集成。

(2) 信息系统的集成包括数据、技术、软件、设备、人和业务流程,其中关键是数据的集成。

(3) 多种集成策略。进行集成的执行途径,不同的策略导致不同的结果。

随着信息系统的不断集成,企业信息系统经历了由部门信息管理到整个企业信息管理,再到企业整个供应链的管理和客户管理的不断演变过程。

2.9.3 MIS 概念演变的内涵

管理信息系统在演变过程中产生了很多新类型的系统,例如 MIS、MRP、MRPⅡ、ERP、BPR、CRM 等。这些系统并不是名词的变化,实际包含着丰富的内涵。

1. 信息系统演变的主线

(1) 信息的整合。信息系统的发展就是资源整合范围不断延伸的过程。由一个个信息孤岛向一体化演变,增加信息共享程度、流动方式和通畅程度。

(2) 信息管理的范围。不断集成的过程,由业务、管理资源向企业整个生态链管理演变,其轨迹是,个人—部门—企业—供应链—电子商务。

(3) 信息的使用深度。由提高效率向提高效益演变,需要的数学工具、模型、智能,协调的复杂程度不断增加。

(4) 系统平台。由单机过渡到局域网络,进而发展到因特网并向网格发展(见 4.2.5 小节)。

(5) 开发工具和方法。由面向具体应用向面向对象、代理技术(见 4.5.5 小节),集成化开发环境、网络化开发工具演变。

(6) 信息的价值。由管理向应用演变,不断地挖掘信息的价值,提高企业效益和核心竞争力,大大增加企业发展机遇和空间。

(7) 理论根据。由应用程序向系统,进而向复杂系统演变,系统开发理论的发展是系统理念不断深化的过程。

不同类型信息系统信息资源的整合和系统的特点如表 2-2 所示。

表 2-2　信息系统信息资源的整合

系统	整 合 资 源	主要特点和问题
订货点	根据计划实现最少库存	需求理想化、不精确，以物料库存为中心，孤立的系统
MRP	根据生产需求制定计划，内部生产过程	开环，没有控制，没有考虑内部其他资源的限制
MRP Ⅱ	内部生产、资金等整个企业的资源	管理的中心是生产过程
ERP	物流、资金流、信息流的全面整合、内外资源	管理的中心是财务成本，必须依靠信息系统的运行
CRM	外部供应链、客户	管理的中心是客户需求，考虑外部物流的重要性

2. 现代信息系统结构

现代信息系统结构的发展趋势是建立在基于因特网、企业网和外联网（Internet/ Intranet/ Extranet）平台之上的企业信息系统，如图 2-8 所示。

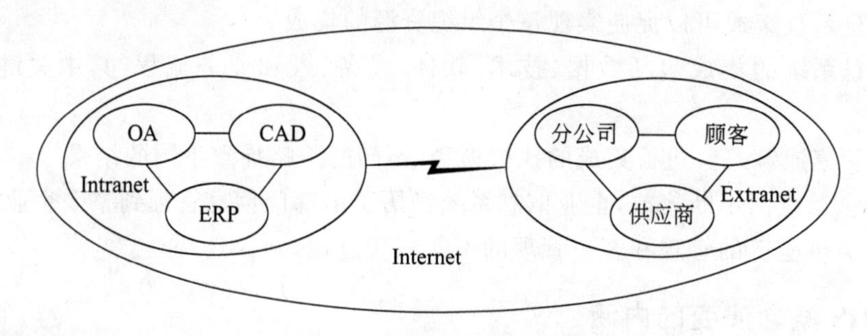

图 2-8　现代信息系统结构

其特点如下。

（1）多个网络，多种通信方式（无线、线缆、微波、卫星）。

（2）多种媒体（数字、图、文、声、像）。

（3）多种应用系统。

（4）大范围。

（5）跨平台。

2.9.4　管理信息系统对组织的影响

管理信息系统是企业或组织系统的一部分，信息系统可以将组织的各个部分更有效地组织成一个完整的系统，使其有条不紊地运行。MIS 和组织结构之间既有相互依存的关系，又有对组织结构的影响作用。

1. 信息系统和组织的关系

企业或组织建设信息系统的目的是使业务做得更好，获得更大的效益，但建立信息系统不是原手工系统的计算机翻版，信息系统和企业的组织之间有相互的影响。这种影响表现在很多方面。

(1) 信息系统和组织结构之间的影响是相互的。

(2) 不同的组织结构(如集中或分散)需要不同的信息系统结构。

(3) 管理信息系统的建立和应用会引起组织结构的重组。

(4) 组织结构对信息系统设计产生影响(组织的传统习惯、组织的权利、职权的层次)。

(5) 管理伦理影响信息系统设计(领导风格、人性的多样化要求)。

企业原来的业务系统和新建的信息系统之间的相互影响如图 2-9 所示。

2. 数字神经系统

比尔·盖茨在《未来时速——数字神经系统与商务新思维》一书中将信息系统比做企业的数字神经系统。他认为信息工作是思考性工作。当思考和协作显著地得到计算机技术的支持时,就拥有了一个数字神经系统。它由先进的数字过程组成,知识型工人用这个过程来做出更好的决策。数字神经系统如图 2-10 所示。

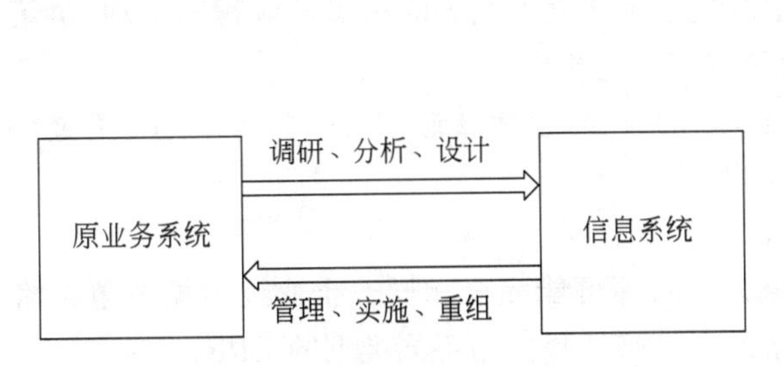

图 2-9 信息系统和企业组织之间的相互影响

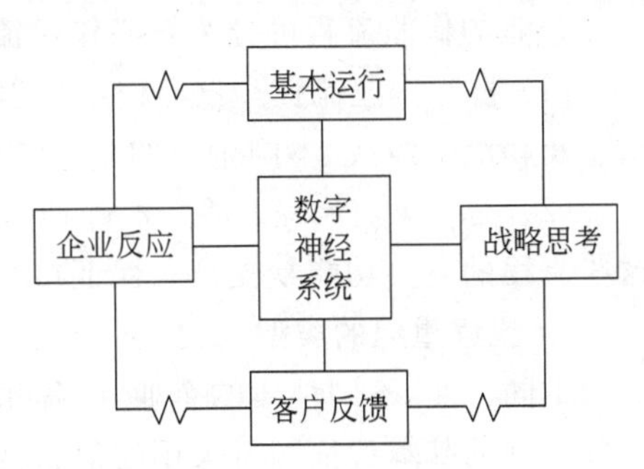

图 2-10 数字神经系统

图 2-10 表示信息系统在企业系统中的中心地位和重要作用,另外,也表示要使这个数字神经系统运行得更有效,必须要有适当的环境。

3. 可能引起的变化

信息系统的建设绝不仅仅是技术问题,它会对企业的组织结构、业务流程、人际关系等方面带来一系列重要的变革具体如下。

(1) 旧系统错误的纠正。

(2) 原来系统无法实现的功能,例如报警、出错处理等。

(3) 很多管理业务的自动化减少了人员。

(4) 业务流程的集成和综合。

(5) 简化中间环节,组织扁平化。

(6) 信息网络适合团队工作方式。

(7) 工作方式改变会引起人际关系和激励方式的变革。

(8) 更直接面向客户体现企业的服务本质,需要新的业务内容。

(9) 其他。

2.9.5 企业流程重组

1990 年,美国的 Hammer 教授首先提出企业流程重组(Business Process Reengineering,BPR)的概念。BPR 的思想从理论和实践的高度对信息系统所引起的企业中的一系列变化进行了说明。

1. 什么是企业流程重组

BPR是以过程的观点来看待企业的运作，对企业运作的合理性进行根本性的再思考和彻底的再设计，以求企业的效益得到巨大的改善和提高。企业管理现代化是现代管理思想、现代化组织管理方法和手段的结合体。BPR也被称为企业流程再造或企业流程再工程。电子商务的实施必然要求有相应的管理组织和方法与之相适应。因此，开展电子商务与业务流程重组的结合是必然趋势。

2. 企业的作业流程

流程(process)也可以称为过程，是一系列相关的人类活动或操作，有意识地产生一种特定的结果。从操作的观点看，流程是一组密切联系、相互作用的活动，每一个流程有内容明确的输入和输出，有定义明确的开始和结束，流程本质上是做事情的方法。企业的流程即企业的作业流程。

企业的作业流程可分为核心作业流程和支持作业流程两类。

(1) 核心作业流程。核心作业流程是由决定企业竞争优势的相关子流程和活动、决策、信息及物流等组成，不同企业的核心作业流程不一定相同。

(2) 支持作业流程。除核心作业流程以外的流程，包括设施、人员、培训、后勤、资金等，这些流程的主要功能是支持和保证核心流程。

3. 流程重组的类型

不同行业、不同性质的企业，流程重组的形式不可能完全相同。企业可根据竞争策略、业务处理的基本特征和所采用的信息技术的水平来选择实施不同类型的BPR。

根据流程范围和重组特征，可将BPR分为以下3类。

(1) 功能内的BPR。功能内的BPR通常是指对职能内部的流程进行重组。

(2) 功能间的BPR。在企业范围内，跨越多个职能部门边界的业务流程重组。

(3) 组织间的BPR。发生在两个以上企业之间的业务重组。

其中，组织间的BPR是全球经济一体化和因特网广泛应用环境下的BPR模式。

小　结

本章将主要从功能、结构的角度介绍各种类型的实际信息系统，目的是通过这些实际应用的信息系统，将信息系统的概念具体化。本章给出了不少和现代信息系统相关的概念，但是千万不要孤立地理解更不要死记硬背这些概念。而是通过这些概念的学习深入理解信息系统的功能及应用，并关注信息系统应用在广度和深度上的发展。

1. 本章学习目标

(1) 熟悉信息系统的类型。

(2) 掌握各类信息系统的应用层次、范围和方式。

(3) 理解信息系统的发展过程、规律和内在的动力。

(4) 通过实际系统应用深刻理解信息系统的概念和本质。

2. 本章主要内容

站在不同的角度研究管理信息系统呈现出不同的特征。这种特征被称为信息系统的多维特性。信息系统的多维特性主要有3种表现形式：组织特征、应用深度、大型信息系统的类型等。

本章按照不同的维度介绍了多种类型的信息系统具体应用。

(1) 层次信息系统。事务处理、管理控制、战略决策等系统。

(2) 职能信息系统。财务、人力资源、生产、企业资源规划等系统。

(3) 组织信息系统。外贸、金融信息系统都是对信息化要求异常迫切的行业。

(4) 应用的深度。决策支持、智能决策支持、专家系统、知识管理等系统。

(5) 大型信息系统。电子商务、电子政务、数字化城市等大型信息系统。

各种类型信息系统的产生实际经历了一个漫长的发展和演变过程。其发展的动力是信息技术的发展和对信息应用不断深化的需求。

管理信息系统是企业或组织系统的一部分,信息系统可以将组织的各个部分更有效地组织成一个完整的系统,使其有条不紊地运行。MIS 和组织结构之间既有相互依存的关系,又有对组织结构的影响作用,这就导致了企业流程重组。

3. 重要术语

信息系统的维度
层次信息系统
无线射频识别(RFID)
职能信息系统
事务处理信息系统(TPS)
经理信息系统(EIS)
人力资源信息系统(HRIS)
物料需求规划(MRP)
制造资源规划(MRPⅡ)
企业资源规划(ERP)
电子数据交换(EDI)
专家系统(ES)
决策支持系统(DSS)
智能决策系统(IDSS)
知识管理系统(KMS)
数字神经系统
电子商务系统
物流系统
供应链系统
电子支付系统
电子商务网站系统
电子政务系统
数字地球
数字城市
数字社区
信息系统集成
企业流程再造(BPR)

习题与实践

一、习题

1. 如何理解信息系统的多维特性?
2. 按照系统的管理功能,信息系统可以分为哪些主要类型?
3. 层次信息系统有哪些类型?
4. 经理信息系统有哪些特点?
5. 职能信息系统有什么特点?
6. MRP、MRPⅡ和 ERP 之间有什么区别和联系?
7. 什么是专家系统?
8. 什么是智能决策系统?
9. 什么是组织信息系统?
10. 知识管理和信息管理有什么不同?
11. 电子商务信息系统有哪些主要功能?
12. 电子支付信息系统由哪些部分组成?
13. 电子商务系统由哪些实体组成?

14. 为什么说只有前台功能的网站不是一个功能完整的电子商务网站系统？

15. 电子商务网站的后台系统一般应包括哪些子系统？

16. 举例说明信息系统演变的内涵和动力是什么？

17. 现代信息系统的结构一般是什么样的？

18. 信息系统对传统的管理模式会带来哪些变化？

19. 为什么信息系统的建设会伴随业务流程的重组？

二、实践

1. 每人搜集一种和自己关系密切的组织信息系统，分析其特点，写出分析报告。

2. 上网调查两个电子商务网站系统，对其功能进行比较，写出报告。

3. 上网调查一个电子政务网站，分析其功能和不足。

4. 调查一个感兴趣的行业或工作(例如金融、外贸、法律等)中信息系统的应用，并写出自己的感想。

第3章 信息系统开发方法基础

通过第2章学习，已经知道信息系统的类型、功能是多种多样的。然而我们更关注这些系统是如何开发出来的。实际上，各种类型信息系统的开发方法和使用的技术其实都是类似的，只是其复杂程度和规模不同而已。所以现在先不研究具体的系统功能实现，而转向系统开发一般方法的学习。信息系统开发涉及很多方面的知识，本章将重点讲述和信息系统开发方法有关的一些基本问题。信息系统开发方法是建立在对系统认识、分析以及开发工具的使用等基础上的。本章主要介绍当前涉及信息系统开发所应用的主流方法，并对其特点进行了分析，目的是使读者站在方法论的角度去理解、认识和掌握所需要的开发方法，而不是孤立和割裂地学习信息系统的各种开发方法。

本章主要内容：

(1) 系统开发方法学的概念。

(2) 信息系统建模。

(3) 信息系统主流的开发方法。

(4) 信息系统的实现方法和系统文档。

3.1 信息系统开发方法学

信息系统开发的任务是根据企业管理的目标、内容、规模、性质等具体情况，从系统的观点出发，运用系统工程的方法，按照系统发展的规律，为企业建立基于现代信息技术、为企业管理人员使用的信息系统。信息系统开发生命周期的每一阶段都涉及到采用什么方法的问题。

3.1.1 信息系统开发方法学的概念

从方法学的高度学习和研究信息系统的开发方法，容易抓住方法的本质，灵活地选择开发方法，从而构建高质量的信息系统。美国著名的图灵奖获得者布鲁克斯博士曾在他的《人月神话》一书中将能给软件产业带来本质上突变的技术称为“银弹”。这里说的“银弹”主要就是开发方法的变革和创新。方法学涉及的内容很多，本章主要探讨不同开发方法的本质及开发方法的发展趋势和内在的动力。

1. 信息系统开发方法学

开发一个信息系统，无论是航空和铁路订票系统，还是企业的ERP系统，其过程基本上是相同的。每一过程都由一些基本的活动组成。但是由于开发者对该过程的解释不同，所以出现了很多的开发方法。信息系统开发方法学就是研究在信息系统开发过程所有阶段的活动中所采用的方法、工具的创建和选择，活动之间的关系和顺序的描述，以及评价和判定方法。其中，关键的问题是如何认识信息系统和如何建立系统的模型。

人们在求解问题时，常用两种类型的方法：分析的方法和综合的方法。建立信息系统也是求解问题的过程，这里需要解决如下一些问题。

(1) 开发对象的描述。

(2) 开发对象的分析。

(3) 开发过程的实现。

(4) 创造和选择开发工具、平台。

(5) 对开发结果的评价。

(6) 管理和控制开发质量。

如何解决这些问题，就形成了不同的信息系统开发方法学。如果没有比较规范的系统开发方法学，在信息系统构建的环境中要实现项目的计划和控制几乎是不可能的。

2. 信息系统开发方法学的目标

简单来说，研究开发方法学追求的目标是开发质量的提高，开发成本的降低，增加系统的适应能力，使信息系统能给用户带来更大的效益；并努力寻求便于维护，管理简单、更符合人们思维模式的开发方法，以便最终能够实现系统的自动化开发和终端用户(End User)开发。

(1) 提高开发效率和质量。一般来说，利用科学方法开发一个系统在前期投入较多的人力进行需求分析和规划，将有助于提高最终设计的质量，从而将减少对系统的修改要求。而且由于有完善的资料，这种修改也更容易实现。相反，根据个人偏好而没有借助于系统开发方法学所设计的系统将不可避免地导致质量低和相当可观的维护成本。

(2) 降低开发成本，保证开发成功。应用科学的方法学还可以节省系统开发财力和人力，这是由于避免了进三步退两步的随意开发方法而得到的。方法学对于系统开发不可忽略的重要方面提供了方向和保证。例如，一个好的方法学将要求在进行系统设计之前标列出成本、进度、安排、软件、操作以及设备等约束条件。有关的用户和信息服务经理将就这些书面的约束条件签订协议。从而避免无休止的争论、重复，保证开发的进度和开发的最终成功。

3. 信息系统的生命周期

信息系统和任何事物一样，也有从产生到消亡的存在过程，这个过程就是信息系统的生命周期(Life Cycle)。任何一个信息系统，无论用什么方法开发，都具有自身的生命周期。信息系统的生命周期包括提出需求、系统定义、系统分析设计、系统实施、系统运行维护，系统退出等几个阶段。信息系统的生命周期如图3-1所示。

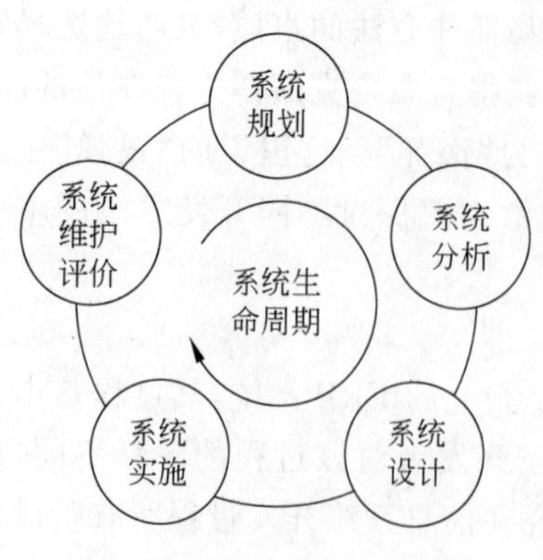

图3-1 信息系统生命周期

(1) 系统需求提出。产生构建信息系统的需求。

(2) 系统定义。系统规划、可行性分析、提出基本方案。

(3) 系统分析设计。采用各种不同的方法，建立新系统的设计方案。

(4) 系统实施。物理构建新的信息系统。

(5) 系统运行维护。运行管理、维护更新、系统评测。

(6) 系统退出。经过评价，系统已经不能满足要求，提出开发新系统的需求，当新的系统开发出来后，旧的系统退出运行，生命周期完结。

信息系统开发者的目标是尽可能减少开发时间、延长系统运行过程，从而获得更长的信息系统的生命周期，这就需要应用科学的开发方法，开发出高质量的系统。不同的信息系统开发方法主要表现在系统定义和分析设计方法的区别。

3.1.2 系统开发方法的实质

信息系统开发不能闭门造车，离不开对具体业务系统的认识。从本质上讲，信息系统开发的实质是建立业务系统与计算机模型之间的映射关系。不同的映射关系和不同的映射方法形成了不同的系统开发方法学。无论是用什么方法，系统开发的目标是不变的。信息系统开发方法在不断发展，其动力是要实现系统的更快速、高效和高质量地开发，以便满足日益增长的对信息系统的需求。软件工具的不断发展，为新的开发方法创造了可能的条件。

在开发新信息系统时，设计者首先面对的是各种各样的企业或组织的业务系统，可将其称为问题空间。他们的任务是建立服务于此业务流程的信息系统，也就是要从问题空间找到对应的求解空间中的解，这个解就是要设计的信息系统。这里的关键问题是解决如何将一个物理的业务系统映射为对应的计算机化的信息系统。不同的映射分析方法就形成了不同的开发方法。映射关系如图 3-2 所示。

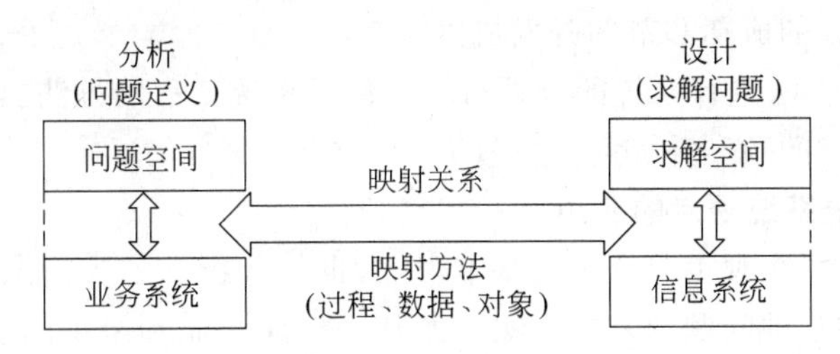

图 3-2 信息系统开发方法的实质

包含映射如下。

(1) 实际业务系统到问题空间的映射(信息抽象、系统分析)。

(2) 求解空间到实际信息系统之间的映射(系统设计)。

(3) 分析域到设计域的映射(系统实施)。

不同映射方法之间的区别如下。

(1) 映射的构造方法不同。

(2) 建立模型的方法的区别。

(3) 是否更符合人的思维方式和方法。

各种开发方法的主要区别表现这些映射关系的不同。信息系统的分析过程实际就是开发者认识现实世界的过程，而系统的设计则是解决问题的过程。系统开发技术人员一直在努力找到一种最能符合人认识世界的方法，便于和用户交流，完整确定系统需求，又利于系统分析设计的开发方法。

按照映射的方法不同形成了多种方法，目前常用的方法有面向过程的方法、面向对象的方法和面向数据的方法等。

3.1.3 系统观点的应用

系统的观点是系统开发方法学中的核心之一。从本质上讲,信息系统是个复杂系统,不是一些功能部件的简单堆砌,而是功能不同的组成部分的有机组合。因此在讨论信息系统开发方法时,首先要应用系统的观点分析现有系统并制定规划。例如不能将"组织机构管理"、"业务流程控制"和"订单管理"这几个完全不同层次上的构成部分简单堆砌起来构建一个信息系统。系统观点的应用体现在信息系统开发的全过程,包括系统规划、分析设计和系统管理等各个阶段。

1. 在系统开发中系统观点重要性

美国著名系统理论学家温伯格(Gerald M. Weinberg)在《系统化思维导论》中透彻地指出了系统化思考方法的重要性,"我从来没有改变过这样的信念,就是,如果人们接受过基本的思维原理的训练,他们的思考会更加接近事物的本质。"

"系统的观点"是信息系统理论最重要的要素,对信息系统的开发具有举足轻重的作用。其重要性主要表现在以下几个方面。

(1) 用系统的观点认识开发的对象和信息系统,包括分析系统结构、子系统的划分、数据资源的管理。

(2) 强调系统规划,首先确定系统目标和系统的总体构架、制定开发优先顺序的确定、实施计划等,确保开发的成功和节约开发成本。

(3) 应用系统的方法进行系统的分析、设计,使用系统工程的方法、自顶向下分析、自底向上设计等,确保开发的顺利并提高开发效率。

2. 在系统开发中系统观点的应用

"系统观点"既是对客观世界认识的基本观点,也是分析和解决信息系统开发生命周期中不同阶段所遇到的各种问题的基本方法。尤其是构建企业和组织的复杂信息系统,不同于编写一个孤立的应用程序,没有系统的观点难以实现系统的成功开发。系统观点在信息系统开发中的应用主要体现在以下一些方面。

(1) 应用系统观点认识被开发的对象。

① 信息系统是个系统。服务于企业和组织系统,实现业务流程管理的自动化。

② 信息系统的组成。由相互关联的对象、过程、子程序、数据库、软硬件系统和使用者等组成。

③ 信息系统的目标。局部最优≠ 全局最优,追求全局(结构、联系)、整体的优化,强调局部服从全局,要实现 1+1>2 的系统效果。

④ 资源的优化整合。消灭信息孤岛,实现数据深度应用以及各项服务的共享和集成。

(2) 系统分析设计。

① 系统需求确定。

② 良好的系统结构。例如系统构架的重要性,系统的模块化、层次化结构,子系统划分及其关联等。

③ 开放式设计,适应变化。

④ 数据库的设计,规范化。

⑤ 系统设计应考虑维护修改简便。

(3) 系统工程的实施方法。

① 系统规划。统一规划开发过程及系统的管理和组织。

② 开发顺序的确定、计划以及各种资源的系统管理。

③ 成本效益分析、风险分析决策。

④ 系统评测、审计、监管。

3. 信息系统开发的基本原则

基于系统理论和方法，信息系统的设计、实施和运行应遵循下述基本原则。

(1) 目标性原则。一方面对企业和组织而言系统开发的基本目的是要实现用户需求，达到改进管理、寻找机会、增加竞争力等目标；另一方面，任何一个系统要想成功开发，对于其所具有的功能必须有明确具体的目标。

(2) 便于沟通原则。开发的过程伴随着沟通的过程。在工具和方法的选择时，充分考虑便于沟通，包括开发者之间、开发者和用户之间的多重沟通。通过沟通做到弄清问题、表述问题和解决问题。为此，在系统开发的整个过程中都应有用户参加。

(3) 标准化原则。包括标准的建立和应用，表现在开发过程、问题的描述、文档资料的规范化等，使得开发过程与开发者之间相互独立。

(4) 管理控制原则。包括成本效益、风险、开发计划等的管理和控制，以及相应的审计管理等。

(5) 开放性原则。信息系统的开发一定要能适应环境和需求的变化。系统的结构一定是开放型、便于扩充的。因此经常采用模块化结构、面向对象技术、中间件技术等软件复用技术。

3.1.4 信息系统开发方法的体系

信息系统开发方法的研究要解决两个主要问题，提高开发效率(包括时间、效益和成本等)和提高信息系统的质量(包括功能、适应性、可维护性等)。为了实现这两个目标，已经有了很多开发方法，如面向过程的结构化方法、面向对象的方法等。信息系统开发方法的体系结构主要是试图描述这些方法的分类和各种方法之间的关系及开发方法发展趋势等。

1. 开发方法体系

信息系统开发方法的体系结构可分为方法、技术和环境这 3 个层次，每个层次包括多个相关的内容。

(1) 开发方法。从方法论的角度可分为面向过程的方法、面向数据的方法、面向对象的方法这 3 种方法。按照开发过程可分为生命周期法和快速原型法等方法。

(2) 应用技术。按照所采用的技术包括中间件技术、代理技术、可视化技术等软件开发技术。

(3) 开发环境和工具。软件开发环境(SDE)、计算机软件辅助工程(CASE)，集成化项目(软件)支持环境(IPSE)等。

2. 开发方法的发展趋势

长期以来，信息系统开发需求和开发方法之间一直存在严重的矛盾，甚至被称为“软件危机”(Software Crisis)。这些矛盾主要表现在以下几个方面。

(1) 应用(包括对系统的数量和功能的要求)的不断增长和大量的重复开发以及低效的

开发方法之间的矛盾。

(2) 应用系统高速增长和维护的工作量增加之间的矛盾。

(3) 需求和环境快速变化和信息系统质量及适应性之间的矛盾。

因此,不断探索使用便捷、易于维护、适应性强、便于修改、开发效率高、成本低的开发方法,就形成了信息系统理论和方法发展的大趋势。目前信息系统开发方法的发展主要表现在以下一些方面。

(1) 代码重用技术,如对象技术、中间件技术和组件技术等。

(2) 软件架构和组装技术。

(3) 集成化开发环境。

(4) 文档的标准化、规范化。

(5) 可视化和基于 Web 的技术。

(6) 自动化系统开发技术。

3. 方法的选择

对于一个具体系统的开发,究竟是用哪一种方法最好其实没有唯一的标准。应该说适用就是好。究竟选择什么开发方法,完全应该根据具体的情况而定,开发方法选择的依据主要有以下一些。

(1) 开发团队和用户条件。

① 开发者的经验,熟悉哪种方法。

② 用户对信息系统的认知程度。

(2) 开发对象。

① 系统的规模和复杂程度。

② 系统的结构化程度。

③ 时间、人力、投资等约束。

(3) 方法论及技术和工具的使用。

① 不同的事物可用不同的方法和模型描述。

② 不同的开发阶段使用不同的方法。

③ 技术和工具可以支持多种开发方法。

值得注意的是,受到各种条件的制约和影响,人们认识世界的方法本来就不是唯一的,因此解决问题的方法也不可能是唯一的。另外,任何方法都不是孤立和一成不变的,而且新的开发方法还会不断被创造出来。唯一正确的原则是方法服从于开发的目的,只有选择最适合的方法才是最明智的选择。

3.2 信息系统开发环境

系统开发环境主要指集成化的开发环境,在这里集成的含义很广泛,包括诸如开发过程、系统资源和系统应用等内容。系统资源主要涵盖数据资源、软件资源(如中间件、组件、插件、模块)以及服务等。一个良好的开发环境可以使得资源在更大范围的整合、优化配置和高效应用,充分发挥资源的价值,提高开发效率和信息系统质量,降低开发成本。

3.2.1 计算机辅助软件工程

计算机辅助软件工程(Computer Added Software Engineering,CASE)是软件开发经历了"手工开发"、"工程化开发"(软件工程)后软件开发方法向系统开发自动化发展的产物。CASE的概念最早是由北大西洋公约组织科学委员会为了解决软件开发需求和方法、工具的落后之间的矛盾于1968年提出的。

1. CASE的基本目标

CASE的定义有多种表达方式。例如,J. Sodi认为"CASE包括一些自动化的工具和方法,能够辅助软件开发生命周期中各阶段的软件工程活动"。而R. S. Pressman则将CASE定义为"用于软件工程活动的工厂被称为是一个集成化的项目支撑环境,其中的工具集就是CASE"。这些定义从不同侧面反映了CASE的基本思想、目标和功能。

实际上,CASE的基本思想就是把系统工程的原理应用到软件开发和维护中去,其目的是要解决如何以低成本、按计划、高效地生产出高质量的软件。CASE的基本目标如下。

(1) 构建集成化的开发环境,使信息系统的开发工具与开发方法结合起来。

(2) 实现系统分析、设计、维护的自动化,提高开发效率与系统质量,最终实现信息系统开发自动化的目标。

2. CASE的体系结构

CASE的体系结构包括CASE的层次、工具以及各种工具之间的相互关系。根据在信息系统开发生命周期中所支持的开发阶段一般可以分为5类:集成化CASE,上游(前端)CASE,下游(后端)CASE,支持项目管理并贯穿于整个信息系统开发生命周期的项目管理CASE,以及为所有开发阶段服务的中央资源库。CASE应该支持不同的软件开发方法学,并且支持软件开发生命周期的各个阶段,例如系统分析、设计、实施及管理等阶段。

3.2.2 企业应用集成

企业应用集成(Enterprise Application Integration,EAI)技术不但是企业应用的集成技术,更是企业应用开发平台,可以帮助信息系统开发人员以更快的速度开发和部署企业应用系统,保障项目实施进度,提高项目成功率。

1. EAI的特点

EAI在以下3个层次实现集成。

(1) 数据集成。数据集成主要是指不需要应用之间的数据交换与共享,不一定要求实时性。

(2) 流程集成(服务集成)。流程集成是指数据的交换可以触发另一个应用之中的动作,使其为发出数据的一方提供服务,从而实现不同应用之间的协同。这就要求数据交换的实时性。

(3) 业务集成。业务集成是指IT人员只管IT技术,业务人员可以不用关心IT技术而自行实现业务流程组装和调度,也就是说,"把业务交还给业务人员"来实现最终用户的系统开发。

EAI从结构层次上可以划分为3个层次。

(1) 企业共有的信息平台。这是一个标准的应用交互界面。

(2) 适配器(Adapter)。它用来实现不同应用(如 ERP、SCM、CRM 等)之间的信息沟通。

(3) 工作流技术。不仅要把数据从一个应用交给另一个应用,而且要让另一个应用发生相应的动作,实现不同应用之间的整体协同运作。通过适配器,不同的应用之间可以实现沟通,并且能根据沟通的信息采取行动,这就实现了应用协同,也就是应用集成的最高层次。

2. EAI 实现快速实施

EAI 与中间件技术相比优势十分明显。使用 EAI 技术,应用开发采用自上而下的步骤。基于业务流程的建模工具可以很好地适应业务人员的迭代业务建模。业务建模工具与底层中间件技术平台的紧密结合可以让业务建模工具中内置的代码生成器自动在中间件技术平台上生成业务流程模板。通过激发集成开发环境中内置的流语言(Flow Language)定制器,使业务逻辑的开发基本上无须编写任何应用程序。所有这些,都极大地提高了业务逻辑实现的速度。另外,EAI 的应用开发环境集成了源代码调试工具,这可以很好地解决应用测试过程中要求的简单易用的测试环境。

3. 支持业务流程管理

业务流程管理分两类:业务流程自动化和人员介入工作流。业务流程自动化可以实现应用系统业务流程之间的自动调度;而人员介入工作流适用于那些需要人员进行干预的流程,譬如业务审批流程。其实,很多业务流程都会结合这两类功能,即一部分业务流程需要自动化,而其他部分需要人员介入。

EAI 技术提供业务流程的建模、监控、动态配置和管理能力,这些都是中间件无法提供的。目前的 IT 设施管理软件一般可以提供基础架构层面的管理能力,但无法管理企业业务流程。EAI 技术的这一功能可以让企业更有效地进行应用系统管理,通过采集各类业务数据来优化业务流程,使企业真正做到全面业务透视,从而实现全面业务掌控。

综上所述,EAI 在提供底层中间件技术平台的同时还提供了集成化应用开发环境,所以说 EAI 不但是企业应用集成技术,更是企业应用开发平台。

3.2.3 信息系统开发平台

基础架构平台软件是国际软件业最新的发展方向,目前国内涉足此领域的软件厂商也有不少。

1. 信息系统开发平台的特点

基础架构平台软件实际上就是一个集成的应用系统开发环境,一般应该具备以下几个特性。

(1) 它是面向集成应用的企业级的软件多种应用平台,例如面向电子商务、电子政务、ERP、CRM 等的信息系统开发平台,是基于如政府、大型企业等应用层面的技术思路和需求来设计的。

(2) 它是介于底层基础软件,比如操作系统、数据库和最上面的应用软件,如各种办公软件等之间。

(3) 它用于解决大型的、原有的分散异构信息系统如何连接、共享、交换、提升的问题。

现在国内外所有的著名 IT 厂商,都在构建基于因特网的企业级应用系统开发集成平台环境,并提出各自的集成策略,以显示各自的区别。实际上,除了集成的功能和底层系统不同外，其软件架构的思想基本相同。目前国内主流的基础开发平台有 J2EE 和 .NET等。

2. J2EE 平台

J2EE(Java 2 Platform，Enterprise Edition)是 Sun 公司定义的一个开发分布式企业级应用的规范。它提供了一个多层次的分布式应用模型和一系列开发技术规范。

J2EE 根据功能把应用逻辑分成多个层次，如图 3-3 所示。每个层次支持相应的服务器和组件，组件在分布式服务器的组件容器中运行(如 Servlet 组件在 Servlet 容器上运行，EJB 组件在 EJB 容器上运行)。容器间通过相关的协议进行通信，实现组件间的相互调用。

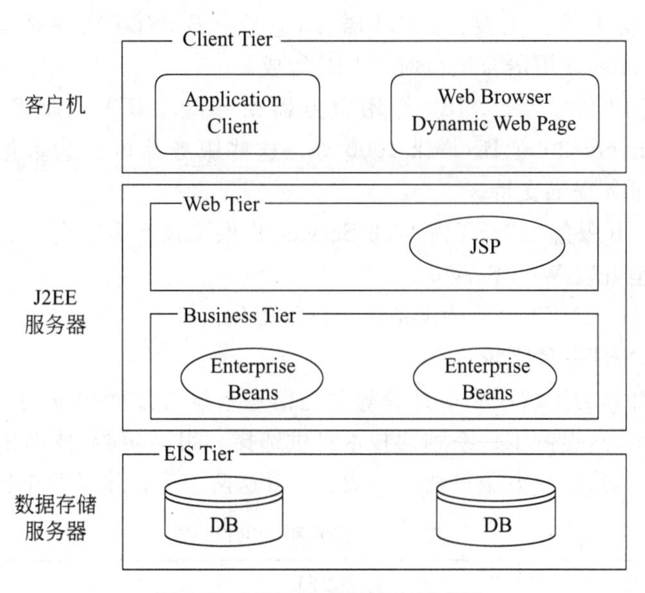

图 3-3　J2EE 的多层结构示意图

(1) 客户端层(Client Tier)。客户端层用来实现企业级应用系统的操作界面和显示层。另外，某些客户端程序也可实现业务逻辑。可分为基于 Web 的和非基于 Web 的客户端两种情况。基于 Web 的情况下主要作为企业 Web 服务器的浏览器。非基于 Web 的客户层则是独立的应用程序，可以完成瘦客户机无法完成的任务。

(2) Web 层。为企业提供 Web 服务。包括企业信息发布等。Web 层由 Web 组件组成。J2EE Web 组件包括 JSP 页面和 Servlets。Web 层也可以包括一些 JavaBeans。Web 层主要用来处理客户请求，调用相应的逻辑块，并把结果以动态网页的形式返回到客户端。

(3) 业务层(Business Tier)。业务层也叫 EJB 层或应用层，它由 EJB 服务器和 EJB 组件组成。一般情况下许多开发商把 Web 服务器和 EJB 服务器产品结合在一起发布，称为应用服务器。EJB 层用来实现企业级信息系统的业务逻辑。这是企业级应用的核心，由运行在业务层中的 EJB 来处理。一个 Bean 从客户端接收数据、处理，然后把数据送到企业信息系统层存储起来。同样，一个 Bean 也可以从企业信息系统取出数据，发送到客户端程序。业务层中的 EJB 要运行在容器中，容器解决了底层的问题，如事务处理、生命周期、状态管理、多线程安全管理、资源池等。

(4) 企业信息系统层(Enterprise Information System Tier)。处理企业系统软件，包括企业基础系统、数据库系统及其他遗留的系统。

J2EE将来的版本支持连接架构(Connector Architecture)。它是连接J2EE平台和企业信息系统层的标准业务层和Web层共同组成了三层J2EE应用的中间层,其他两层是客户端层和存储层或企业信息系统层。

3. .NET平台

.NET是Microsoft基于因特网应用的最新技术架构和产品线的总称,2000年7月发布。现在微软将.NET与Web Services绑定,同时也能开发其他类型的应用,涵盖了Microsoft之前的技术架构能力。.NET平台主要包括以下4部分产品。

(1) .NET开发工具。主要由.NET语言(#C、VB .NET)、一个集成的IDE(Visual Studio .NET)、类库和通用语言运行时(CLR)构成。

(2) .NET专用服务器。.NET专用服务器由一些.NET企业服务器组成,如SQL Server 2000、Exchange 2000、BizTalk 2000等。这些服务器可以为数据存储、E-mail、B2B电子商务等专用服务提供支持。

(3) .NET Web服务。.NET为Web Service提供了强有力的支持。开发者使用.NET平台可以很容易地开发Web Service。

(4) .NET设备。.NET为手持设备如手机等提供支持。

4. J2EE和.NET平台比较

这两个平台都是为了解决企业计算等大型信息系统开发而出现的。都在安全性、扩展性等方面做出了努力,提供了一系列的技术可供选择。很多功能、技术相类似。由于.NET平台出现的时间较短,第三方服务商少。表3-1对这两个平台作了简单比较。

表3-1 J2EE和.NET比较

项　　目	J2EE	.NET
中间件提供商	很多	微软
解释器	JRE	CLR
动态页面技术	JSP	ASP .NET
商业逻辑层组件	EJB	.NET Managed Components
数据库访问	JDBC SQL/J	ADO .NET
SOAP、WSDL、UDDI	版本1.4中支持	支持
操作系统	多种平台	Windows

3.3 信息系统建模

信息系统建模是利用数学或物理等方法,模拟系统的部分或全部特征,从而可以对未来系统的性能、结构等进行分析。最常用的模拟方法就是将一个实际系统的结构、输入输出关系、系统功能等用数学模型、逻辑模型描述出来,用模型反映实际过程。建模过程就是一个逐步抽象的过程,是对复杂问题忽略次要因素、简化的过程。系统建模是分析设计系统的基本方法。只不过不同的信息系统开发方法使用了不同的建模方法。

1. 系统建模技术

模型的表示形式可以是数学公式、缩小的物理装置、图表文字说明,也可以是专用的形式化语言。模型建立的思路有两种:自顶向下、逐步求精和自底向上、综合集成。在信息系统建模中使用的主要建模方法有数学表达式、图形、表格、数据结构、非结构化语言等。其中常用的系统数学建模技术有以下几类。

(1) 传统理论。差分及微分方程、矩阵论。

(2) 优化技术。线性与非线性规划、网络规划、排队论、随机过程、线性与非线性系统、最优控制、数据包络分析等。

(3) 智能化技术。神经网络、人工智能、模糊工程等。

2. 系统建模应用

建立系统模型后,就可以利用计算机模拟系统的行为和功能,这就称为系统仿真。通过系统仿真可以实现以下目标。

(1) 研究系统在不同输入条件下的反应、系统的动态特征以及对系统未来的行为做出预测等等,这就是系统分析。

(2) 在对系统进行分析研究的过程中,还可以通过对系统的不断调整使之达到最好的状态,这就是系统的优化。

信息系统模型是设计人员分析问题、解决问题和表达问题的工具,并且可以用来和用户沟通。因此,信息系统开发的过程就是不断建立模型和使用模型的过程。

3. 系统模拟的方法

在信息系统的分析、设计、测试和维护中常用到功能模拟和黑箱模拟两种模拟的方法。

(1) 功能模拟法。功能模拟方法是以功能和行为的相似为基础,用模型模仿原型系统的功能和行为的方法。系统开发中使用的模块、对象、原型等实际都是功能模型的应用。信息系统的开发本质上就是将传统的人工管理模式和手工操作应用计算机信息系统来替代,从而实现管理的自动化和决策的科学化。

功能模拟方法不仅使计算机代替人脑的部分思维功能成为可能,而且为智能信息系统的研究提供有效的方法,还开辟了向生物界寻求科学技术设计思想的新途径(生物仿真技术)。

(2) 黑箱方法。所谓黑箱方法,是指当不知道或根本无法知道一个系统的内部结构时,根据对系统输入和输出变化的观察,来探索系统的构造和机理的一种方法。在对系统进行分析时,经常是以系统的输入输出作为出发点,分析系统的功能,抽象系统的模型。

另外在对系统进行测试时,经常根据使用输入输出模拟的方法,判断系统是否满足设计指标的要求。

4. 信息系统常用模型

信息系统的开发过程实际就是不断建立和使用各种模型的过程。为了使开发过程可视化,更便于和用户沟通,人们开发了各种各样的模型。按照不同的应用目的和表达方式,信息系统模型可以分为以下一些类型。

(1) 按开发过程分类。

① 概念模型。在规划阶段描述系统开发项目的基本功能和结构。

② 逻辑模型。在系统分析阶段,用以描述系统的逻辑结构。

③ 物理模型。在系统设计阶段,标识系统的物理结构。

(2) 按功能分类。

① 信息模型(数据模型)。数据库、数据字典的结构。

② 系统模型。子系统结构以及子系统之间的关系。

③ 管理与决策模型。描述决策过程，如头脑风暴、Delphi 法、决策树、博弈论和冲突分析法等。

④ 预测模型。使用时间序列分析、相关分析法等，实现对系统未来的预测。

(3) 按企业管理功能分类。

① 库存管理模型。最佳订货批量模型、库存物资分类法等。

② 成本管理模型。投入产出模型、回归分析模型、成本核算模型等。

③ 生产计划管理模型。物料需求规划(MRP)、制造资源规划(MRPⅡ)、网络计划模型(PERT)等。

④ 财务管理模型。会计科目设定、记账方法确定、财务管理方法和各类核算方法等。

(4) 按模型的形式分类。

① 数学模型。最佳库存量、线性规划、非线性规划、最优化模型。

② 图形模型。流程图、框图、结构图、数据流图、实体关系图、树形图。

③ 表格、矩阵模型。决策表、U/C 矩阵。

④ 语言。非结构化语言。

(5) 按模型描述的内容分类。

① 状态描述。结构模型、静态模型。

② 行为描述。动态模型、优化模型、仿真模型。

③ 变量描述。确定性模型、随机模型、统计模型、微观模型、宏观模型。

在信息系统的高端应用中，如决策支持系统、智能信息系统和专家系统等中，大量应用各种模型来进行数据的快速处理，例如经验模型、决策模型、知识模型等。这些模型的建立，需要复杂的数学处理方法作为基础。

5. 软件系统建模标准

2003 年信息产业部批准颁布了由北京大学软件工程国家工程研究中心牵头负责起草的《面向对象的软件系统建模规范》。该套规范分为两个部分：《面向对象的软件系统建模规范——概念与标准法》(SJ/T11290—2003)和《面向对象的软件系统建模规范——文档编制》(SJ/T11291—2003)。前者详细规定了进行面向对象的软件系统建模时所应采用的概念及表示法；后者详细规定了建模所使用的图的种类、图中所使用的建模元素的详细说明格式以及对各种图的组织。

3.4 信息系统主流开发方法

前面提到，根据对问题的认识、表达及解决方法的不同形成了不同的信息系统开发方法。下面主要从方法论的角度讨论面向过程、面向数据和面向对象等目前信息系统 3 种主流开发方法的思想、概念、联系和区别。

3.4.1 面向过程的方法

面向过程(Processing-Oriented，OP)的方法也称为结构化系统分析和设计方法(Structured System Analysis and Design，SSA&D)或生命周期法。其特点是以业务流程的分析为出发点，映射出系统的数据特征。该方法是1978年首先发展起来的，并在后来10年中得以广泛流行。与早期的开发方法相比，面向过程的结构化方法提高了开发效率与开发质量。

结构化设计(SD)源于结构化程序设计(SP)，最早是1975年由Larry Constantine在*IBM System Journal*上发表的一篇奠基性的文章《结构化设计》中提出来的。后来Glenford Meyers、Edward Yourdon、Michael Jackson、Meilier Page-Jones等人发展了这一理论。

1. 面向过程方法论

面向过程的方法论可概括为以下3个要素。

- 以业务流程(过程)为分析的切入点进行问题的抽象和需求的确定。
- 以结构化方法分析和设计系统。
- 以信息系统生命周期来组织和管理系统的开发过程。

(1) 以过程为中心。面向过程的方法的核心是以要管理的业务过程为中心和系统开发过程的出发点，分析系统的处理过程和功能，将实际的物理系统抽象为用来进行分析的问题空间。通过逻辑模型和物理模型的分离实现分析、设计过程的转化。图3-4表示了面向过程系统开发方法的模型转化过程。

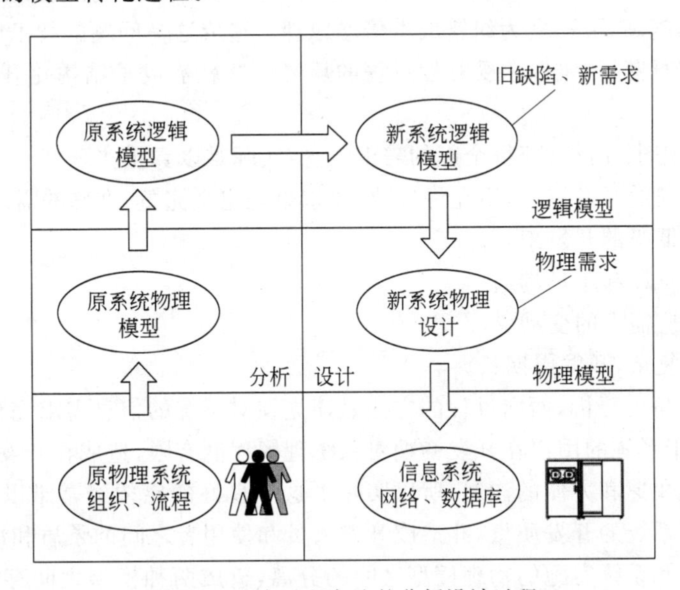

图3-4　面向过程方法的分析设计过程

两种模型在系统开发过程中实现不同的功能，这样容易实现物理系统的正确设计并实现原系统到新系统的转换。

① 逻辑模型。描述系统的本质，即主要分析业务流程和系统需求，集中解决系统作什么的问题，而与系统如何实施无关。

② 物理模型。不仅表述系统是什么、做什么，而且表述系统是如何从物理上实施的。

(2) 结构化的开发方法。结构化的开发方法包括结构化系统分析、结构化系统设计和结构化程序设计等。在这里，结构化的主要含义是严格的开发过程、文档标准化、工具的规范化等。结构化的方法充分体现了系统观点和方法的应用，强调系统性、结构性和整体性，由系统的总体特征入手，自上而下地逐步分析和解决问题。

(3) 系统开发的生命周期。系统开发生命周期严格规范了信息系统的开发过程，使得信息系统的开发和管理有章可循。信息系统开发的生命周期包括系统规划、系统分析、系统设计、系统实现、系统维护运行和评测等几个大的阶段，每个阶段都包含若干具体的开发步骤。

2. 结构化的含义

结构化方法是软件和系统开发方法的一次飞跃，使得复杂系统的开发效率和质量都得以提高。结构化的概念贯穿了面向过程开发方法的始终。结构化方法实际是系统工程方法的重要组成部分。结构化的含义包含很多内涵，主要有以下几方面。

(1) 开发过程阶段化。严格的开发步骤、任务、结果。

(2) 开发工具标准化。数据流图、结构图、数据字典、Petri 网等。

(3) 开发文档规范化。格式、内容和功能。

(4) 开发方法层次化。自顶向下分析(逐层分解)、自底向上设计。

(5) 开发的系统结构化、模块化。按照功能独立等原则分解模块、构建子系统。

3. 结构化方法的局限

结构化方法过程十分严谨、减少了开发的随意性，适合大型系统的开发。结构化方法的目标之一是尽量避免将前期开发中产生的差错留到开发的后期，因为差错产生的越早，以后发现时纠正成本越高，可称之为纠错成本倍增原理。造成这一问题的技术原因和背景是，当时应用的开发工具落后，难以承受开发过程的反复。这就造成了结构化开发方法的一些局限性，举例如下。

(1) 要求在需求分析时获得全部的需求信息，实际难以真正实现。

(2) 基本单向的开发流程，不允许失败、要求事先定义完整、准确的需求。

(3) 适应较低级的开发工具。

(4) 开发者难以和用户沟通。

(5) 难以适应需求的变动。

(6) 文档很复杂，开发周期长。

从方法论的角度分析，面向过程的方法是建立在对系统的信息需求完整、准确地定义基础上的，但是由于系统的用户在开发初期对系统理解程度有限，造成在开发者和企业管理人员之间难以实现快速和方便的沟通，所以实际上这个良好的愿望经常难以真正实现。这就严重影响了信息系统的开发质量，并造成开发人员和使用者之间的矛盾和冲突。另外，系统分析的逻辑模型和系统实施的物理模型之间的分离，造成两种模型之间存在过渡的差异和困难。正因为如此，才产生了对结构化方法的不断改进和面向对象等新的开发方法。

4. 需求确定方法的改进

结构化方法的关键是用户需求的完整和准确，但没有一种方法严格保证最初提出的需求是完整的、准确的。在实际信息系统的开发过程中，系统规模、复杂程度的不同，使得开发的不确定性差别很大。在结构化方法一般开发过程的基础上，针对需求的不确定性，产生了各种改进策略，以弥补结构化方法的先天性缺陷。

(1) 接受保证策略。对于一些小型、功能单一的信息系统，例如简单的数据处理和报表输出系统等可以按照用户提出的要求进行系统的开发。

(2) 线性保证策略。即通过局部开发步骤的迭代和重复来保证需求的正确和完整。每完成一个步骤就有相应的保证规程去核实和检验是否满足实际的需求，从而确保最终开发的系统能够真正满足用户的需求。

（3）重复保证策略。通过对每一个开发阶段的结果进行确认和必要的重复，保证需求的完整和准确。如果系统具有中等程度的不确定性，每完成一个步骤都返回到需求确定过程，重新检验需求的正确性。通过足够的重复实现需求完整和准确。

（4）试验保证策略。针对不确定性较高，难以用前面的方法确定准确需求的系统，采用通过实际用户对每一次研制系统原型的检验来获得需求的完整和正确的保证，这实际就是原型法的开发思路。

这些方法的核心是用户的沟通和步骤的迭代，实现尽可能早地准确确定系统的信息需求。

3.4.2 信息工程方法

信息工程（Information Engineering，IE）的方法也称作面向数据的方法、以数据为中心的方法或信息建模方法。信息工程方法是由美国信息系统专家詹姆斯·马丁（James Martin）在《信息工程》一书中提出的。信息工程的方法强调系统规划和以数据为中心。

1. 信息工程方法论

James Martin 对 IE 的定义是，在一个企业或企业的主要部门中，关于信息系统规划、分析、设计和构成的一套相互关联的、环环紧扣的正规化、自动化技术集合的应用。信息工程方法论是一整套建设计算机化企业信息系统的方法，可以将其概括为以下 3 个主要部分。

（1）企业信息系统战略规划的方法。

（2）信息系统设计实现的方法。

（3）自动化开发工具。

其中，自动化的开发工具被称为“自动化的自动化”。信息系统的开发从本质上来讲是要实现企业和组织管理的自动化。信息工程的方法就是努力实现系统开发过程的自动化，实际这就是软件开发在努力追求的目标之一。

2. 信息工程的基本原理和前提

信息工程的基本原理和前提是数据位于现代数据处理的中心，如图 3-5 所示。借助于各种数据系统软件，对数据进行采集、建立和维护更新。管理者使用这些数据生成事务处理单据，并提供给管理人员查询、分析、汇总，帮助管理人员进行决策。

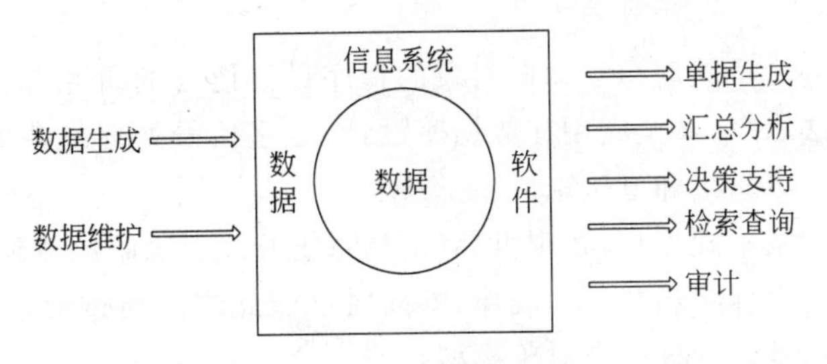

图 3-5 以数据为中心的方法

信息工程的主要观点是数据是稳定的，处理是多变的。一个企业所使用的数据类型很少变化，即实体的类型是不变的，除了偶尔少量地加入或减少几个实体外，变化的只是这些实体的属性值。

3. 数据环境

在企业应用的数据环境包括4类，分别是数据文件、应用数据库、主题数据库、信息检索系统。

其中，主题数据库(Subject Data Bases)的概念是集约化的数据环境。主题数据库的特点是经过严格的数据分析，按照企业职能区域划分建立数据模型，其存储的结构与使用的处理过程是独立的。这样，数据库独立于各种应用，数据维护费用低，并为应用的开发提供一个稳定的数据基础，加速了应用的开发。

4. 总体数据规划的步骤

信息工程的核心是总体数据规划，即建立信息系统的数据模型。总体数据规划可分为3个基本步骤。

(1) 进行业务分析建立企业模型。根据企业内部各种业务的逻辑关系，将它们分为若干个职能区域，找到各职能区域所包含的业务过程以及每个业务过程所包含的活动。

(2) 进行实体分析建立主题数据库模型。实体是具有数据特征的人、部门、事、物或其他系统等。分析业务过程中所有的数据实体及其属性，以及这些实体间的关系。对实体进行聚集分析，将联系密切的实体划分在一起，作为主题数据库的划分依据。信息工程的数据建模技术是依赖实体-联系图即E-R图的方法。

(3) 进行数据分布分析。结合数据的存储地点，进一步调整、确定主题数据库的内容和结构，制定数据库的开发策略。

3.4.3 面向对象的方法

人们在认识世界时总是首先识别每个独立的事务，即一个个对象，然后分析这些事物之间的联系，从而认识事物变化的规律和过程。所以面向对象的方法是人们认识客观世界的基本方法，只不过在不同的领域研究的对象不同而已。目前面向对象的信息系统开发方法逐渐成为主流的开发方法之一。

1. 面向对象方法论

在信息系统分析设计中，面向对象(Object-Oriented, OO)方法就是基于构造问题领域的对象模型，以对象为中心构造信息系统的方法。其基本做法是用对象模拟问题领域的实体，以对象之间的联系来刻画实体之间的联系。面向对象方法的主要倡导者有Yourdon, Coad, Rumbaugh等。

"面向对象"的方法虽然起源于面向对象的程序设计语言的研究，但现在已经成为信息系统开发的主流方法之一，甚至应用在数据库设计、数字信号处理等多个领域，成为分析问题解决问题的一种基本思想和方法论。

面向对象方法的基本观点是，客观世界(信息系统开发所面临的对象)是由对象组成的，每个对象都有自己的内部状态和运动规律，不同对象彼此之间通过消息相互联系和相互作用。面向对象方法的基础和核心是对象模型。

2. 面向对象方法的基本思想

面向对象方法的核心是对象的概念，也是使用这种方法开发的信息系统的基本组成要素。对象的概念包括对象、对象类以及类的继承等，被称为面向对象方法的三大要素。

Coad 和 Yourdon 将面向对象方法的定义用下面的公式表达：

面向对象方法＝对象＋类＋继承＋通信

(1) 对象。对象的描述将状态和行为封装在一起，数据和过程封装在一起。

① 状态。对象的静态特征，由“属性”描述。

② 行为。对象的动态特征，由“操作”描述。

每个对象可用它本身的一组属性和它可以执行的一组操作来定义。属性一般只能通过执行对象的操作来改变。操作又称为方法或服务，它描述了对象执行的功能，若通过消息传递，还可以为其他对象使用。

(2) 类。类是一组具有相同数据结构和相同操作的对象的集合，它包括一组数据属性和在数据上的一组合法操作。类定义可以视为一个具有类似特性与共同行为的对象的模板，可用来产生对象。每个对象都是类的一个实例，它们都可以使用类中提供的函数。对象的状态、特性则包含在它的实例变量，即实例的属性中。由对象到类是一种由特殊到一般的综合思维方法。

(3) 继承。继承是使用已存在的定义作为基础建立新定义的技术。新类的定义可以是既存类所声明的数据和新类所增加的声明的组合。新类复用既存的定义而不要求修改既存类。既存类可当作基类来引用，则新类可当作派生类来引用。使用继承设计一个新类，可以视为描述一个新的对象集，它是既存类所描述对象集的子集合，这个新的子集合可以认为是既存类的一个特殊化。继承的概念体现了由一般到特殊的分析式思维和解决问题的方法。

(4) 通信和消息。对象的连接通过消息驱动实现，从而构建了对象之间的联系(系统的结构和工作流程)。系统分析的关键之一在于找到和描述对象及其联系。系统的运行是通过对象之间的通信来驱动的。如果没有对象之间的通信则无法构成系统。

消息是一个对象与另一个对象的通信单元，是要求某个对象执行类中定义的某个操作的规格说明。发送给一个对象的消息定义了一个方法名和一个参数表(可能是空的)，并指定某一个对象。一个对象接收到消息则调用消息中指定的方法，并将形式参数与参数表中相应的值结合起来去执行。所传送的消息实质上是接受对象所具有的操作/方法名称，有时还包括相应参数。

3. 面向对象方法概念模型

图 3-6 描述了“面向对象”方法中问题域(现实世界的业务过程)和求解域(计算机世界的信息系统)之间的映射关系，表达了“面向对象”系统开发方法的基本概念，可称之为概念模型。

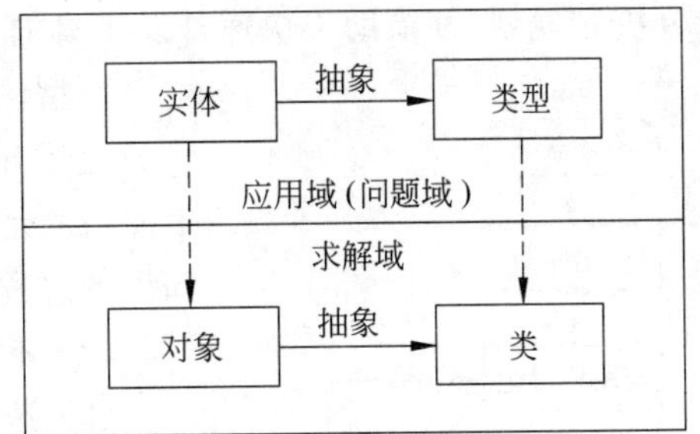

图 3-6　面向对象方法的概念模型

4. 面向对象方法的特点

不同企业和组织的业务流程多种多样，但就其本质在对象和对象的类型上有很多相似之处。因此对象就可以作为组装系统的可重用的部件。而且对象固有的封装性和信息隐藏性等机理使得对象内部的实现与外界隔离，具有较强的独立。当系统功能需求变化时，并不会引起软件结构的整体修改，使得系统结构是稳定的。从软件开发方法的角度，面向对象方法具有以下一些具体特征。

(1) 继承机制避免了由于系统内类对象封闭而造成数据和操作冗余的现象。

(2) 对象具有可修改性和可重用性，实现软件资源共享、加速软件开发过程。

(3) 面向对象方法开发的系统具有良好的可维护性。

此外，从方法论的角度，面向对象方法的一个重要优点是，它可以在整个软件生命周期达到概念、原则、术语及表示法的高度一致。这种一致性使得各个系统成分尽管在不同的开发与演化阶段有不同的形态，但可具有贯穿整个软件生命周期的良好映射。这一优点使OO方法不但能在各个级别支持软件复用，而且能对各个级别的复用形成统一的、高效的支持，达到良好的全局效果。

3.4.4 原型法

Bernard Boar于1966年提出了一个原型法(Prototyping Approach)开发生命周期。原型法首先构造系统的大致框架，然后通过试探和逐次逼近的方法获得最后的设计结果。借助于开发工具提高了开发速度，所以也称为快速原型法(Rapid Prototyping)，或快速应用开发方法(Rapid Application Development，RDA)。

1. 原型法基本思想

原型法的基本思想是，在信息系统开发时首先构造一个功能简单的原型系统(初始原型)，然后通过对原型系统逐步求精，不断扩充完善得到最终的软件系统(工作原型)。就像人们在认识事物时，总要经历由表及里，由粗到细，最终认清事物的本质的不断深化的探索过程。原型法就是开发者和用户一起对开发的系统共同进行探索的过程。原型就是进行研究的工具。在这里，原型就是模型，而原型系统就是应用系统的模型。它是待构筑的实际系统简化的、缩小比例的模型，但是保留了实际系统的大部分性能。这个模型可在运行中被检查、测试、修改，直到它的性能达到用户需求为止。因而这个工作模型很快就能转换成原样的目标系统。在一定意义上原型法也可以理解为结构化方法和面向对象的方法的综合，但这里是以整个系统为对象。

2. 原型法流程

原型法的核心是初始原型的构建和修改。初始原型的建立也需要对系统进行初步的需求分析和规划，并借助于快速开发工具的支持。

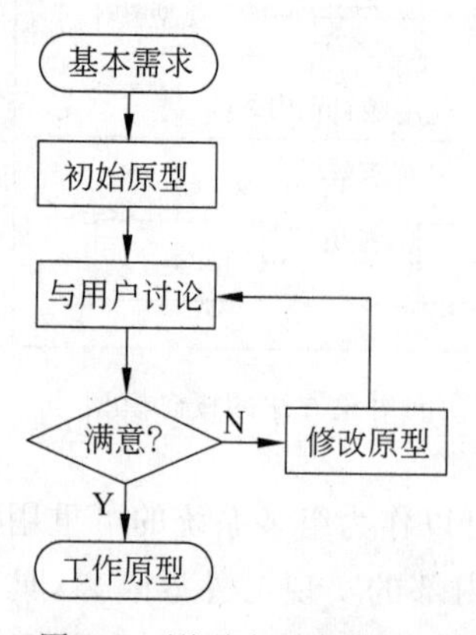

图3-7 原型法开发流程

原型法的开发流程如图3-7所示。

上述开发流程体现了原型法方法论的如下特点。

(1) 允许试探和重复，是一个不断迭代、逐渐逼近、积累知识的过程。

(2) 不需要预先完整、准确定义系统需求。

(3) 迭代的过程是对开发对象认识的不断深入、需求不断清晰的过程，也是系统功能不断实现和完善的过程(分析和设计过程的统一)。

3. 原型法的优点

面向过程的方法，要求对系统需求事先的准确完整的定义，这常常是不现实和难以做到的。无论是开发者还是用户对系统的认识过程都是逐渐深入的。原型法正好从方法论的角度符合这样一个认识过程。原型法的优点主要体现在以下几方面。

(1) 更符合人对不熟悉事务的认识规律。

(2) 原型法是一种支持用户参与开发的方法,使得用户在系统生命周期的分析和设计阶段起到积极的作用。

(3) 能减少系统开发的风险,特别是在不确定性大的项目开发中,由于对项目需求的分析难以一次完成,应用原型法效果更为明显。

(4) 充分利用可视化的开发工具,提高开发效率,减少培训时间和成本。

(5) 原型法的概念既适用于新系统的开发,也适用于对原系统的修改。

4. 约束条件

原型法也存在应用的局限性,主要表现如下。

(1) 需要软件工具的支持,如第四代语言(4GL)、可视化的工具和方法等支持。

(2) 使用有局限性,特别适用于系统规模不太大,且逻辑比较清晰的系统。

(3) 文档资料的整理容易被忽视,造成系统维护和管理等方面的困难。

原型法可以与传统的生命周期方法相结合使用,这样会扩大用户参与需求分析、初步设计及详细设计等阶段的活动,加深对系统的理解。从而实现信息系统快速、低成本的开发,并更能满足用户需求、提高系统质量。

3.4.5 敏捷开发方法

一些软件系统专家将传统的建立完整的系统开发文档的方法称为“重量级”方法。他们一直在努力找到一种被称为“轻量级”的开发方法,就是敏捷开发方法。2001 年初这一方法的推动者还成立了“敏捷联盟”的组织。其思路并不复杂,就是如何减少开发文档,但还要保证系统开发的质量和效率。其目的是使得繁琐、复杂的系统开发工作变得更灵活、便捷和快乐。现在已经开发出多种敏捷开发方法,其中最有名的就是极限编程(eXtreme Programming,XP)方法。

1. 敏捷方法的基本原则

(1) 尽早、持续交付有价值的中间软件使客户满意。

(2) 即使到了开发后期,也欢迎需求变化,利用响应变化创造竞争优势。

(3) 经常交付可工作软件,间隔时间可以是几周到几个月,间隔越短越好。

(4) 在开发全过程中业务人员和开发人员必须天天都在一起工作。

(5) 为开发人员提供环境和支持,给予信任,以人为本地构建项目。

(6) 团队内部有效地沟通方式莫过于面对面的交谈。

(7) 工作的软件是度量进度的首要标准。

(8) 提倡可持续的开发速度,责任人、开发者和用户应该保持一个长期的、恒定的开发速度。

(9) 不断关注好技能和设计会增加敏捷能力。

(10) 本质是简单——使未完成的工作最大化的艺术。

(11) 自组织的团队才能够做出最好的构架设计和需求分析。

(12) 团队应该定期在如何更有效工作方面进行反省,然后对自己的行为做出改进。

2. 极限编程

极限编程追求的是一种敏捷、高效、低风险、柔性、可预测、科学而充满乐趣的软件开发方法。极限编程的基本思想如下。

(1) 更快、更早地提供具体持续的反馈信息。

(2) 迭代地进行计划编制。

(3) 依赖自动测试程序监控开发进度。

(4) 依赖于口头交流。

(5) 倡导持续演化式的设计。

(6) 依赖于开发团队内部的紧密协作。

(7) 尽可能达到程序员短期利益和项目长期利益的平衡。

3. 极限编程的价值观

极限编程并不要求所有的需求搞清楚以后再开始编程,而是将复杂问题看成一系列十分容易解决的问题,通过快速反馈,逐步修改达到更优质的工作。这就是所谓的简单性假设。为此该方法采用测试先行的编码方法来提供支持。体现了极限编程方法的如下价值观。

(1) 沟通。鼓励口头交流、通过交流解决问题。

(2) 简单。够用即好,不考虑明天会发现的新问题。提倡代码重构、良好的结构和可扩展性。

(3) 反馈。提前编写单元测试代码,持续集成,使得每一次增量都是一个可执行的工作版本。及时和良好的反馈有助于沟通。

(4) 勇气。有勇气面对快速开发,面对修改。勇气来源于沟通。小步快走。

4. 极限编程的12个最佳实践

(1) 计划游戏。快速制定概要计划,最佳迭代周期2～3周。

(2) 小型发布。每一次发布的版本尽可能小。

(3) 隐喻。语言表达的手段,例如把工作流看成生产线管道体系结构,表示两个构件之间通过一条传递消息的管道进行通信等。

(4) 简单设计。

(5) 测试先行。

(6) 重构。

(7) 结对编程。两人在一起编程。大大降低沟通的成本、提高工作的质量。

(8) 集体代码所有制。

(9) 持续集成。

(10) 每周工作40小时。享受编程。

(11) 现场客户。

(12) 编码标准。

3.5 开发方法的发展

一方面信息系统越来越复杂,另一方面无论是软件技术还是硬件技术都在快速发展,为系统的开发提供了越来越强大的工具。这两方面(需求和可能)都在不断推动信息系统开发方法和技术的发展，以便更好地满足企业和组织对信息系统建设和维护的需求。

3.5.1 开发方法之间的关系

从方法论的角度研究不同方法之间的关系和发展趋势，对于理解每一种方法的本质和不同方法之间的区别有重要的指导意义。不同的开发方法实际反映了开发者如何识别、分析开发的对象，如何构建信息系统的方法。

每一种开发方法并不是孤立的或格格不入的。实际上，各种方法之间存在密切的联系。图3-8从方法论的角度描述了目前主流的系统开发方法之间的关系。

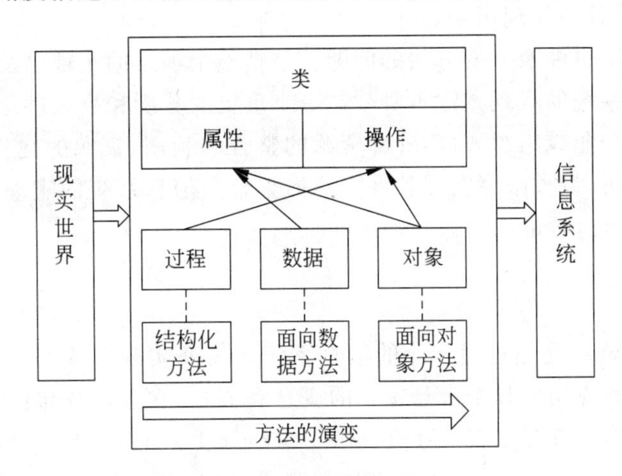

图3-8 开发方法的演变

由于客观世界的复杂性，要求解决问题的方法也要多样性。所以在实际开发中常常采用综合开发方法，方法的综合本身也是一种方法。在开发不同的系统，或一个系统的不同部分、不同阶段使用最适合的方法，有可能是最佳的选择。

3.5.2 开发方法的演变

信息系统开发方法的变革实际上反映了多种因素的变化，例如对信息系统的需求、信息系统的开发工具等的演变。表3-2描述了信息系统开发方法的演变过程。

表3-2 信息系统开发方法的演变

年代	方法	工具	特点
1960—1970	结构化方法	3GL	步骤严谨、文档完整
20世纪80年代	原型法	4GL、DBMS	试探、逐渐逼近
20世纪80年代末	CASE和OO	VB、VC、VJ、SQL	高开发效率
20世纪90年代末	集成开发环境、可视化方法、UP	Web、B/S、UML、形式化技术	方法统一、可视化、高度集成
2000年	敏捷开发方法	新的工具和语言	简单、便捷、快乐

学习这些方法的目的并不是要孤立和割裂的记忆不同方法的概念，而是从方法论的角度认识每种方法的特点及各种方法之间的联系，以便在具体的开发实践中灵活地选择和运用最适合的方法，达到信息系统高效、高质量开发的目的。

3.6 信息系统实现方法

信息系统的实现方法是指如何来完成信息系统的开发。根据企业和组织的情况不同，可以选择自行开发、购买或外包等信息系统的实现和运行方式。另外，在信息系统的开发过程中，文档的重要性日益显现出来。

系统的实现方法也涉及开发方法的问题。包括整个项目的实现以及项目中某一个部分的实现。选择信息系统的实现方法本身就是一个重要的分析和决策过程。信息系统实现方法的选择要考虑到企业或组织内部、外部资源的整合和利用，资源的优化等问题，并且要做详细的成本效益分析，最大限度实现各种资源的整合。信息系统的实现包括信息系统的开发、运行、管理等所有过程的实现。

3.6.1 外包

外包(Outsourcing)是指通过专业的信息系统开发商实现系统的开发和提供服务。外包在信息系统开发和应用中是个十分重要的概念和方法，在这里外包的内涵和方法也是多种多样。不同的应用服务提供商(Application Service Provide，ASP)提供的外包服务也各不相同。例如，Gartner Group 公司就将外包定义为，外包是以年为单位的企业之间的契约，它详细规定一个企业将会为另一个企业提供持续长期的专业服务。外包契约常常持续2～5年时间，包括 IT 基础架构和商务流程。外包合同也常常包括管理方面的服务、交易流程或者商务管理部分，也包括诸如产品支持、咨询、开发和集成或者教育和培训。

外包的内容和形式可以有很多方式，举例如下。

(1) 网络等硬件外包。

(2) 软件系统开发外包。

(3) 硬件、软件及系统管理外包。

信息系统开发商具有丰富的系统开发经验和强大的开发团队。复杂、大型信息系统的开发比较适合应用这种方式实现。现在的应用服务提供商除了提供系统的开发外，还可以负责系统运行、管理甚至硬件的维护等所有涉及信息系统的工作，为用户提供了十分丰富的选择。外包体现了资源的最佳组合和企业核心竞争力的发挥，因此越来越受到各种用户的欢迎。

3.6.2 购买

不同企业或组织的管理的很多业务流程其实是类似的，很多软件和系统开发商将这些共同的信息系统开发成商品出售。市场上可以直接买到各种类型的管理和商业应用的套件、解决方案、系统集成方案等商品软件，因此直接购买信息系统软件的方法也被称作商业软件包法。企业专注于自己最擅长的，然后购买最擅长的公司提供的专业服务，这本身就是一种资源的优化配置。这样的信息系统实现方案有以下优势。

(1) 这些软件,一般说都由经验丰富的技术人员开发并且经过严格测试,系统的质量有保证。

(2) 可以有很大的选择空间,选择性能价格比最高的商品。

(3) 系统建设速度最快。

(4) 从经济学意义,可以降低交易成本,一般来说其成本要比全部自行开发要低。

购买的方案也有多种多样,举例如下。

(1) 完整的解决方案。

(2) 购买关键程序包。

3.6.3 自主开发

如果企业或组织的系统开发实力很强,或应用的信息系统又比较复杂,有很多特殊的需求,这时就可以通过自主开发的方法完成信息系统的建设工作。由于单位内部的技术人员对企业内部的业务流程比较了解,和系统用户沟通相对容易,因此这种方法容易开发出完全满足本单位需求的信息系统,而且便于系统的维护和更新。另外,对于保密和安全性要求比较高的信息系统,这样的方式可能更有必要。

3.6.4 混合方式开发方法

实际上,对于一个企业和组织来说,信息系统的开发难以完全依靠一种方式实现,经常是使用几种方式综合的方式实现方案。这样可以综合每种方法的优势。如果使用得好,这往往是一种最多快好省的方法。可以有多种混合的实现方案,举例如下。

(1) 部分外包,部分自行开发。

(2) 购买关键和主要模块或程序包,自行完成二次开发。

(3) 外包、购买和自行开发三种方法结合使用。

一般来说,完全自主开发的方法实际并不可取。具体选择什么方法要考虑以下一些因素。

(1) 企业的各种人才资源。

(2) 资金实力。

(3) 时间要求。

(4) 系统的规模和复杂性。

小　　结

本章从方法论的角度讨论了信息系统的开发方法的概念,分析了不同开发方法的本质区别,并介绍了和信息系统开发有关的重要方法,为后面学习具体的开发方法打下基础。

1. 本章学习目标

(1) 从方法学角度了解信息系统开发的不同方法及其关系。

(2) 熟悉目前一些信息系统开发主流的方法。

(3) 掌握信息系统开发中的一些共同方法,如系统建模、系统的规划、系统的主要结构模式等。

(4) 认识信息系统的实现方法及构建系统文档的重要性。

2. 本章主要内容

系统开发方法学就是研究信息系统开发过程所进行的活动和这些活动之间的关系和顺序的描述,以及关键的评价和判定方法。从本质上讲,信息系统开发的实质是建立业务系统与计算机模型之间的映射关系。不同的映射关系和不同的映射方法形成了不同的系统开发方法学。

系统观点对信息系统的开发具有举足轻重的作用。例如,用系统的观点认识开发的对象和信息系统;首先要制定规划,确定系统目标和系统的总体架构、制定开发优先顺序的确定、实施计划等;其次应用系统的方法进行系统的分析、设计,使用系统工程的方法、自顶向下分析、自底向上设计等。

作为一个复杂系统,信息系统的质量首先取决于系统的结构。因此,信息系统集成的关键,是基于架构(或体系)的集成,而不是基于部件的堆砌。信息系统架构体系就是针对企业或组织信息系统中具有体系性的、普遍性的问题而提供的通用的解决方案。信息系统开发方法的体系结构可分为方法、技术和环境等3个层次,每个层次包括多个相关的内容。

系统开发环境主要指集成化的开发环境,而CASE就是一个集成化的项目支撑环境的概念,其目标是实现软件的工厂化和自动化生产。本章介绍了几种国内外集成化系统开发平台。系统建模是系统开发过程中的重要思想和技术,不同的开发方法,开发的不同阶段使用了不同的建模技术。

在此基础上,本章简单介绍了结构化方法、面向对象的方法、系统工程的方法、原型法和敏捷开发方法等目前主流的系统开发方法,并分析了各种方法的区别和联系,以及演变的规律。最后,介绍了信息系统实现的几种基本方法,对于企业信息化的决策者可以综合选择其中最适合的方法。

3. 重要术语

信息系统开发方法学	面向过程的方法	消息
信息系统生命周期	生命周期法	方法
信息系统架构体系	结构化开发方法	属性
系统建模	系统工程方法	原型法
黑箱模拟	主题数据库	随需即用电子商务(EBOD)
功能模拟	物理模型	敏捷方法
CASE	逻辑模型	极限编程
EAI	面向对象的方法	外包
J2EE	对象	商业软件包法
.NET	类	应用服务提供商(ASP)
IDE	继承	

习题与实践

一、习题

1. 什么是信息系统开发方法学?

2. 为什么说方法学在信息系统开发理论中很重要?

3. 不同的开发方法区别的实质是什么?

4. 什么是信息系统的架构体系,在系统开发中有什么作用?

5. 什么是信息系统开发的体系?

6. 信息系统开发应该遵循哪些基本原则?

7. 什么是CASE,在信息系统开发中的作用是什么?

8. 信息系统开发方法的发展趋势是什么?

9. 什么是信息系统建模?

10. 信息系统的模型有哪些类型?

11. 系统的观点和方法在信息系统开发中有什么重要作用?

12. 目前常用的信息系统开发平台有哪些,各有什么特点?

13. 为什么集成化开发环境和开发平台的应用能够提高信息系统的开发速度和开发质量?

14. 什么是EAI? 其本质是什么?

15. 分析信息系统开发方法的发展趋势。

16. 当前信息系统开发的主流方法有哪些?

17. 什么是面向过程的开发方法?

18. 什么是信息工程的开发方法?

19. 什么是面向对象的开发方法?

20. 面向对象的开发方法有哪些主要概念?

21. 快速原型开发方法有什么特点和约束?

22. 在实际开发中应如何选择开发方法?

23. 简单描述几种开发方法间的关系。

24. 极限编程方法为什么受到欢迎?

25. 信息系统实现时有哪些可选的方法?

26. 什么是外包服务,有什么优点,适合什么情况使用?

二、实践

1. 上网搜索,目前信息系统开发有哪些主要方法? 简述各有什么特点?

2. 查阅资料,目前有哪些软件工具可在系统开发中应用?

3. 搜索国内外成功地开发平台软件产品、功能及价格,写出调查和比较的报告。

4. 到网上搜集国内外提供信息系统外包服务的公司、服务项目及费用,写出当前信息系统外包服务的调查报告。

5. 为某一个小企业撰写一份系统外包的标书。

6. 上网搜索敏捷开发方法的实例,并分析其特点,在班上交流。

第4章 结构化系统开发方法

第3章从方法论的角度介绍了结构化开发方法的一般概念、过程和特点。简单说，结构化开发方法的内涵包含了过程、方法的结构化，系统的结构化，以及按照信息系统的生命周期组织信息系统的开发过程。结构法方法是严格按照系统工程的思路来组织信息系统的开发过程。每一个阶段开发的成果是下一个阶段开发的起点和依据，环环相扣最终完成系统生命周期开发的全部任务。

本章的重点是以开发过程为主线比较详细地描述结构化方法的实际开发步骤、方法及其使用的工具。实际上自从20世纪70年代结构化系统开发方法产生以来，结构化方法也在不断进化，产生了很多的改进版本。本章并不详细介绍和比较各种方法的细节，主要是介绍结构化开发方法中比较通用的以及在国内比较流行的开发方法和步骤。目的是具体学习结构化的开发方法，并对信息系统的开发过程有一个比较全面地了解。

本章主要内容：

(1) 结构化开发方法的主要阶段。

(2) 系统规划。

(3) 系统分析。

(4) 系统设计。

(5) 系统实施。

(6) 系统维护和系统评价。

4.1 结构化方法的阶段和工具

信息系统结构化开发方法从分析业务系统的流程出发，调查信息系统开发所需要的全部信息及其处理过程，然后建立信息系统逻辑模型和物理模型直至最后建立实际的系统，运行系统并维护。一般说将开发过程分为系统规划、系统分析、系统设计、系统实施以及系统维护评价等5个大的阶段。这5个阶段构成信息系统开发应用的整个生命周期过程。

实际上开发阶段的划分是人为的，对信息系统开发阶段的划分有多种方法，无论如何划分，开发出高质量的信息系统才是目的。开发阶段的划分是为了便于组织、管理和控制开发过程。

4.1.1 结构化系统开发的阶段

结构化信息系统开发方法对每一步开发的任务、目标和结果都有严格的规范、标准和控制。开发过程的基本要求如下。

(1) 避免或减少重复。

(2) 前一步的结果完整且正确。

结构方法也称为瀑布法，其流程如图4-1所示。在结构化方法中，后一步总是以前一步的开发结果为基础的。如果在某一步发现问题，就要返回上一步甚至几步纠正错误。在早期开发工具相对落后的情况下，重复地修改会带来系统开发的延误，增加开发成本并难以保证系统的质量。所以结构化方法建立了严格的开发步骤和规范化的文档设计，尽量将错误在本阶段发现并纠正。

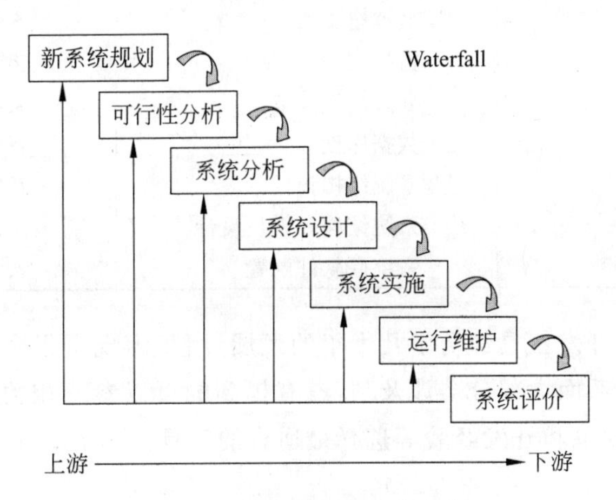

图 4-1 结构化开发方法流程

还应注意的是，阶段的划分不是绝对和唯一的，目的只是为了便于开发工作的组织和管理。表 4-1 描述了结构化信息系统开发方法的主要步骤、任务、开发成果以及使用的工具等内容，便于在学习具体的开发方法以前首先建立一个总体的概念。

表 4-1 结构化方法各阶段的任务

阶　　段	主要任务	主要成果	工具、方法
系统规划	开发请求、初步调查、总体规划、可行性分析	初步方案、可行性报告	BSP、CSF、SST
系统分析	需求分析、详细调查、业务流程分析、数据流程分析	新系统逻辑设计方案	DFD、DD、决策树、判定表、结构化语言
系统设计	总体结构、代码、数据库、I/O、模块结构和功能	系统设计说明书	E-R 图、控制结构图、结构化语言
系统实施	数据准备、编程、调试、人员培训、系统切换	操作规程、使用说明	编程语言、工具、切换策略
系统运行、维护、评价	运行管理、维护、审计、评价	管理制度、维护制度	维护、管理、审计软件

由表 4-1 可见，在程序编写以前要完成许多系统分析和设计工作，所以切不可认为系统开发就是程序编写。编程只是系统开发中的一部分工作，而且属于整个开发过程的下游工作。

4.1.2 系统开发工具

在结构化开发方法的实施过程中使用了大量的图形和图表工具，使得开发过程简捷并尽量做到可视化。掌握结构化开发方法的关键之一就是在熟悉开发过程的基础上熟练掌握使用这些工具的方法。这些工具、作用以及应用的阶段如表 4-2 所示。

表 4-2　系统开发的主要工具

工　具	作　用	应用阶段
业务流程图	业务流程分析	系统分析
数据流程图(DFD)	数据流程分析	系统分析、系统设计
数据字典(DD)	数据定义	系统分析
格栅图	数据汇总	系统分析详细调查
决策树、判定表	处理功能描述	系统分析、设计
E-R 图(ERD)	数据库设计	系统设计
U/C 矩阵	系统结构设计	系统设计
控制结构图	系统结构和模块设计	系统设计
信息系统配置图	系统硬软件配置	系统实施

结构化信息系统开发工具经历了几十年的发展过程，出现了很多种类的工具和使用方法。上述图形工具在后面大部分会涉及到，没有提到的可以参考相关的书籍。在使用时需要视实际情况、开发规范和开发经验等选择最适合的工具。

4.2　系统规划

当系统开发的项目提出后，首先应该做一个规划，结构化方法特别强调系统规划的重要性。实际上，无论用什么开发方法，信息系统规划的重要性都是不言而喻的。在第 7 章的 7.1 节将从方法论的高度介绍系统规划的一般概念和方法，并分析系统规划的重要性。

4.2.1　规划的任务

无论是企业的决策者还是系统开发技术人员都希望用最低的成本、最快的速度开发出最有价值的信息系统。为了达到这个多快好省的目的，系统规划就是非常重要的基础性工作。俗话说，没有做不到的，只怕算计不到。信息系统规划就是一个总体算计过程。

1. 信息系统规划的目的

信息系统规划是在首先有了建立信息系统的需求后由企业和组织决策者提出的。建立信息系统的目的可能是多种多样的，举例如下。

(1) 解决现存的管理效率问题或提高科学决策的水平。

(2) 提高竞争力。

(3) 寻找新的发展机会等。

但这时对于如何开发，开发什么样的信息系统，甚至能不能开发都还不知道，这一切都需要在系统规划阶段解决。

信息系统规划实际是一个小型的系统分析和概念设计过程。系统规划阶段主要的任务是在对系统资源和环境进行初步分析的基础上，明确信息系统的目标和范围，确定系统的初步方案，并对系统方案的可行性进行分析，以便决定是否开始信息系统的开发。因此，信息系统规划一般由企业或组织的决策者、CIO 以及系统分析和管理的专家组等负责。

2. 信息系统规划的步骤

信息系统规划是在对开发基本目标比较明确,以及对环境和需求有了初步分析的基础上进行的,一般来说主要的步骤如下。

(1) 规划基本问题的确定。

(2) 收集信息。

(3) 现状的评价和约束的识别。

(4) 设置具体目标和初步方案。

(5) 规划内容及其相关性分析。

(6) 目标的分析及实现的优先级。

(7) 人员组织。

(8) 实施进度计划,包括经费预算和使用计划。

(9) 成本分析、效益初步分析。

(10) 开发平台硬件软件环境(不一定马上购买)。

(11) 可行性分析。

系统规划的内容和复杂程度与企业和组织的状况以及系统的规模有直接关系。这里仅以一般企业为例说明系统规划的步骤。实际应用时不必过于拘泥,应视具体情况而定。信息系统规划的基础是了解现状(环境、企业内部状况)、确定目标和制定方案。所以首先要做的是通过调查了解与系统开发相关的企业内部和外部的情况。

4.2.2 初步调查

为了制定出切实可行的信息系统的初步方案,首先需要对企业内部资源和管理状况以及外部环境进行初步调查,确定对信息系统的需求情况。初步调查的主要内容主要包括以下两大类。

1. 企业环境和目标

(1) 外部竞争者的信息应用和管理状况。例如竞争对手信息系统的建设等情况,行业发展的情况。

(2) 企业的发展战略和目标。系统发展规模、业务的转型等。

(3) 国家的政策、规范和标准。国家对信息系统应用的支持、建立的规划和强制性的标准等,例如国家企业信息化指标就是属于强制性标准。

2. 企业业务和信息处理现状

(1) 企业在管理、生存和发展等方面存在的主要问题。

(2) 企业主要产品结构、业务流程以及信息的管理和流动。

(3) 企业信息资源及管理的现状。资金、技术人员的水平、规章制度是否健全、管理人员的素质等。

(4) 信息技术应用现状,管理人员对信息系统的了解、认可情况及对实现信息管理的需求,这一点对信息系统的开发有很大影响。

4.2.3 提出总体方案

在初步调查研究的基础上主要由企业 CIO 和系统分析师等根据系统的发展目标和环

境状况等因素制定信息系统的初步方案。信息系统的初步方案(也称作总体方案)实际是一个概念设计方案,主要从系统实现的功能、目标等方面对系统进行初步设计,而不考虑系统设计的技术细节和实现的逻辑。

总体方案可看作是一个初步、快速的系统分析、设计过程,也可看作是系统的一个最初始的原型,用以向企业领导者(或董事会)提交报告,审查并决定是否可以进行开发。因此总体方案的设计对后续的系统开发任务能否成功有决定性意义。总体方案一般包括以下一些内容。

1. 确定系统目标

明确开发信息系统要达到的主要目标。信息系统开发的目标不外乎以下几类: 在和其他企业的竞争中获得优势;原来的信息系统出现了很多问题,已经不能满足现在企业管理的要求;为企业开辟新的发展空间,寻找新的发展机遇等。信息系统开发目标的确定应该建立在对企业所面临的形势、竞争对手的情况以及近期和长远发展规划、战略等的透彻、科学分析的基础上。

2. 设计系统主要功能结构

为了实现选定的目标,设计信息系统的概念模型,即确定信息系统的范围和系统要完成哪些主要的功能,大致描述系统的功能结构。这个概念模型就是未来信息系统的初始原型。为了使这个模型更具有可行性,需要分析环境和约束条件、企业内部和外部资源以及信息系统的开发对企业组织、经营以及发展的影响等。为了使主管领导者有更多的选择,如果需要也可以提出几个功能、投资等不同的方案供决策者选择。

3. 系统开发的初步计划

信息系统开发的近期计划和长期计划,包括开发时间、进度,资金的投入计划,建立开发组织并确定主要负责人。开发组织的负责人不一定需要精通软件的设计,但必须对系统要实现的目标和功能有深刻地理解,熟悉企业的业务,具有很强的组织管理能力并有相当的权限,可以调配企业的人力、资金等资源。一般情况是由具有副总裁权限的企业 CIO 负责。制定开发计划时可以使用 GANTT 图和 PERT 图描述关键路线和开发计划。

4. 投资回报时间表

对企业的领导者或股东来说,最关心的莫过于信息系统开发的投入和产出。所以在系统总体规划中应制订较详细的资金投入计划,以及可靠的投资回报的预测。明确指出每一个信息系统开发方案的经济效益和回报周期。

4.2.4 可行性分析

可行性分析是对规划阶段提出的初步方案从经济、技术和管理等方面,对系统开发是否可行做出科学、全面的分析和判断,决定系统是否应该、值得、并在计划的时间内能够完成。最后做出决策: 系统是否继续开发,并由项目的决策者选择并从战略和宏观管理的角度完善最终的方案。

1. 经济可行性分析

初步方案的经济可行性分析就是分析规划的信息系统的投入和效益。对于企业或组织来说,信息系统的开发首先意味着相当大的资金投入,包括硬件设备、软件系统和人力的投入。如何保证资金来源和收到预期的效益是经济可行性分析的基本内容。

(1) 开发资金。信息系统开发的资金需求以及来源是否有保障。

(2) 经济效益。投资回报周期和回报率。

其中,信息系统效益的计算很复杂,包括有形和无形的效益。具体的计算方法可参见第8章8.3节中关于效益成本的分析计算。

2. 技术可行性

信息系统方案的技术可行性分析是从技术上分析该方案能否实现。对于一般服务于企业管理的信息系统,使用现代信息技术实现,一般都不存在问题。但对于一些复杂的智能化信息系统,则要分析采用的算法以及相关的设备等技术问题。一般说,技术可行性主要包括以下两方面。

(1) 技术可行。方案所提出的目标技术上是否可以实现;

(2) 技术先进。准备采用的技术是否是主流技术,是否具有先进性,以保证开发的信息系统具有较长的生命周期。

如果采用过于陈旧的技术一方面会影响功能的实现,另一方面会缩短系统的生命周期,甚至使开发的系统还没投入使用就已经过时,甚至会造成项目的鉴定会成了项目的"追悼会"的尴尬局面。这样的结果使系统开发的所有工作和投入都失去了意义。

3. 管理可行性

系统的管理可行性也称为社会可行性或运行可行性,因为这里主要涉及到人和管理等社会因素。这些因素表面上和技术无关,但确实会影响系统开发过程是否顺利,未来的信息系统是否能获得效益等,决不能轻视。管理可行性主要分析以下问题。

(1) 管理制度。现行的管理制度是否健全,业务流程是否清晰、规范、有序。

(2) 管理人员素质。管理人员即系统的未来使用者对信息系统开发的理解和支持程度,对信息系统可能引起的工作方式和岗位的变化是否有所认识和准备等。

可以设想,如果一个企业组织混乱、管理没有规范、业务流程没有标准或管理人员对信息系统开发和信息技术的应用严重抵触,则根本就难以弄清系统的需求,无法进行系统的开发。这样,任何开发计划都难以实现。即使开发了一个最先进的信息系统,也无法投入使用。这样的案例屡见不鲜。所以管理可行性分析是保证系统开发和运行有良好的环境,并保证开发可以按计划实现非常重要的工作。

4.2.5 系统规划的成果

可行性分析的结果产生可行性分析的报告。在可行性报告完成后应提交给企业或组织的决策者召开会议审查,由他们判断可行性报告是否正确,初步方案是否需要完善,并决定所提出的方案是否可以开始实施。如果报告通过审查,还需要决定如何实现系统的开发。

1. 可行性报告的审批

系统规划阶段最后的结果是可行性分析报告,其中主要包括以下内容。

(1) 现行系统的主要问题以及信息系统开发的主要目标。

(2) 初步总体方案。

(3) 方案的可行性分析。

(4) 结论。

可行性报告的审查包括决定是否可以开始信息系统的开发,方案的选择(如果提出多个方案)，对选择的方案进行最后的完善，提出修改意见等。可行性分析的结论并不一定都是“可行”，至少存在4种可能的结论。

(1) 方案可行并具备可行的全部条件，可以继续开发。

(2) 方案可行但某些条件欠缺，推迟开发。

(3) 所提出的所有方案不可行，停止开发，重新进行规划。

(4) 根本没有必要开发，停止。

可行性报告需要提交决策者或董事会讨论审查。如果通过了可行性分析，才能进行后续的开发工作，而且规划中提出的系统初步方案就是将来信息系统开发的基本框架、要求和开发完成后的验收的基本依据。系统规划阶段的工作是后续开发工作顺利进行的保证。如果不经过认真规划就盲目、仓促地开始信息系统的开发，则必然会造成开发工期的不断延误，甚至根本无法开发出真正有用的信息系统。

2. 开发团队的组织

如果方案通过了审查，则首先要决定开发的方法，例如选择外包、购买还是自行开发等。另外需要组织相应的开发组织和团队来完成相应的开发和实施工作。信息系统开发常常会涉及到企业和组织内部的所有部门，一个成功的开发组织应该由包括主要领导、用户和技术人员等各种角色的人员组成。

(1) 一把手负责，国内外的大量事实都证明这是信息系统开发能否成功的保证之一。

(2) 由企业CIO具体组织实施并由各部门负责人组成项目领导小组。

(3) 系统分析师，负责系统的分析、设计。

(4) 程序设计员，负责程序的开发。

较大规模的信息系统开发会涉及多种类型的技术人员，例如网络设计、网站开发、数据库设计、数据处理设计等方面的人员。下面的工作就是按照规划的目标、计划有条不紊的实现信息系统开发，首先要做的就是信息系统分析工作。

4.3 系统分析

经过决策者批准后，信息系统的后续开发工作才能正式开始。首先要做的就是系统分析。信息系统分析的主要工作是对现行系统(也可能已经是计算机化的信息系统)的业务流程和新系统的信息需求进行详细的调查，然后在此基础上进行分析研究，并最终给出信息系统的逻辑模型，为新系统的设计打下基础。

对于结构化开发方法而言，系统分析是整个信息系统开发的关键阶段，要求给出准确全面完整的信息需求。因为后面所有阶段的工作都是建立在此阶段成果的基础之上。结构化方法中面向过程的特点主要集中体现在系统分析阶段：由业务流程分析入手，抽象出系统的逻辑模型作为系统设计的基础。

4.3.1 详细调查

详细调查的任务是对现行的信息系统(人工管理或原来的计算机信息系统)进行详尽、全面的调查，尽可能完整、准确地搜集涉及信息流动和处理过程的一切事实、资料和数据，以便全面、准确了解现行系统中信息的流动、处理过程和方法，为进行需求分析和建立新信息系统的逻辑模型提供充分的依据。详细调查的信息种类和数据来源包括组织机构、业务流程、报告、文档、报表、单证等，其中核心的是企业的业务流程，以及伴随的信息输入、输出和处理过程。详细调查的结果分别用各种图形化工具或表格的形式表达出来。

1. 调查方法

这一阶段涉及的人最多，工作量也非常大。调查应由信息系统开发项目组负责组织实施，由系统开发人员分头进行。调查的人涉及企业各个层次的管理者，凡是涉及信息处理的环节和工作人员几乎都需要调查。因此需要针对不同类型的信息、不同的调查对象采取不同的调查方法。为了使调查更有序，提高调查工作的效率和质量，调查时应采用自顶向下，由抽象到具体的结构化调查方法。按照组织机构、业务流程、信息及其处理的顺序实施调查和分析。

具体的调查方法有以下几种。

(1) 广泛搜集资料。包括企业的组织机构、管理方式、发展规划、计划、各种报表和单证等。

(2) 个别访谈。主要适合于企业的高层主管，目的是了解信息系统开发的背景、目标、企业的发展、对信息系统的需求等涉及信息系统的全局性信息。

(3) 使用调查表。对所有参与信息系统处理和未来的信息系统使用者发放调查表，调查他们目前的信息处理和使用方法以及对未来系统的要求等信息。

(4) 亲自参与和观察。对于一些关键环节或无法了解清楚的一些处理环节和管理岗位，由系统开发人员通过亲自参与和观察准确了解所需要的信息。

(5) 开调查会。也称为"联合需求规划法"(Joint Requirements Planning，JRP)的方法。通过举行由开发人员、部门经理和各层管理者代表等参加的会议，了解目前的信息处理模式和信息需求。这是最快捷、有效的调查方法，但必须认真准备才能有效。

详细调查的过程是开发者了解未来信息系统需求的最重要过程，因此，凡是开发系统需要的信息都需要准确了解并清晰地表达出来。无论用什么调查方法都很难一次就把所有的需求调查清楚，因此需要综合使用各种方法，反复调查。具体采用什么方法要视具体情况灵活决定，只要实现调查的目标就行。但无论采用什么方法，调查前都需要认真准备调查提纲或设计调查表，调查后要仔细分析调查结果，撰写调查报告。

详细调查也是一个和信息系统未来用户沟通的过程。而且涉及不同层次的管理者。他们对于要开发的信息系统的了解程度、积极性都不同，甚至从个人或本部门的利益出发，难免会有抵触情绪，这一切都需要调查者具有良好的与人沟通的能力、谈话技巧以及很强的表达和汇总能力。

2. 组织结构调查

详细调查一般是自顶向下进行的，企业的业务流程依附于一定的组织机构，所以详细调查一般从组织结构开始。

组织结构调查的目的是了解企业的主要功能、管理模式、层次关系和管理职能的分配，以及不同部门之间信息的应用、处理和传递关系，为确定信息系统的宏观结构提供依据，也为进一步详细了解业务流程信息提供线索。

一个企业和组织实际是通过部门之间的信息传递进行管理、控制和协调的。组织结构的调查结果用组织结构图和信息关联图来描述。信息关联图所描绘的就是各个部门产生的各种报告、报表、凭证等，以表达部门之间信息的使用、传递和归档情况。

3. 业务流程调查

组织结构图无法表达信息和信息处理的细节，不同类型的组织和企业的区别主要表现在具有不同的业务过程。因此需要进一步深入对企业的业务流程进行详细调查。业务流程调查的目标是全面、准确了解企业的业务过程及其伴随业务过程产生的报表、单证以及业务关联等情况。业务流程的调查是详细调查的核心和最复杂、细致的工作。业务流程调查的具体内容如下。

(1) 详细了解各个业务管理环节的任务、工作对象、工作方式、工作的内容(需要的信息、数量及处理过程)。

(2) 与其他机构和部门之间的信息关联(输入报表、产生的单证及其格式、输出报表等)。

(3) 异常情况的处理(如临时性的需求以及发现错误、紧急情况的处理等)。

(4) 有无冗余和无用的处理过程。

(5) 哪些业务处理环节适合使用计算机代替人工处理。

对于业务流程的调查也应该由上到下逐步细化，这样可以避免信息丢失，并提高调查效率。业务流程可以使用“业务流程图”描述。业务流程图的画法有很多方法和规范。图 4-2 表示的是某企业库存管理的业务流程图。

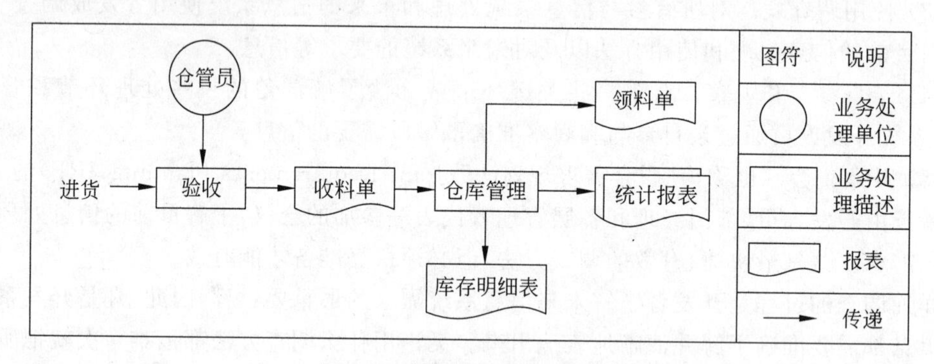

图 4-2　库存管理业务流程图

4. 信息调查

信息和企业组织以及业务流程有关，不同的业务是由不同的部门完成，伴随着业务的流动产生和处理的。组织机构与业务流程调查的主要目的是调查原系统的信息及其流动情况。详细调查的主要目标是获取原来系统的信息、信息处理流程及处理方法。在详细调查阶段主要表现在作为信息载体的各种报表等文件的产生及流动。这些凭证和报表很可能就是未来信息系统的输入和输出。因此详细调查的关键之一就是要尽可能完整地获得所有和业务有关的文件，具体如下。

(1) 各种原始凭证、票据、台账。

(2) 各种报表，如汇总、明细和异常处理报表，以及日报、月报和年报等。

(3) 文件的传递过程和方式。

(4) 其他相关文件如规划、预测、工艺流程、管理制度等。

最后将获得输入输出信息汇总表，通过该表还可以对所有的数据的准确性、合理性进行审核和校验。

5. PIECES 方法

确定信息系统需求往往是非常困难的，为了完整、准确、快速地确定信息系统的需求，

James Wetherbe 提出了被称为 PIECES 框架的方法。这种方法可以快速、完整、准确确认企业中的问题、机会和目标。

(1) 性能(Performance)。提高系统的性能。

(2) 信息(Information)。提高信息的质量和改变信息的处理方式。

(3) 经济(Economy)。改善企业的成本、效益等经济状况。

(4) 控制(Control)。提高信息系统的安全和控制水平。

(5) 效率(Efficiency)。提高企业的人、财、物等的使用效率。

(6) 服务(Service)。提高企业对客户、供应商、合作伙伴、顾客等的服务质量。

分析调查结果还可以发现不合理的业务过程,如重复处理、无用的过程等。信息系统开发的意义主要不在于简单地用计算机替代手工处理,而是要建立更适合信息系统的结构和整合、优化的业务流程。PIECES 方法是快速确定需求的框架,因此可以在规划阶段使用,也可以在系统分析阶段使用。

4.3.2 数据流图

数据流图(Data Flow Diagram,DFD)是系统分析中最常用和最重要的工具之一。数据流图用来描述信息系统的逻辑模型,包括外部实体、数据处理、数据存储和数据的流动。

1. DFD 的图形符号

数据流程图的基本图形符号只有 4 种,包括外部实体、数据流、数据处理、数据存储等。常用的图形符号表示方法如图 4-3 所示。

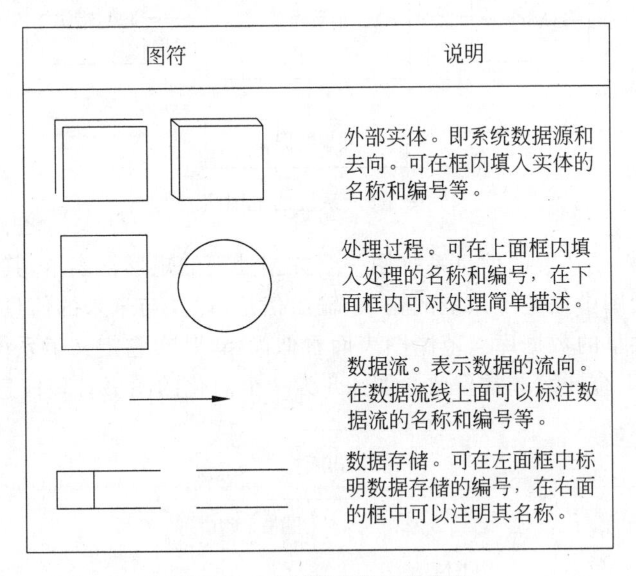

图 4-3 DFD 图形符号和说明

DFD 图的符号有多种符号集,例如 DeMarco/Yourdon 符号集、泡泡图符号(Bubble Chart)等,实际上大同小异,关键在于开发者和用户都能理解,绘制方便并且在设计中统一、规范即可。

2. DFD 绘制流程

系统数据流图的绘制首先体现了结构化分析方法的基本特征,即自顶向下、逐层分解的绘制方法;其次也体现了面向过程的特点,即以数据处理为核心分析系统,实现系统的逐层分解。

DFD 图的绘制流程如图 4-4 所示。

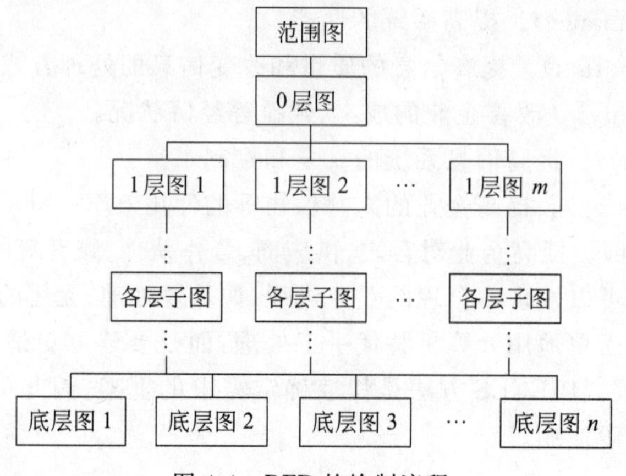

图 4-4　DFD 的绘制流程

在绘制系统的 DFD 时首先绘制范围图,然后向下逐层绘制出不同细化程度的 DFD 图。

(1) 范围图。范围图(Context Diagram)的主要功能是说明系统(业务)的范围以及和外部实体、共享数据存储的关联,也称为"环境图"。外部实体可以是产生信息或接受信息的部门、组织、人或其他的系统等。图 4-5 为范围图的示意图。

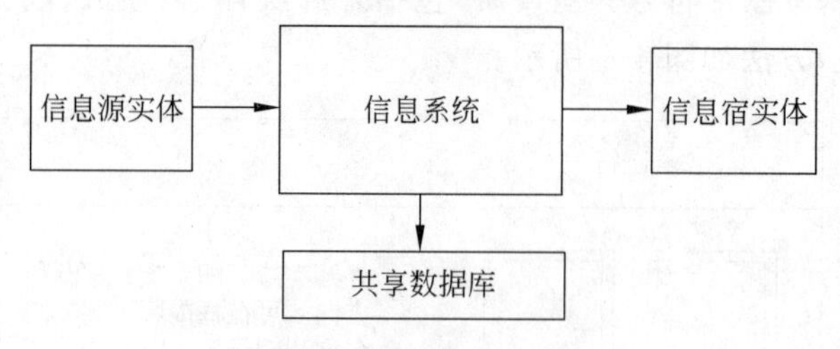

图 4-5　系统的范围图

在范围图中,将要开发的信息系统用一个数据处理的矩形框表示,其作用是定义系统的边界。此外在范围图中描述了系统的输入、输出信息,以及与未来的信息系统相关的所有的外部实体及系统共享的数据库。范围图表面看似简单,其实它定义了系统的边界,以及对外界的接口关系,对系统开发非常重要。图 4-6 为一个简化的图书管理信息系统的范围图。

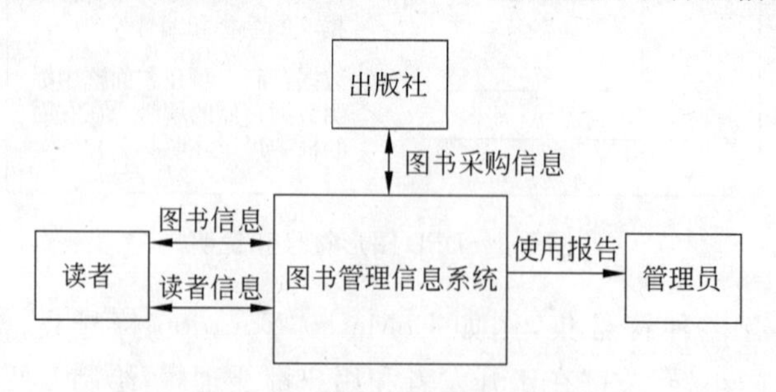

图 4-6　图书管理系统的范围图

(2) 顶层图。顶层图也称作"零图",是对范围图中信息系统的第一次分解。目标是构造系统总体数据流图,描述系统主要的数据处理功能和系统数据库及其之间的联系。在顶层图中,数据处理的命名要规范化,每一个数据处理的一般命名规则是P1、P2……等或具体的处理模块名称。其中,字母P表示具体的数据处理功能。

图4-7为上述图书管理信息系统的顶层图。

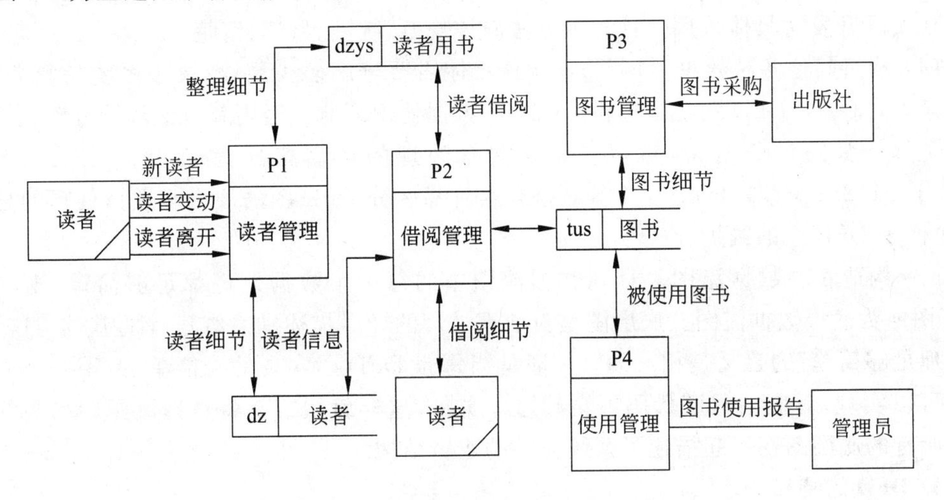

图4-7　图书管理信息系统的顶层图

在绘制DFD图时,可以按照数据流的方向由左向右,从上向下有序、均匀排列图形符号,避免数据流线的交叉。对于重复出现的外部实体,可以在图形符号上做出标记,例如图中的读者实体符号中的斜线,表示两个实体符号表示的是同一种实体。

(3)第1层数据流图。在顶层图中,每一个数据处理有可能包含复杂的处理功能,因此第1层数据流图是对顶层图中各个数据处理的进一步分解。分解的过程实际是对数据处理的逐渐细化的分析过程。在第1层数据流图中,数据处理的一般命名格式为P1.1、P1.2、P1.3、…、P2.1、P2.2、P2.3等,以便清楚地表示出分解的层次关系。

图4-8为图书管理信息系统中读者管理处理功能的第1层分解子图。

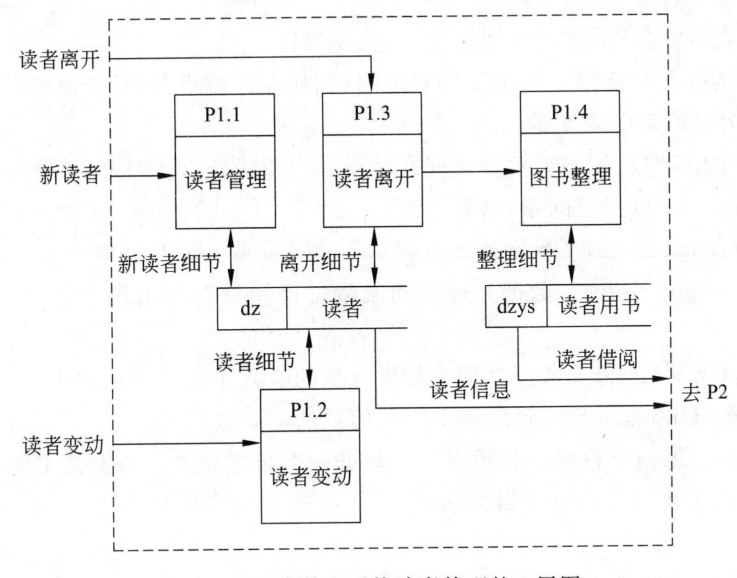

图4-8　图书管理系统读者管理的1层图

图 4-8 中的虚线框即表示在顶层图中的"读者管理"处理 P1 框。该子图与读者实体以及处理 P2 的信息联系应与顶层图保持一致，这被称为在上下层 DFD 图之间的信息匹配或平衡。上图中数据存储符号中的 dz、dzys 分别是用汉语拼音表示的数据库的表名称或编码。在实际开发时具体采用何种表示方法应该规范、统一、易读、清楚。

(4) 构造其他各层数据流图。DFD 图具体需要分解多少层，取决于系统的复杂程度。一般来说，每一个 DFD 图至多包含 7～10 个数据处理环节。否则就应该继续分解。这样可以避免每一张图过于复杂，难以看清。数据处理的命名格式为 P1. 1. 1、P1. 1. 2、…、P1. 2. 1、P1. 2. 2、P2. 1. 1、P2. 1. 2 等。这样很容易区分 DFD 图的层次和数据处理的分解关系，也便于 DFD 图的维护。

(5) 构造底层数据流图。直到数据流图中的每一个数据处理都足够简单，则这时的 DFD 图即为底层数据流图。底层图是对数据处理的详尽描述和系统设计的基础。这里"数据处理足够简单"的含义是相对的。一般是指每张 DFD 图实现的功能单一，用一个简单模块就可以实现，对应的程序代码不会超过一页纸，这样就很容易将数据流图转换为程序代码。所有的底层图在一起描述了系统完整的逻辑结构。

3. DFD 的特点

DFD 是信息系统分析的强有力工具，因为 DFD 图有明显的优势，具体表现在以下几个方面。

(1) 图形简捷抽象，逻辑结构清晰、易读。

(2) 无论是开发者还是用户都很容易理解和绘制。

(3) 因此，使用 DFD 图很容易与用户交流，从而保证设计方案的准确、完整。

(4) 容易转换为物理设计。

但 DFD 图也存在明显的不足，例如：

(1) 对于复杂系统，其 DFD 图可能变得非常复杂。

(2) 不能处理出错和意外情况。

(3) 不能描述过程的控制结构。

(4) 不能表示资金流、物流等企业中其他的流程。

这些缺陷的弥补需要借助其他工具和图形，例如业务流程图、系统流程图等。

4. 绘制 DFD 图时要避免的情况

绘制完成 DFD 图后除了要检查流程及信息是否正确外，还应仔细检查是否存在下述情况，如果有就说明 DFD 图有问题，需要修改。

(1) 黑洞(Black Hole)。数据处理或数据存储只有输入没有输出。

(2) 空洞(Blank Hole)。数据处理活动或数据存储只有输出没有输入，也称为"奇事"(Miracle)。

(3) 灰洞(Gray Hole)。数据处理或数据存储的输入不足以产生输出。

(4) 不平衡(Unbalance)。各层流图之间信息的不一致。

(5) 不相关。每一个数据流必须有一个数据处理与之有关。数据流不能起于数据存储且止于一个外部实体或另一个数据存储；也不能起于某个实体且止于另一个外部实体或数据存储。

存在上述问题的数据流图可称为病态(缺陷)DFD 图。病态数据流图产生可能是由于前面的工作不完整，DFD绘制有问题，也可能是原来的业务流程本身有问题等原因。图4-9中的DFD图是部分病态数据流图的例子，在设计时要避免。

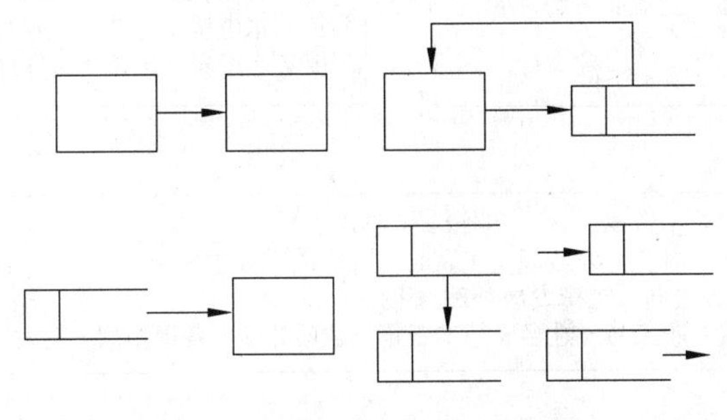

图4-9　部分病态DFD图实例

4.3.3　数据字典

信息系统管理和应用的是数据，因此数据的含义应该是明确和唯一的。定义数据的工作就是由数据字典完成的。数据字典(Data Dictionary，DD)被称为“关于数据的数据”，其作用是对信息系统开发过程中所使用的各种类型数据元素进行定义，保证在整个系统分析设计中(如在数据流图、数据库和各种报表中等)数据元素定义的一致性和唯一性。便于各个开发环节的衔接和设计的一致。作为系统开发的后续工作，包括系统设计、维护、更新和管理等工作的重要依据。数据字典的概念最初来源于数据库的设计。

1. 数据字典的内容

信息系统数据字典中定义的“数据元素”是一个广义的概念，其中包括数据项、数据流、数据存储、数据处理逻辑和外部实体等所有在DFD图中使用的数据元素。

(1) 数据项。数据项是信息系统中数据的最小单位，是信息系统中其他类型数据的最基本元素。如员工号、姓名、商品名等都是数据项。数据项可以由字符、数据或其他符号组成。数据项的描述包括数据项名称、编号、类型、取值范围和长度等内容。

(2) 数据结构。数据结构主要用以描述数据流、数据存储等的逻辑组成。数据结构的描述包括数据结构的名称、编号，包含该数据结构的数据流和数据存储的编号，该数据结构中包含的数据项等内容。

(3) 数据流。主要用来定义数据流图中的数据流，内容包括数据流的名称、编号、来源、去向、所包含的数据结构的名称、传输的频率和流量等。

(4) 数据存储。定义数据存储的结构和内容，主要包括数据存储的名称、编号、所包含的数据结构、数据记录等。

(5) 数据处理功能。描述数据处理的过程，包括数据处理的名称、编号、输入数据流、处理逻辑表达、输出数据流等。

(6) 外部实体。外部实体是信息系统的数据源和数据的归宿，具有各自的数据属性，包括的内容有外部实体名称、编号、输入数据流和输出数据流等。

图4-10为一个工资管理信息系统中建立的数据字典中部分数据元素的实例。

数据项

名称：姓名 编辑：A-001
简述：企业职工的姓名
类型：C
长度：8个字符

组合数据项

名称：各项扣款 编辑：B-001
简述：水电费、房费、医疗保险
组成：水电费+房费+医疗保险

数据流

名称：工资单 编辑：C-001
简述：财务处发放职工工资时，提供的个人工资单。
来源/去向：工资发放处理/职工
组成：职工号+姓名+基本工资+各项补贴+各项扣款+实发工资

数据存储

名称：工资卡(档案) 编辑：D-001
简述：是工资汇总的基础表，记载当月各职工的工资额构成，
是下月汇总的基础。
输入的数据流/来源：工资细则/填制工资计算机表处理。
流出的数据流/去向：工资细则/计算机工资处理。
组成：职工号=姓名+类别+基本工资+各项补贴+各项扣款

数据处理

名称：计算工资 编辑：E-001
简述：对工资卡进行计算，得出各职工的实发工资。
输入：工资细则 来源：工资卡数据存储
流出的数据流/去向：工资细则/计算工资处理。
处理：按照工资卡顺序计算职工的应发工资，扣款额和实发工资。
实发工资=应发工资-扣款小计
应发工资=基本工资+各项补贴
扣款小计=各项扣款
输出：工资结算单

图 4-10 数据字典实例

2. 数据字典的要求

由于数据字典要对信息系统中所有的数据进行定义，所以对数据字典中的数据应严格要求，以避免出现使用的混乱。具体要求如下。

(1) 唯一性。不能有多次定义。

(2) 一致性。所有的数据元素应保持应用上的一致。

(3) 完整性。必须包括模型中的所有数据元素的定义。

(4) 规范性。数据元素的定义应是严格、规范的。

(5) 简单性。表达和描述应尽量简单。

3. 数据字典的生成

数据字典的生成有两种基本方法。

(1) 手工方法生成。由开发者自行整理、编辑数据字典。

(2) 计算机自动生成。借助系统开发平台或工具生成数据字典。

4.3.4 信息系统逻辑模型

信息系统需求分析是在详细调查的基础上进行的，是系统开发中最重要和技术性最强

的工作，一般是由系统分析员与用户共同协作实施完成的。信息需求分析的主要任务是分析系统功能、信息的流动、信息的处理方法以及新的需求信息。信息系统需求分析是一个由实际的业务流程到信息处理流程的抽象过程，最终建立起所需要的信息系统的逻辑模型。这是信息系统开发所有后续工作的基础。信息系统分析阶段常借助很多图形工具使得分析过程可视化，便于分析和与用户交流。

信息系统需求分析的最终目标是建立起新系统的逻辑模型。详细调查使开发者了解了原来系统是“如何工作”的，而需求分析和逻辑模型的建立则是要确定新系统“做什么”的问题。信息系统的逻辑模型的表达主要包括以下内容。

(1) 功能模型。描述新系统的功能。

(2) 数据流程图。描述信息和信息的流动。

(3) 信息模型。数据字典和数据库结构等。

前面已经详细介绍了 DFD 图的画法，这里再介绍一下功能描述和处理描述的表达方法。

1. 功能描述

根据对信息系统需求的研究结果就可以确定信息系统的功能模型，描述信息系统数据有哪些基本处理功能以及各个处理功能之间的关系。图 4-11 就是一个图书管理信息系统的功能模型。

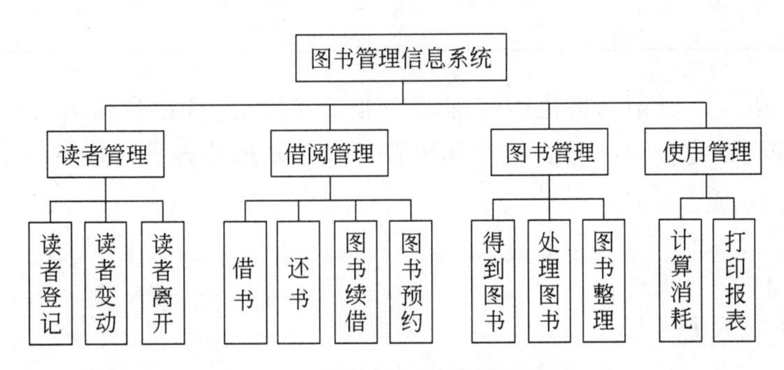

图 4-11 图书管理系统的功能图

2. 信息处理描述

在数据字典中数据处理的描述是通过文字简单表达的，难以直接转换为程序编码。为了准确表达比较复杂的信息处理过程，可以用以下方法进一步描述，作为数据字典的补充。

(1) 程序流程图。用程序流程图可以非常清晰地表达信息处理过程的 3 种基本结构，从而构造任意复杂的处理过程。

① 顺序结构。

② 判断结构。

③ 循环结构。

(2) 决策树。对于决策点比较多的处理过程，用决策树可以很简捷地描述出来。所谓决策树即用树状结构描述决策过程，每一个分叉表示一个决策点。例如对于一个库存处理过程可以用图 4-12 所示的决策树描述。

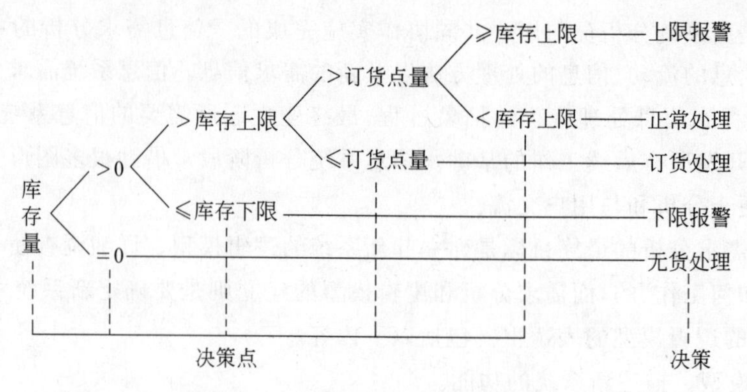

图 4-12 库存处理过程的决策树描述

(3) 决策表。对于决策的条件很多,处理方式较多的决策,则是用决策表描述更方便和清晰。决策表的一般格式如表 4-3 所示。

表 4-3 决策表的一般形式

判断条件	不同条件的组合	处理方式	具体处理
C1		F1	
C2		F2	
C3		F3	

(4) 结构化语言。所谓结构化语言即是用非二义性的,接近自然语言(英文或中文等)的格式化语言描述信息处理过程。结构化语言可以用来描述各种处理过程。例如:

```
如果条件<n>成立
    则执行<n>程序
否则
    执行<n+1>程序
```

4.3.5 系统分析的成果

系统分析阶段最主要的成果就是新系统的逻辑设计说明。新系统的逻辑模型是在原系统的逻辑模型和新系统目标及需求分析基础上建立的。新系统的逻辑设计说明主要包括以下 4 项主要内容。

(1) 原系统的状况和主要问题。

(2) 新系统目标。

(3) 信息系统的需求。

(4) 新系统逻辑设计。

新系统的逻辑设计是以 DFD、数据字典、数据存储分析和各功能处理逻辑等工具描述的新系统逻辑模型。详尽地表达了未来新建系统要完成哪些功能,这个模型在设计阶段将被转换为实际完成这些功能的信息系统。

除了新系统的逻辑设计外,系统分析报告还要对新系统可能引起的变化及对企业的影响进行分析,以便决策者提前采取必要的行动。有时也可能提出多个可能的新系统逻辑设计方案供系统开发领导小组或决策层领导选择。

一旦新系统的逻辑设计方案经过批准，就可以开始新系统的物理设计工作了。

4.4 系统设计

信息系统设计阶段的主要任务是根据已经批准的逻辑方案设计信息系统的物理实施方案。信息系统分析阶段解决了新的信息系统要“做什么”的问题，系统设计阶段就是要解决系统“如何作”的问题，也就是新建系统将如何实现逻辑模型所要求的功能。这一阶段将最终设计出切实可行，符合企业实际情况和要求的信息系统。

系统设计主要包括以下任务。

(1) 系统总体设计。

(2) 系统的详细设计。

4.4.1 系统总体设计

系统总体设计的目的是超越各项具体应用的设计，从信息系统的整体出发解决和各项应用都相关的设计问题。这里主要包括系统结构设计、数据库设计、计算机网络结构设计和系统代码设计等几项任务。

1. 系统结构

对于一个复杂的信息系统来说，一般都由很多子系统构成。将一个复杂系统分解为若干相对独立的子系统，这也是结构化方法的核心思想之一。前面已经一再强调系统结构对系统性能的决定性作用。在这里系统结构设计主要是指子系统的划分和子系统之间信息的传递关系的确定。

信息系统结构的设计一方面要参考原来的组织结构，另一方面主要应从业务流程，信息的流动、处理、应用以及信息系统结构优化的角度考虑。因为从信息管理和应用的角度分析，原来的系统结构未必是合理和优化的，这就体现了信息化对原系统的重构作用。系统结构设计常用的工具之一就是 U/C 矩阵。

2. U/C 矩阵

U/C 矩阵实际是描述企业系统中业务流程和数据之间关系的二维表格。该表格中的“C”元素表示对应的业务产生(Create)了对应的数据，表格中的“U” 元素表示对应的业务过程使用(Use)了该数据，故称 U/C 矩阵。

U/C 矩阵的编制过程如下。

(1) 在左边一列列出企业所有的业务过程。

(2) 在上面一行，列出所有相关的数据类型(对应数据库)。

(3) 找出每一个业务过程创建了哪些数据，并在对应的单元中标注“C”。

(4) 找出每一个业务过程使用了哪些其他业务过程创建的数据，并在对应的单元中标注“U”。

(5) 改变数据列的位置，使得所有带有“C”元素的单元集中到矩阵表的主对角线附近(此变换过程也可称为表运算)。

(6) 用直线表示子系统之间的数据使用关系。

(7) 将所有的带有“C”单元格的区域用一个个矩形框标注出来。

(8) 每一个矩形区域就表示一个子系统的范围。

(9) 子系统之间的数据应用关系就表示子系统之间的数据关联。

图 4-13 为某一制造企业系统的部分 U/C 矩阵表。图中深色的区域表示出该信息系统的子系统,例如从上到下依此为计划子系统、产品设计子系统、采购子系统、制造子系统、销售子系统和订货服务子系统等。

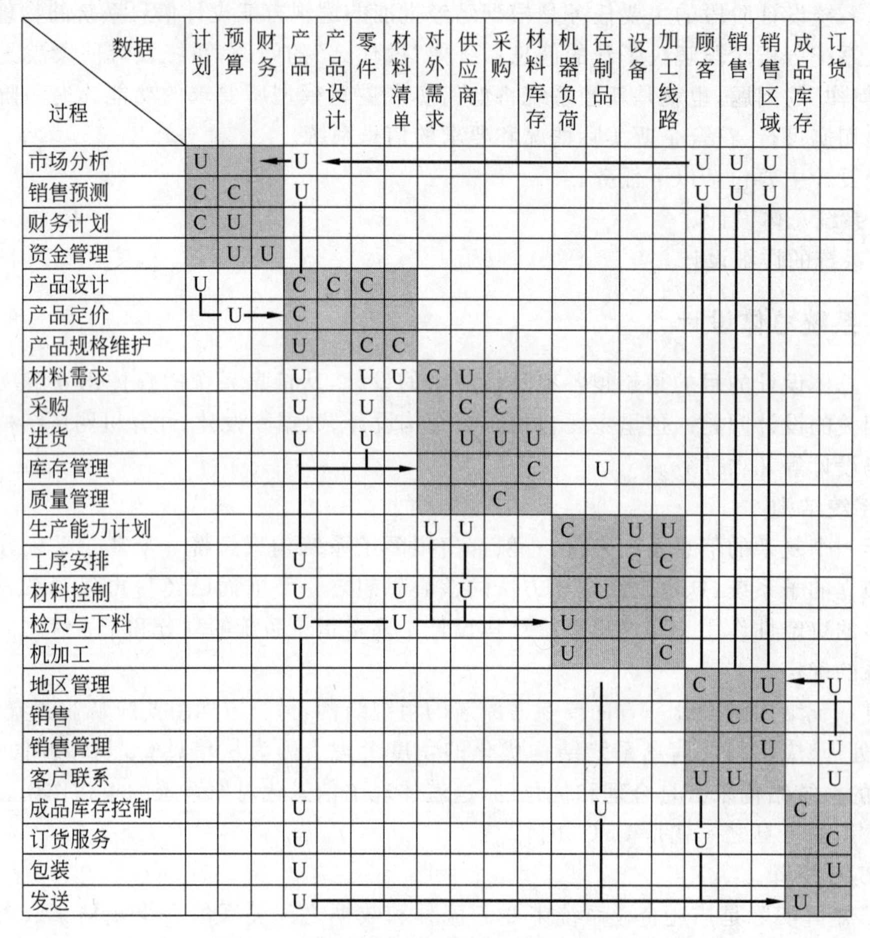

过程 \ 数据	计划	预算	财务	产品	产品设计	零件	材料清单	对外需求	供应商	采购	材料库存	机器负荷	在制品	设备	加工线路	顾客	销售	销售区域	成品库存	订货
市场分析	U			U												U	U	U		
销售预测	C	C		U												U	U	U		
财务计划	C	U																		
资金管理		U	U																	
产品设计	U			C	C	C														
产品定价		U		C																
产品规格维护				U		C	C													
材料需求				U		U	U	C	U											
采购				U		U			C	C										
进货				U		U			U	U	U									
库存管理											C		U							
质量管理										C										
生产能力计划								U	U			C		U	U					
工序安排				U										C	C					
材料控制				U			U		U				U							
检尺与下料				U			U					U			C					
机加工												U			C					
地区管理																C		U		U
销售																	C	C		
销售管理																		U		U
客户联系																U	U			U
成品库存控制				U									U						C	
订货服务				U												U				C
包装				U																U
发送				U															U	

图 4-13 某企业信息系统的 U/C 矩阵(部分)

3. 系统结构的优化

类似于模块结构的优化原则,系统结构的优化原则主要体现在以下 3 点。

(1) 子系统内部的功能相对集中。产生数据和使用数据的主要模块集中在一个子系统中。

(2) 子系统之间的接口简捷。子系统之间的信息交换尽可能少。

(3) 使用和维护方便。它决定子系统和数据的分布。

4.4.2 数据库设计

数据库是现代信息管理的主要方式。数据库设计的任务就是以数据字典中所列出的基本数据项为原始数据,设计出结构优化的数据库逻辑模型和物理模型,并构造能为用户提供高效的运行环境、满足信息系统需求的数据库。

数据库的逻辑模型包括关系模型、网状模型和层次模型。由于关系数据库模型有严格的数学理论基础所以发展最成熟，目前应用最广泛。本节主要介绍关系数据库的设计。

1. 数据库设计的步骤

数据库设计可以说是信息系统开发的核心之一，因为信息主要是以数据库的形式存储、管理和应用的。数据库设计的内容包括数据库的结构，每个数据库包含哪些数据表以及数据表之间的联系，每个表包括哪些数据项以及数据库的分布等。数据库设计一般分为需求分析、概念设计、逻辑设计和物理设计4个阶段。

(1) 需求分析。数据库需求分析主要目标是借助DFD等工具完成信息的搜集、整理、分析，并要求完整、准确。需求分析的内容如下。

① 数据的类型。

② 格式。

③ 使用方式。

数据库的需求分析实际是在信息系统的详细调查阶段完成，并由数据字典中的数据项描述的。

(2) 概念设计。数据库概念设计的目的是根据数据库需求分析建立数据库的概念模型。数据是依附于实体及其之间的联系中的，所谓概念模型是通过实体及其关系来描述不同类型的数据以及数据之间的关系和约束。

概念设计面向应用，独立于具体的数据库管理系统，从概念层次描述数据及其特征，容易转化为逻辑模型。建立概念模型常用的工具是E-R图等。其主要步骤如下。

① 实体识别。

② 实体及其联系的分析。

(3) 逻辑设计。数据库逻辑设计的任务是把概念数据库模型变换为逻辑数据库模型。数据库的逻辑模型满足系统对数据的一致性、完整性和安全性等要求，在逻辑上能高效地支持各种数据库应用。

逻辑设计的主要步骤如下。

① 生成初始的关系数据库模式。

② 数据库模式规范化，建立满足第3范式的关系模型。

③ 完整性和安全性的分析及性能评价。

(4) 物理设计。数据库物理设计的任务是在逻辑数据模型的基础上建立数据库的物理模型，为每个关系模式选择合适的存储结构和存取方法，实际地建立满足系统要求，可以安全高效运行，使用方便的数据库。选择具体的数据库管理系统，例如SQL Server 2005、Oracle、IBM DB2等，用SQL语句或编辑工具构建数据库。

数据库物理设计的主要包括以下内容。

① 根据系统安全性、使用的便捷性等要求划分数据库。

② 在物理介质上创建数据库。

③ 根据逻辑模型创建基本表，定义主键和外键。

④ 创建索引。

⑤ 创建视图。

⑥ 定义数据库管理员和用户并设置其操作权限。

⑦ 制定数据的备份和恢复方案。

2. 数据库的关键概念

正确理解和运用关系数据库的基本概念对于数据库的设计非常重要，其中主要包括以下一些概念。

(1) 关系(Relationship)。一个二维的数据“表”称为“关系”，关系数据库的“表”实际是描述各个实体之间的关系。

(2) 实体(Entity)。数据表的每一行表示一个实体，也称为记录。在表中不能有完全相同的两行记录。实体是客观世界中的人、物、有形和无形的对象。

(3) 属性(Attribute)。二维关系数据表的每一列称为一个属性，也称为字段或域。在标题栏中表示的就是属性的名称，在表中显示的则是各实体的属性值。有些属性值不可以为空。

(4) 键(Key)。可以唯一地标识和区分实体的一个或多个属性的组合称为键，也称为关键字、码。由多个属性组成的键称为联合键或复合键。一个关系可能不只一个键，都可称为候选键。实际选用作为健的属性称为主键或主码(Primary Key)。不包括在任何候选键中的属性称为非主属性。

(5) 外键(Foreign Key)。表示一个关系和另一个关系建立联系的属性，外键是另外一个表的关键字。

3. 规范化

关系数据库逻辑设计的过程就是关系结构的规范化过程，保证关系的结构优化。所谓的数据库结构优化主要表现如下。

(1) 减少冗余。数据冗余造成同样的数据多次存储，这样不仅造成存储空间的浪费，而且造成数据维护的极大困难。

(2) 保证数据一致性。数据冗余使得当需要修改某个数据时，必须修改所有涉及该数据的数据表文档，否则会造成数据的不一致性。

(3) 避免出现操作异常(主要对应于复合主键的情况)。

① 插入异常。当复合键的某一个属性无值时会导致整个记录无法插入。

② 删除异常。当删除复合键的一部分属性时会导致有用属性信息同时被删除。

有时为了应用的方便特别是数据的安全，必要的数据冗余也是需要的。对于一个优化的数据库结构设计，应该消除插入异常和删除异常并尽量减少数据冗余。

存在上述问题的原因就是在关系数据表中存在关系不够密切的数据项，实体之间的关系的密切程度可以用范式表达。为了实现数据存储结构的优化，必须对数据库进行规范化设计。在信息系统数据库的优化过程包括 3 个范式(Normal Form)等级。

① 第 1 范式(1NF)。每个属性都是单纯域(不可再分)，即每一个数据项都是单项，不能有组项(表中无表)。

② 第 2 范式(2NF)。每个非主属性都完全依赖于主码，即如果主码是复合主码则每一个非主属性都完全依赖于复合主码的每一项，而不是仅依赖于复合主码的一部分。

③ 第 3 范式(3NF)。每个非主属性都非传递地依赖于主码，即不存在非主属性依赖于另一个非主属性。

由第1范式到第3范式实际就是关系数据库结构的逻辑设计和优化过程。规范化的目标就是将关系最密切的数据项设计为一个数据表结构。规范化方法实际是表的分解操作，即将不符合范式规定的属性从原来的表分解出去，建立新表，直到满足范式要求为止。

4. E-R 图

数据库概念设计现在常采用P. P. Chen 1976年提出的实体联系数据模型的方法(Entity-Relationship Data Model,ERDM)，也称为实体关系(E-R)方法或E-R图法(Entity-Relationship Diagraph,ERD)。

(1) 基本实体联系类型。实体关系方法定义了3种基本联系类型，即1对1(1∶1)联系，1对多联系(1∶M)和多对多联系(M∶N)等。实体联系方法用实体联系图(E-R图)直观表示系统中的实体以及实体之间的联系。在E-R图中用矩形表示实体，用菱形表示联系，用连线连接实体和联系，并用数字或字母注明联系的类型。E-R图中字母都表示"多"的联系。基本的实体联系类型表达如图4-14所示。

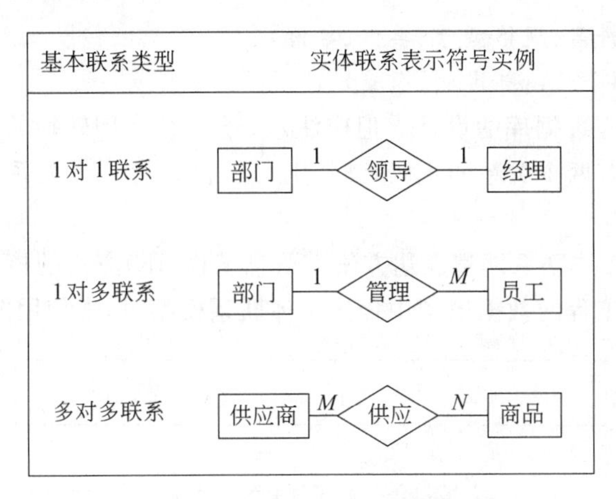

图4-14 基本的关系类型及符号表示

图4-14表示一个部门有一个经理领导，部门实体和经理实体之间是1对1的联系。每个部门管理多个员工，部门和员工实体之间是1对多的联系。每个供应商可以向公司供应多种商品，每种商品可以有多个供应商供应，因此供应商和商品实体之间的关系是多对多的联系。

(2) 绘制E-R图。绘制E-R图的步骤如下。

① 识别实体，用矩形表示。

② 找到实体之间的联系，用菱形表示。

③ 分析实体及关系的属性，用椭圆表示。

④ 确定属性主码，用阴影或加横线等方法标示。

图4-15为某企业材料管理信息系统中，生产计划和材料的实体联系图。

分别绘制各个部分的E-R图，然后将各部分的E-R图合并，查找并删除其中的冗余数据和联系，最后就可以由E-R图转换为实体联系模型。

转换时，一个实体可以转换为一个关系，实体的属性就是该关系的属性，实体的主键就是关系的主键。一个联系也可以转换为一个关系，与该联系相连的各实体的码，以及联系的属性可转换为关系的属性。该关系的码有以下几种情况。

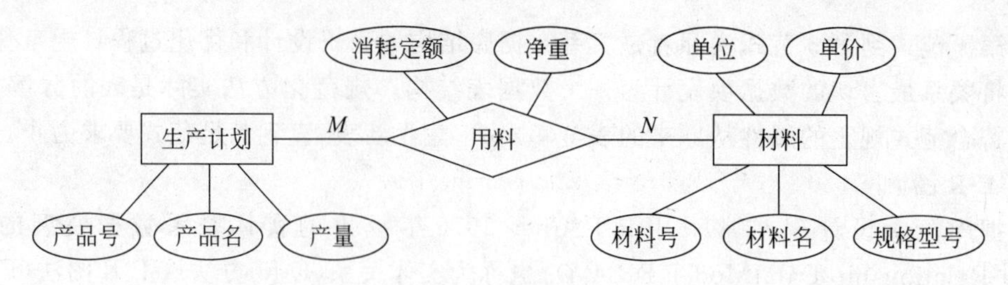

图 4-15　E-R 图实例

① 若联系为 1∶1,则所连接的各实体码均是关系的候选码。

② 若联系为 1∶N,则关系的码为 N 端实体的码。

③ 若联系为 M∶N,则关系的码为所连接的各实体码的组合。

例如上图所示的 E-R 图可以转换为下面的关系:

生产计划(产品号、产品名、计划产量)

材料(材料号、材料名、规格型号、单位、单价)

用料(产品号、材料号、消耗定额、净重)

这样就完成了对应数据库的设计。但应注意,通过 E-R 图转换的关系有时还需要整理和优化的过程。例如若两个关系的主码相同,则可以合并为一个关系等。实体联系模型有多种表示方法。

(3) 信息工程中实体联系模型表达方法。信息工程(IE)方法的核心是分析和建立系统的数据模型。在信息工程的数据模型中描述实体联系模型时,常使用图 4-16 所示的符号。

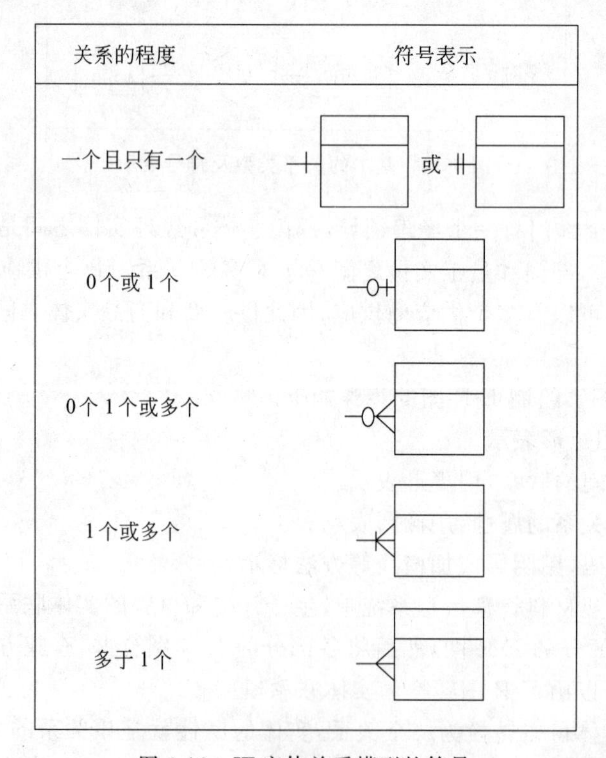

图 4-16　IE 实体关系模型的符号

使用面向对象的技术建立的数据模型的表达方法和上述表示又有所不同,可以参考相关的文献。

数据模型的建立是系统设计过程的中心环节,一旦数据模型建立好了,算法就像是瓜熟蒂落,编码也就比较容易了。其重要性正如 Brooks 在他的《人月神话》中强调的那样,“在给我看你的流程图而藏起你的表,我将仍然莫名其妙。如果给我看你的表,那么我将不再要你的流程图,因为它们太明显了。”

4.4.3 代码设计

在这里,代码是指为实体设计的一种标识方法。代码设计的任务是为信息系统中的每一种实体(例如商品、供应商等)设计具有明确意义且唯一的标识。

在信息系统设计中使用代码的好处如下。

① 便于计算机程序的处理,例如统计、排序等。

② 便于数据的检索和存储,节省存储空间。

1. 代码设计的一般原则

代码设计的一般原则如下。

(1) 符合现有标准,其选择顺序一般是国际标准、国标、行业标准、企业标准。

(2) 具有唯一性。

(3) 直观、逻辑性强、短小、便于记忆。

(4) 具有可扩充性。

2. 代码设计的主要方法

代码设计的主要方法有顺序编码、重复编码、成组编码、专用编码和组合编码等。

(1) 顺序编码。最简单的编码方法。按数字或字母的顺序给实体编码,缺点是缺乏逻辑性和直观性,意义不明显。

(2) 成组编码。给每一类实体一定的代码空间,在这个空间内再给每一个实体顺序编码。

(3) 十进制编码。用若干十进制位数字串表示编码,该数字中的每一位或若干位数字分别表示实体的某种规格代码。例如身份证号码,就是一串十进制数字,分成几组分别表示办证地点、出生年月、性别等信息。

(4) 组合编码。由几种简单码组合而成的编码方法。并且可以同时有数字和字符。

在信息系统中,变量、数据库、程序模块等命名也应是规范化的,便于阅读和系统维护。

3. 代码的校验

代码是数据的重要组成部分,其正确性会影响系统的质量。为了验证输入代码的准确性,常常要在代码本身的基础上加上“校验位”,使它成为代码的一个组成部分。校验码是根据实现规定好的数学方法及代码本身计算出来的。

4.4.4 计算机网络设计

网络是现代信息系统的基础设施和运行基础。计算机网络设计和建设涉及网络拓扑结构和网络硬件设备等多项内容。这些设备占了信息系统硬件投资的绝大部分,所以设计时应该格外慎重。

1. 计算机网络结构设计

网络结构设计主要包括以下内容。

(1) 网络拓扑设计。

(2) 两层结构和三层结构。

(3) 网络协议。

(4) 有线和无线网络的选择和连接。

(5) 网络设备选型。

(6) 内部网络如何接入因特网。

2. 硬件、软件系统配置原则

网络结构设计的原则是标准化、主流性、实用性等,以便使系统获得尽可能长的生命周期。网络技术指标的确定、硬件型号选择不能太早,应该根据系统设计的结果进行网络设计。硬件和软件服务于应用,应该根据系统功能要求进行规划、然后通过招标的方式选购。硬件设备选择的主要原则如下。

(1) 先进性。主流、易扩充、售后服务完善。

(2) 配套性。和原来的设备尽可能兼容。

(3) 经济性。高的性能价格比。

(4) 易操作性。使用方便、高效。

4.4.5 系统详细设计

系统详细设计的主要任务是完成用户界面设计、处理功能模块等物理设计。具体解决"如何做"的问题。

1. 用户界面设计

用户界面是信息系统和用户的接口,是信息系统完成输入和输出的端口,直接影响用户对系统的感觉、效率和功能,因此是很重要的设计环节。过去由于开发工具的落后,常常使得用户界面的开发占到系统开发工作量的一半甚至更多。目前,信息系统用户界面设计的趋势是基于 Web 的界面设计。这样做的好处是在客户端不需要安装其他的应用软件,同时简化培训工作、降低培训成本。另外,大量可视化设计工具的应用也大大简化了用户界面的设计。

用户界面设计应遵循的原则如下。

(1) 规范化,统一的风格、模式。

(2) 图形化、友好的操作界面,接近真实的单据和报表格式,尽量符合用户的操作习惯。

(3) 人性化、操作简便,例如使用提示、选择列表和自动校验等功能,尽量减少用户的键盘操作,还可以减少出错的概率。

(4) 必要的提示以及完整、方便的帮助信息。

图 4-17 为用友 ERP/U8 的输入、输出操作界面。

2. 处理过程设计

信息系统中处理过程是通过计算机程序实现的。为了提高开发效率,便于实施和测试并提高可维护性,信息系统处理程序一般都采用模块化结构。

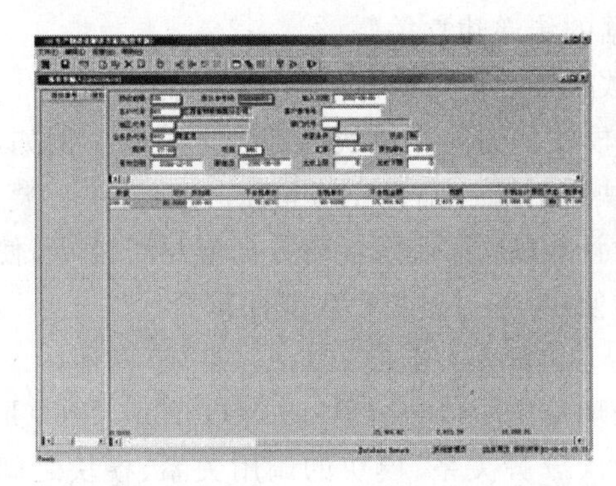
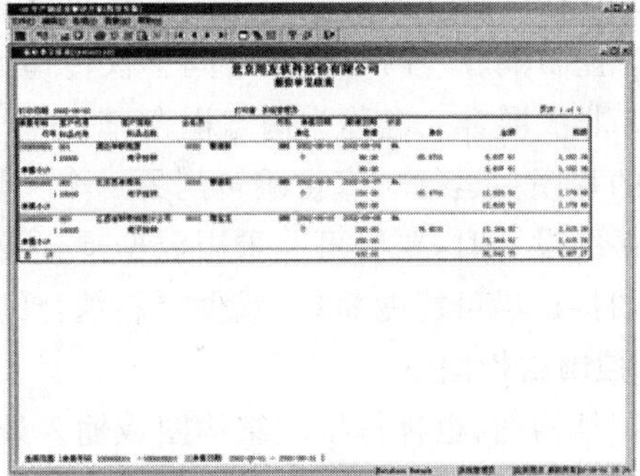

图 4-17　用友 ERP/U8 的界面设计

(1) 模块化结构。

① 模块。对应某一处理功能、相对独立的程序代码段。

② 设计方法。自顶向下、逐步求精。

③ 模块结构的种类。只包括顺序结构、选择结构和循环结构 3 种，可以实现任意复杂的处理逻辑。

(2) 模块分解一般原则。

① 高内聚(Cohesion)。一个模块内部的程序语句尽可能对应单一的处理功能。

② 低耦合(Coupling)。模块之间的耦合关系应尽量简单，而且只包括数据耦合。

③ 程序模块的大小适当。

3. 模块的凝聚

模块的凝聚度(Cohesion)是衡量一个模块内部自身功能的内在联系紧密程度的指标。凝聚度高的模块独立性强，模块之间关联较弱，可以使程序维护比较方便。因此，应该使模块的凝聚度尽可能高。按照模块凝聚程度由低到高一般分为 5 级。

(1) 偶然凝聚。模块内部的各组成部分彼此无关，偶然地组合在一起。

(2) 逻辑凝聚。模块内部各组成部分的处理逻辑相似，但功能彼此并不相同，例如将所有的输入操作都放在一个模块中。

(3) 时间凝聚。将执行的时间彼此有关的处理放在一个模块中。

(4) 数据凝聚。模块中的处理按顺序执行，而且前一项处理的输出数据是下一项处理的输入数据。

(5) 功能凝聚。一个模块中的程序只执行一个单一的功能。

一般情况下，模块的功能凝聚模式是设计模块的最佳选择。

4. 模块耦合

信息系统是由各个模块及模块之间的联系构成的。模块耦合(Coupling)是对模块和模块之间联系的紧密程度的一种描述。模块之间的耦合太强，就意味着模块之间需要交换很多数据甚至控制信息。这样，一个模块的修改就会影响相关的多个模块的变动，模块之间的这种相互影响称为“波动效应”。

显然模块之间过强的耦合会形成“牵一发而动全身”的混乱局面，对系统的维护造成很大困难。因此，希望系统中模块之间的耦合度尽可能的低，使模块的独立性尽可能强，便于系统的维护和管理。模块的耦合度由低到高可分为 3 级。

(1) 数据耦合。两个模块之间只通过数据的传递建立关联。

(2) 控制耦合。两个模块之间不仅传递数据,而且传递程序运行的控制信号。

(3) 非法耦合。也称为病态耦合,即一个模块和另一个模块内部发生关联。例如,一个模块中的程序在运行时直接跳转到另一个模块中的某一个程序语句处。

在系统设计时,要尽可能采用数据耦合设计模块,而且耦合的数据应尽可能少,使得模块之间的接口尽可能能简单,减少控制耦合的使用,绝对避免产生非法耦合。

5. 控制结构图

控制结构图,也称作模块结构图或输入处理输出图(Input Process Output,IPO)是描述系统物理结构的重要工具,可以表示系统的层次分解关系、模块的调用关系、模块之间的数据流和控制信息流的传递关系。系统控制结构图是系统详细设计的产物,以便作为后面程序设计的蓝图。控制结构图的绘制也是遵循"自顶向下,逐层分解"的结构化过程。

控制结构图中用到的图形符号如图 4-18 所示。

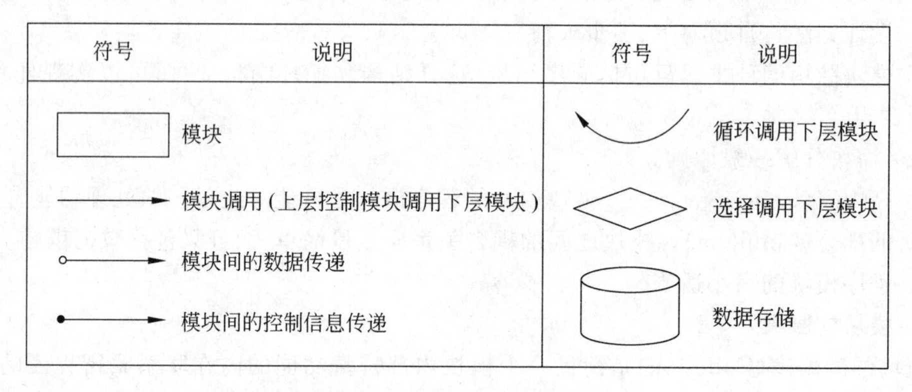

图 4-18 系统控制结构图符号

绘制系统控制结构图的基本依据是系统分析阶段产生的数据流程图。可以直接将上层的数据流程图映射为上层的控制结构图。在映射时,DFD 中的"数据处理"映射为控制结构图相应层的"模块"。将 DFD 图数据处理的输入和输出数据流分别映射为模块的输入和输出数据流。底层模块的分解一方面要参照数据流图的结构,另一方面还要按照模块分解的原则,尽可能做到高内聚、低耦合。凡是不符合此原则的模块需要进一步分解。根据模块凝聚的类型不同,可以采用两种不同的分解方式。

(1) 以转换为中心结构的分解。对于数据凝聚的模块,即包含若干顺序执行并且对某些数据进行转换处理的模块,可以进一步分解为输入、处理和输出 3 个下层模块。

(2) 以业务为中心结构的分解。对于逻辑凝聚的模块,即要处理几项逻辑上相似的业务,可以将其进一步分解为"业务类型选择"和一个"调度执行"两个子模块。根据业务类型的不同,分别调用相应的再下层子模块。

图 4-19 为信息系统局部控制结构图的实例。

4.4.6 系统设计阶段的成果

系统设计阶段的主要成果是系统设计说明书文档。系统设计说明书应包括以下主要内容。

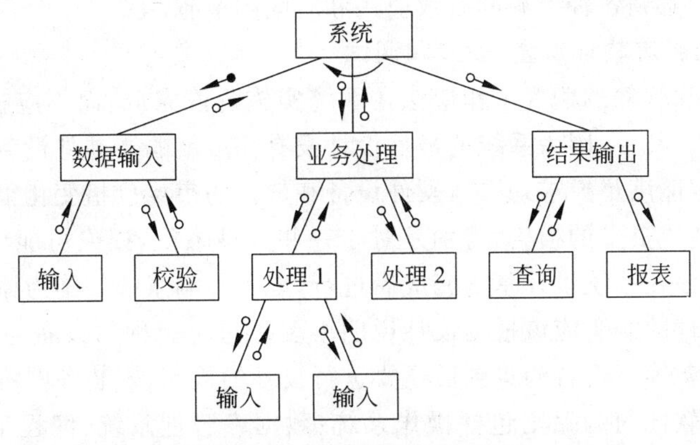

图 4-19　控制结构图的实例

(1) 控制结构图及每一模块详细说明。

(2) 数据库设计说明。

(3) 计算机和网络系统设计说明。

(4) 代码设计说明。

(5) 用户界面设计说明。

① 图形化用户界面(GUI)窗口设计。

② 网页设计。

(6) 计算机处理过程说明。

(7) 实施费用估计。

系统实施方案也可以包括多个,每一种方案的配置、结构和费用等有所区别,以便提交主管部门审批。系统设计说明书是下一阶段系统实施的唯一依据。

4.5 系统实现

系统实现就是将系统设计阶段的技术设计结果转变为实际可以运行的物理系统,就像按照设计蓝图建造真正的大厦。

4.5.1 系统实现阶段的任务

信息系统实现阶段包括根据系统设计阶段产生的系统控制结构图、数据库设计、系统配置方案等详细设计资料完成系统程序设计、调试、系统切换以及为了使系统有效运行的需要做的其他一系列工作。

4.5.2 信息系统实现的准备工作

系统的开发工作大量的是在实验室进行的,要建设真正可以运行的信息系统还需要做大量的准备工作,例如硬件设备购置和安装、购买系统软件、准备数据、人员培训等。

1. 制定实现计划

系统实现阶段涉及的人员、部门多,工作的内容类型多,因此为了使实施过程高效有序,必须制定高质量的系统实施计划,通过甘特图或工程网络图等形式安排实施过程各环节的工作和人员的调配，达到各种资源的有效应用和时间的节省。

2. 硬件设备及系统软件购置、安装和调试

大量硬件设备和软件的购置工作应该在系统实施阶段完成，而不应在系统分析阶段刚刚开始就仓促进行。其一，因为系统的最后设计没有完成就购买硬件设备，肯定会造成很大的浪费、并且不一定能满足要求；其二，硬件设备和软件的市场价格变化很快，技术发展也很快，过早的购买会造成资金的损失，特别是对于一些大型系统，损失可能十分巨大。因此硬件的购买和安装应该在系统设计基本完成后进行，以不影响系统实施为原则。

硬件设备和软件的购买应该根据设计说明书要求进行。硬件设备包括网络设备、计算机以及其他外部设备等。设备购买到后还要进行设备的检测、安装和网络的施工、系统调试等多项工作。系统软件的购置则包括操作系统、数据库管理系统、编程工具、开发平台等。硬件和软件的选择原则在满足系统设计要求的前提下，尽可能选择主流、性能价格比较高而且技术成熟的产品。合理地选择硬件和软件对于实现系统功能、降低系统成本以及系统的扩展都有很重要的影响。

硬件和软件系统可以通过招标的方式购置，招标、投标和选标(竞标)等环节都应按照系统实施的计划有序组织。

3. 数据的准备

无论原来的系统是手工系统还是计算机系统，建立新的信息系统时，都首先需要将原来的固定数据、历史数据和初始数据等按照新系统数据模型的要求输入到新系统中，因此事先必须认真做好数据的准备工作。这是一项非常细致的工作，这里不仅是一个数据录入的过程，还包括对原始数据的检验、整理和补充等大量工作。

4. 人员的培训

新系统的运行涉及企业和组织的大多数员工工作方式的变化。因此人员的准备和培训也是保证新系统正常工作的基础性工作。这些工作包括以下几方面。

(1) 职工的全员培训。

(2) 系统管理人员的培训。

(3) 对于部分需要调整的员工的培训和工作的重新安排等。

人员的培训除了技术培训外，还包括对信息系统功能的认识和思想的转变，将各种抵触情绪降到最低，这是信息系统真正获得效益的关键之一。同时还要根据信息系统的要求对企业的业务流程作必要的调整并建立新的规章制度。

4.5.3 程序设计

程序设计阶段的主要任务是根据系统设计阶段产生的文档和处理过程说明，使用系统规定的开发环境和语言工具编写源程序，实现文档规定的技术要求。对于程序设计有一些基本要求。

1. 正确性

这是对程序设计的最基本要求和衡量程序质量的第一标准。正确性的具体要求包括正确使用编程工具，没有语法和语义错误；满足系统设计要求的功能等。在正确的基础上，还要尽可能灵活运用编程语言和工具，提高程序的技术质量，例如提高运行速度、减少计算机和网络资源消耗等。

2. 可读性

这是高质量程序的标志之一。只有具有可读性的程序才有助于系统的维护。可读性是通过良好的程序结构、清晰的格式以及尽可能详尽的注释等实现的。程序的可读性和可维护性是联系在一起的,因为系统的开发者和将来的维护管理者一般不是同一些人,如果程序很难读,则会造成维护的极大困难,也会大大影响系统生命周期。

3. 可维护性

系统维护是系统生命周期中重要的阶段,因此可维护性就成了程序开发的重要质量标准之一。可维护性表现在程序便于查错、排错的测试工作,尽可能方便程序为了不断满足用户的新需求和适应环境的变化所必须作的程序的修改、扩充等维护工作。这就要求系统有良好的结构,采用模块化、组件等技术,提供完备的开发说明文档等。

4.5.4 系统测试

虽然在结构化方法的每一个阶段都经过了认真的规划和检测,但仍然不能完全避免错误的存在。系统设计出现错误的原因不一定完全是技术问题,例如沟通不够,对文档的理解有偏差等原因都可能造成错误。因此,系统测试是系统投入正式运行前不可缺少的验收和保证工作。没有经过测试的系统不能认为是开发完成的系统。

1. 可能的错误类型

在程序设计中可能存在多种类型的错误,针对不同类型的错误需要采用不同的测试方法。可能出现的错误主要有以下几种类型。

(1) 编程错误。语法、语义、处理逻辑、程序文档等的错误。

(2) 数据错误。数据结构、实体、属性等错误。

(3) 处理逻辑错误。判断、调用逻辑的错误,计算方法的错误等。

(4) 功能错误。包括逻辑、接口和调用错误等。

(5) 系统错误。模块之间接口、系统和外部接口的错误以及系统功能的错误。

这些错误的测试一般通过以下的测试方法和测试过程得以解决。

2. 系统测试方法

系统测试有多种方法,并分为不同的等级,实现对不同问题的测试,达到不同的目的。不同的测试方法反映了不同的测试目标和测试阶段的任务。信息系统测试的方法主要有以下几种。

(1) 黑盒法。也称作功能测试。即将系统看作一个黑盒子,不考虑系统内部的结构和特性,只测试系统的外部特征。测试的方法是,根据系统要求给定的输入数据,检测系统是否能产生系统要求的输出。

(2) 白盒法。重点是测试系统内部的结构是否正确,即监测系统内部的每一个处理环节的设计是否正确。测试的方法是按照系统的处理过程和处理逻辑逐段进行测试。

(3) α 测试。在实验室内按照系统设计要求完成的全部测试工作。实验室的条件和用户的使用环境肯定存在差别,有些问题难以发现。

(4) β 测试。按照用户使用的实际条件,由用户在真实应用环境下完成的测试。

3. 系统测试过程

信息系统的测试过程也是结构化的过程,即由简单到复杂、由模块到系统、由开发人员到用户分为不同的阶段，保证测试的有序和高效。系统的测试过程也称为系统的调试。完整的系统测试过程一般要经过以下几个步骤。

(1) 单元测试。也称为模块测试，即以模块为单位，测试模块的处理逻辑、输入输出功能以及接口是否正确。单元测试可以利用设置断点或单步执行等方法进行调试。

(2) 子系统测试。也称作模块联调，即将由多个模块组成的子系统为单位进行测试。这时测试的重点在于模块之间的接口的正确性和子系统的功能。

(3) 系统测试。也称作系统联调，将整个信息系统作为测试单位。这时测试的重点在于各个子系统之间的连接和整个系统的功能是否实现了设计要求。

(4) 验收测试。也称为用户验收，即在真实的运行环境下，和用户在一起完成的最终验收测试。测试系统是否实现了系统规划和合同书所规定的功能并测试系统的性能指标等。

为了能尽可能快速、完全发现问题，在测试过程中测试方法的设计和数据的选择是非常重要的，需要很高的专业水平。例如在选择测试数据时除了应该考虑到正常、标准的数据类型和格式外，更需要测试在输入异常数据、或出现非法操作时系统的性能。系统对错误数据和操作应保持不宕机、不崩溃，并给出详尽的提示，这就要求系统应该具有足够的容错能力。另外，数据的数量以及运行测试的时间长短和次数多少都需要周密考虑。在不同的测试阶段可以使用不同的测试方法。

4.5.5 系统切换

系统切换的含义是当系统经过充分的测试和修改后，由原来的系统转换为新系统的过程。系统的切换存在很大的风险，因此不能将系统的切换理解为一个简单的系统替代过程。要根据系统的实际情况选择正确的切换策略，才能减少风险，保证新旧系统的转换过程平稳进行。系统切换的常用方法主要有 3 种：直接切换、并行切换和分段切换等。

1. 直接切换

直接切换就是在某一个时刻，将原来的系统直接切换到新系统，中间没有过渡阶段。这种切换方式简单、费用低，但是风险较高，适合于对系统相对简单、规模较小或失败风险不太高的系统进行切换。

2. 并行切换

并行切换的方式是在完全切换到新系统前，新、旧两个系统有一段并行运行的阶段的切换方式。显然，这样的切换方式风险比较小，适合于不能停止运行的重要系统，或者对新系统把握不是很大的系统切换。但是，这种切换需要较高的切换费用，能提供新、旧系统同时运行的场地、设备以及管理人员。

3. 分段切换

分段切换也称为逐步切换，实际是上述两种切换方式的综合。即将系统切换分为几个阶段，每一个阶段实现一部分系统的直接切换，最终完成整个系统的切换。这种方法既降低了全部直接切换的风险，也在一定程度上节省了完全并行切换的费用。这种方式适合于大型系统，成熟一部分，切换一部分，但必须认真处理分段切换的接口。

如果公司规模很大，可以采取试点的方法，即在一个分公司或一个部门对新系统先通过实验，积累经验，然后再在其他部门或分公司推广。总之，具体采用哪种切换方式应取决于系统的实际情况，例如系统的规模、复杂程度、风险大小等因素。

上述 3 种信息系统切换方法的过程和比较如图 4-20 所示。

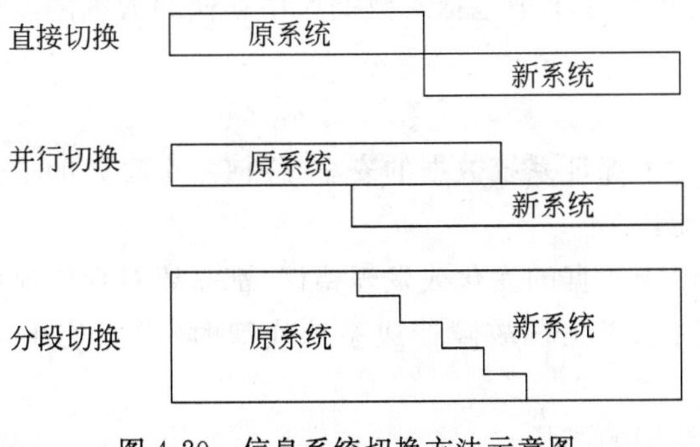

图 4-20 信息系统切换方法示意图

4.6 系统维护和评价

系统投入运行后，还有两件事非常重要，那就是系统的维护和评价。系统维护是为了保证系统的正常运行而进行的工作；而系统评价则是检验系统是否达到规划的目标而进行的全面评价和分析。系统评价是信息系统开发不可缺少的环节，是系统开发的效果的评价、总结，也是未来新系统开发的基本依据。

4.6.1 系统维护和管理

信息系统维护是系统投入运行后进行的一项活动，其目的是保证信息系统正常、可靠地运行，尽可能延长系统的生命周期，最大程度发挥信息系统的作用，为企业或组织带来预期的效益。因此信息系统的管理和维护是非常重要的工作。

1. 系统维护的重要性

按照系统的观点，信息系统维护在系统生命周期中的作用是引入系统负熵，即不断克服信息系统在运行中出现的问题，使系统具有更长的生命周期，从而使企业和组织从信息系统中获得更大的投资回报。据统计，信息系统的系统维护的成本占总投入的 80%，是系统生命周期中资金和人力投入最多、持续时间最长的重要一环。很多事实都证明，对于信息系统而言 3 分开发 7 分管理。这也说明维护管理对系统正常运行和取得效益的重要性。

2. 系统维护的主要任务

按照维护的对象不同，信息系统维护工作主要包括应用软件维护、数据维护、代码维护、硬件设备维护等 4 项内容。

(1) 应用软件维护。

① 正确性维护。也称为纠错性维护，纠正在系统测试中没有发现的逻辑和程序错误。

② 完善性维护。增加系统功能，更大程度满足用户的需求，使得系统更加完善，这是主要一类维护工作。

③ 适应性维护。维护适应环境的变化对系统功能进行的增加或删除，以便更好地适应环境对系统新的需求。

④ 预防性维护。基于对市场等因素的分析，为了使系统能有较长的生命周期而作的前

瞻性的维护工作。

(2) 数据库维护。数据库维护包括对数据库中存储的数据的维护以及数据库安全和结构的维护等内容。

① 数据维护。

- 数据的备份。为了保证系统数据的安全,任何一个重要的信息系统都必须具备数据自动备份的功能。
- 数据的更新。由于数据的变化或发现错误,都需要对数据库中的数据进行更新。
- 数据的恢复。当系统出现故障造成系统崩溃时,需要使用备份的数据进行数据的恢复。

② 数据库安全和结构的维护。

- 用户的管理和维护,增加、删除用户,修改用户密码或权限等。
- 由于环境和需求的变化,有可能需要改变数据库的逻辑结构,需要增加或删除数据表、增加或删除数据项、改变数据项的类型等。

(3) 代码维护。根据环境和需求的变化对系统代码进行必要的增加、删除和修改等操作。

(4) 硬件设备维护。主要是对网络、计算机和各种附属设备的维护、管理、维修、更换和升级等,保证硬件系统的正常运行是系统运行的基础。

系统管理主要是指系统运行中的日常管理工作,是保证系统正常运行必不可少的重要工作,诸如建立管理的组织、章程、制度,明确管理人员的职责和记录运行日志等。关于信息系统管理的其他详细内容可参见第8章。

4.6.2 系统评价的目的和任务

信息系统的评价可以分为系统目标功能评价、系统性能评价和系统经济效益评价等3个方面。系统评价是对前面所有工作的总结,评价的结果可以作为系统审计的重要内容之一,也是系统维护和进一步改进的依据。因此,系统评价是系统生命周期中的一个重要环节。

1. 目标评价

目标评价的主要工作是按照系统规划的总体方案提出的目标要求,从系统实现功能的角度逐一检查是否完全达到了目标。这种评价必须和用户共同完成,检查信息系统的实际运行情况,调查用户对系统的满意程度。主要包括以下评价内容。

(1) 开发目标是否实现。

(2) 功能是否满足用户需求。

(3) 用户满意程度。

2. 性能评价

性能评价主要从技术的角度判断信息系统的技术性能是否满足规划的要求。主要包括以下性能评价的指标。

(1) 稳定性、可靠性、可维护性。

(2) 安全性、容错性。

(3) 响应时间。

(4) 使用效率等。

3. 经济效益评价

信息系统的经济效益评价主要从经济的角度分析系统是否达到了规划提出的效益指标。对那些可以直接计算的直接经济效益应该给出具体量化的指标数据，举例如下。

(1) 效益增长率。

(2) 投资回报周期。

(3) 投资回报率。

对于那些难于量化计算的所谓间接经济效益，应该给出实事求是的分析。例如提高管理效益和决策质量等。

小　结

结构化方法是目前仍然比较广泛应用的系统开发方法之一。结构化方法主要分为系统规划、系统分析、系统设计、系统实施和系统维护、评价等5个主要的阶段。本章按照结构化方法的生命周期，详细介绍了结构化信息系统设计方法的阶段、步骤、方法和要求。

1. 本章学习目标

本章是实践性极强的学习环节，通过本章学习应达到以下目标。

(1) 熟悉结构化系统开发方法的实施过程。

(2) 熟练掌握结构化开发方法使用的各种工具。

(3) 能够使用结构化方法和相应的开发工具开发信息系统。

2. 本章主要内容

结构化信息系统开发方法也称为瀑布法，其特点是每一步开发的任务、目标和结果都有严格的规范、标准和控制。目的是减少重复和避免错误。结构化方法主要分为系统规划、系统分析、系统设计、系统实施和系统维护、评价等5个主要的阶段。本章介绍了很多结构化系统开发中使用的工具。但应该记住，结构化方法并不是一套呆板的教条，也是在不断发展的。开发方法和工具服务于开发目标，要根据实际系统的规模、复杂程度等特点选择相应的开发工具和应用方法，切不能拘泥于定义、方法等。

信息系统规划实际是一个小型的系统分析和概念设计过程。系统规划阶段主要的任务是在对系统资源和环境进行初步分析的基础上，明确信息系统的目标和范围，确定系统的初步方案，并对系统方案的可行性进行分析，以便决定是否开始信息系统的开发。系统初步方案和可行性分析是系统规划阶段的主要任务之一。

信息系统分析是信息系统开发的关键阶段，也是本章的重点之一。其主要工作是对现行系统的业务流程和新系统的信息需求进行详细的调查，然后在此基础上进行分析研究，并最终给出信息系统的逻辑模型。系统分析是由业务流程分析入手，抽象出系统的逻辑模型作为系统设计的基础。系统分析阶段最主要的成果就是新系统的逻辑设计说明。其中主要包括原系统的状况和主要问题，新系统目标，信息系统的需求以及新系统逻辑设计。新系统的逻辑设计是以DFD、数据字典、数据存储分析和各功能处理逻辑等工具描述的新系统逻辑模型。

信息系统设计阶段的主要任务是根据已经批准的逻辑方案设计信息系统的物理实施方

案。信息系统分析阶段解决了新的信息系统要“做什么”的问题，系统设计阶段就是要解决系统“如何做”的问题，最终设计出切实可行，符合企业实际情况和要求的信息系统。系统设计包括总体设计和详细设计两部分。系统设计阶段的主要成果是系统设计说明书文档。

系统实现就是将系统设计阶段的技术设计结果转变为实际可以运行的物理系统。信息系统实现阶段包括根据系统设计阶段产生的系统控制结构图、数据库设计、系统配置方案等详细设计资料完成系统程序设计、调试、系统切换以及为了使系统有效运行所需要做的其他一系列工作。

系统投入运行后，还有两件事非常重要，那就是系统的维护和评价。系统维护是为了保证系统的正常运行而进行的工作；而系统评价则是检验系统是否达到规划的目标而进行全面的评价和分析。系统评价是信息系统开发不可缺少的环节，是系统开发的效果的评价、总结，也是未来新系统开发的基本依据。

3. 重要术语

系统规划	代码	黑盒测试
系统总体方案	关系	白盒测试
可行性分析	关键字(主键、主码)	α测试
详细调查	外键	β测试
联合需求规划法(JRP)	候选键	模块测试
系统分析	属性	系统联调
数据分析	第1范式	系统评价
PIECES框架	第2范式	系统切换
功能分析	第3范式	直接切换
数据流程图(DFD)	实体关系图(ERD)	并行切换
范围图(环境图)	控制结构图	分段切换
顶层图(零图)	模块	正确性维护
底层图	凝聚	适应性维护
数据字典(DD)	耦合	完善性维护
系统设计	系统测试	系统评价
系统结构		

习题与实践

一、习题

1. 结构化信息系统开发方法分为哪几个主要阶段?
2. 复习本章的内容，分析结构化方法的特点。
3. 为什么要进行信息系统的规划?
4. 系统规划阶段的主要任务是什么?
5. 如何制定信息系统的初步方案?
6. 可行性分析的主要内容是什么?
7. 可行性分析的结论一定可行吗? 为什么?

8. 信息系统分析阶段的主要任务是什么？

9. 详细调查的主要方法有哪些？

10. 联合需求规划法(JRP)有哪些优点？

11. 数据流程图为什么得到广泛应用？

12. 如何实现数据流程图的逐层分解？

13. 范围图的主要功能是什么？

14. 数据字典的作用是什么，主要包括哪些具体内容？

15. 用决策树和判定表分别描述一个处理过程。

16. 数据库设计包括哪几个阶段？

17. 什么是数据库结构的优化？

18. 检查图 4-9 所示的病态 DFD 图各存在什么问题？

19. 为什么要对数据库进行规范化处理？

20. 举例说明什么情况下会造成数据库的删除异常和插入异常？

21. 系统控制结构图和数据流程图有什么联系和区别？

22. 系统总体设计包括哪些内容？

23. 按照系统观点分析信息系统的维护和管理对信息系统有什么重要意义？

24. 如果程序经过一组数据的测试和一次运行的成功，能否说明程序是正确的，为什么？

25. 如何对信息系统进行评价，为什么要进行评价？

二、实践

1. 调查学校或系里学生成绩管理流程，画出对应的数据流程图。

2. 根据系里学生成绩管理流程绘制相应的实体联系图，并完成相应的数据库设计。

3. 用结构化方法开发一个简单的信息系统。

4. 召集一个调查会，使用 JRP 法调查所需要的信息需求。

第 5 章　面向对象的系统开发方法

虽然已经有了结构化等信息系统开发方法，但与高效率、自动化系统开发的目标相去甚远。人们仍在探索更好的系统开发方法。面向对象的系统开发方法就是在这种探索中产生的一种方法，也是目前信息系统开发的主流方法之一。

面向对象的方法是从问题模型开始，识别对象、不断细化的过程。心理学的研究已经表明，把客观世界看成是由许多互相关联的对象组成更接近人类的自然思维方式。另外，面向对象的开发也支持、鼓励软件工程实践中的信息隐藏、数据抽象和封装，这使得软件易于重用、修改、扩充和维护。本章主要介绍面向对象系统开发方法的特点，基于面向对象方法的统一建模语言以及利用统一建模语言的统一开发过程。

本章主要内容：

(1) 面向对象的系统开发方法的特点。

(2) 统一建模语言 UML。

(3) 统一系统开发过程 UP。

5.1　面向对象系统开发方法的特点

面向对象的系统开发方法是在传统开发方法基础上发展起来的，是面向对象的程序开发方法在信息系统开发中的应用。其目的是克服传统开发方法的弱点，提高系统开发和维护效率，最重要的是提高所开发系统的质量，更好满足用户的系统需求。

1. 结构化方法的局限性

结构化方法表面看起来严格、精确，但用此方法往往难以开发出满足开发者和用户要求的信息系统。结构化系统开发方法的局限性主要表现在以下一些方面。

(1) 传统的结构化方法最致命的缺陷是难以准确确定系统的信息需求。

(2) 实际开发的系统难以真正满足用户需求。

(3) 开发周期长，效率低。

(4) 软件难以重用。

(5) 软件维护困难。

2. 面向对象系统开发方法的特点

与结构化方法的局限性相比较，面向对象的方法有以下明显的优点。

(1) 更符合人们认识事物的思维方式，例如对象、类的概念反映了由特殊到一般的思维模式，而类继承的概念反映了由一般到特殊的思维方式等。

(2) 利于软件的部件化和标准化。

(3) 一定程度上体现了可视化开发过程。

(4) 实现软件可重用，提高系统开发效率。

(5) 实现了数据和过程、数据与算法的融合。

(6) 考虑的是“做什么”,而不是“怎么做”。

(7) 容易与用户沟通,从而确定系统需求。

(8) 采用自下而上的设计方法,先产生各种部件,然后由部件做成框架,进而产生整个应用程序。

(9) 开发的系统更易于使用、维护和扩充。

信息系统的开发关键是系统建模,不同的开发方法,实际使用了不同的识别、描述对象系统和建立系统模型的方法。在面向对象系统开发方法中,目前用得最多的系统建模工具就是统一建模语言(Unified Modeling Language,UML)。

5.2 统一建模语言 UML

统一建模语言(UML)是一种汇集了多种面向对象建模技术的精华而发展起来的,是具有可视化(Visualizing)、详述(Specifying)、构造(Constructing)和文档化(Documenting)等特点的软件开发的统一语言。它可以支持从需求分析开始的面向对象的系统开发的全过程。1997 年 11 月就已经被作为面向对象技术开放的工业标准建模语言。

5.2.1 UML 的定义

UML 是一种建模语言,是一种标准的表示,而不是一种方法(或方法学)。方法是一种把人的思考和行动结构化的明确方式,方法需要定义软件开发的步骤,告诉人们做什么,如何做,什么时候做以及为什么要这么做。UML 的重要性在于表示方法的标准化,有效地促进了不同背景人们的交流,有效地促进软件设计、开发和测试人员的相互理解,为不同领域的人们提供了统一的交流标准。

作为一种建模语言,UML 的定义包括 UML 语义和 UML 表示法两个部分。

(1) UML 语义。UML 语义描述基于 UML 的精确元模型定义。元模型为 UML 的所有元素在语法和语义上提供了简单、一致、通用的定义性说明,使开发者能在语义上取得一致,消除了因人而异的其他表达方法所造成的影响。此外 UML 还支持对元模型的扩展定义。

(2) UML 表示法。UML 表示法定义 UML 符号的表示法,为开发者使用这些图形符号和文本语法,及系统建模提供了标准。这些图形符号和文字所表达的是应用级的模型,在语义上它是 UML 元模型的实例。

UML 和面向对象方法的关系主要表现在以下几方面。

① 1994 年以前有上百种面向对象的建模语言,UML 作为这些语言的统一标准。

② UML 是用面向对象方法进行系统开发的工具。

③ UML 比一般的 OO 软件应用范围更广泛。

5.2.2 “统一”的含义

UML 被称为一种统一建模语言,在这里“统一”包含了丰富的含义,例如工具、方法、过程等的统一。具体体现在以下几方面的统一。

(1) 贯穿整个的信息系统开发生命周期。

(2) 整个应用领域(从嵌入式系统到决策支持)。

(3) 独立于语言和平台。

(4) 支持很多软件工程过程。

(5) 内部应用上保持一致和统一。

(6) 从历史上统一了多种 OO 语言。

在多种面向对象建模方法流派并存和相互竞争的局面中,UML 树起了统一的旗帜,使不同厂商开发的系统模型能够基于共同的概念,使用相同的表示法,呈现一致的模型风格。而且它从多种方法中吸收了大量有用的建模概念,使它的概念和表示法在规模上超过了以往任何一种方法,并且提供了允许用户对语言做进一步扩展的机制。当然,随之而来的问题就是它的复杂程度也远远超过了以往的任何一种方法,它过于庞大和复杂,用户很难全面、熟练地掌握它。实际上,大多数用户在某个具体信息系统项目的开发中常常只使用它极少部分的概念和方法。

5.2.3 UML 的发展阶段

UML 建模语言的演化过程,可以按其性质划分为以下几个阶段。

最初的阶段是专家的联合行动,主要由 3 位最著名的面向对象方法学家 Booch、Rumbaugh、Jacobson 将他们各自的方法结合在一起,并在精心比较不同的建模语言优缺点及总结面向对象技术应用实践的基础上,根据应用需求,取其精华,去其糟粕,求同存异,统一建模语言,形成了 UML 0.9。

后来,由十几家公司组成的“UML 伙伴组织”将各自的意见加入 UML,形成 UML 1.0 和 UML 1.1,并作为向“对象管理组织”OMG(一个面向对象行业标准化组织)申请成为建模语言规范的提案。1996 年,一些机构将 UML 作为其商业策略已日趋明显。UML 的开发者得到了来自公众的正面反应,并倡议成立了 UML 成员协会,以完善、加强和促进 UML 的定义工作。

OMG 于 1997 年 11 月正式采纳 UML 1.1 作为建模语言规范,然后成立任务组进行不断的修订,并产生了 UML 1.2、UML 1.3 和 UML 1.4 版本,其中 UML 1.3 是较为重要的修订版。UML 2.0 在 2003 年 6 月被推荐采用,完成了这个工业标准建模语言的一次大的升级。UML 2.0 被改进为更加适合系统工程师和软件开发人员面临的真实挑战,提供更好的扩展性,对基于组件的开发,构架建模和动态行为描述提供更强的支持。

现在,UML 已成为用来为各种系统建模、描述系统架构和商业流程的统一工具。在实践的过程中,人们还在不断地扩展 UML 的应用领域,不断地创新使用它的方法和过程。

5.3 UML 的基本元素

UML 的概念模型包括 3 个要素:UML 的基本构造块、支配这些构造块如何放在一起的规则以及一些运用于整个 UML 的公共机制。UML 就是通过这 3 种要素来构建信息系统的各种模型。UML 模型是互相协作的对象的集合,模型的一致性和完整性是逐步达到的。UML 模型包括两类。

(1) 静态模型(描述系统结构)。描述对象的类型及其如何相关。

(2) 动态模型(描述系统行为)。描述对象是如何协作提供系统功能的。

UML 模型是通过构造块描述的。

5.3.1 UML 的构造块

UML 包含 3 种构造块:物件、关系和图。物件是对模型中最具有代表性的成分的抽象;关系把物件结合在一起;图聚集了相关的物件,是 UML 模型的视图,是可视化系统将做什么或者系统如何做的方法。

1. 物件

在 UML 中物件也称为对象,是 UML 最基本的建模元素,其中包括结构物件、行为物件、分组物件(包)和注释物件。

(1) 结构物件(structural thing)。它是 UML 模型的静态描述,描述概念或物理元素。结构物件包括类、协作、接口、用例、活动类、组件和结点。

(2) 行为物件(behavioral thing)。它是 UML 模型的动态描述,描述了跨越时间和空间的行为。共有两类主要的行为物件,分别是交互和状态机。

(3) 分组物件(grouping thing)。它是 UML 模型的组织描述,用于把语义上相关的建模元素分组为内聚的单元。最主要的分组物件是包(package)。

(4) 注释物件(annotational thing)。它是 UML 模型的注释说明部分。这些注释物件用来描述、说明和标注模型的任何元素。其中主要的注释物件称为注解(note)。

图 5-1 为 UML 中使用的主要物件图符。

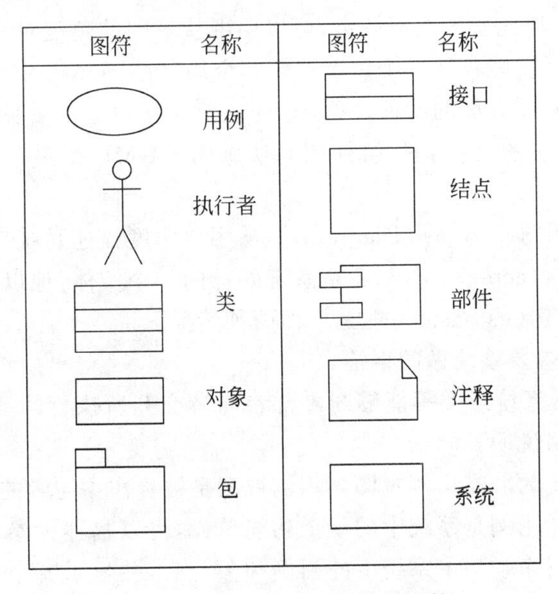

图 5-1 UML 中主要物件的图符

2. 关系

UML 通过“关系”把物件链接到一起,组成系统。UML 中主要有以下 4 类关系。

(1) 依赖(dependency)。它是两个事物中的语义关系,其中一个事物(独立事物)发生变化会影响另一个事物(依赖事物)的语义,例如“扩展”和“包含”就表示依赖关系。

(2) 关联(association)。它是一种结构关系,描述了一组链,链是对象之间的链接。聚合是一种特殊类型的关联,描述了整体和部分之间的结构关系。

(3) 泛化(generalization)。它是一种特殊与一般的关系,特殊元素(子元素)的对象可替代一般元素(父元素)的对象。用这种方法,子元素共享父元素的结构和行为。

(4) 实现(realization)。它用以描述类元之间的语义关系,其中的一个类元指定了由另一个类元保证执行的契约。在两种地方要用到实现关系,一种是在接口和实现它们的类或组件之间;另一种是用例和实现它们的协作之间。

图 5-2 为 UML 中主要的关系表示图符。

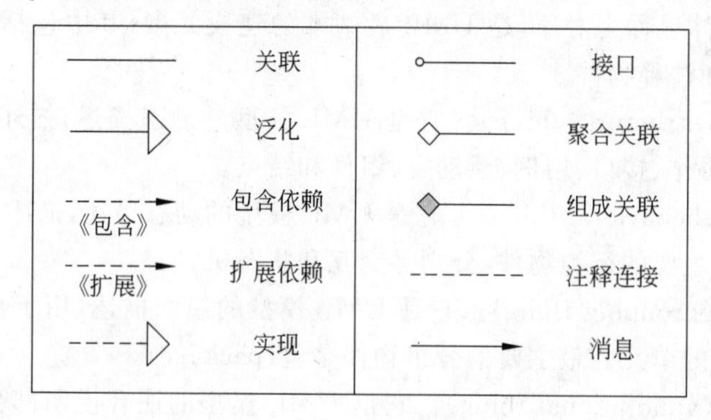

图 5-2 主要的关系图符

3. 图

UML 中的图是一组元素的图形表示,可以用图从不同的角度对系统进行可视化展示。由于没有哪个复杂的系统能仅从一个角度理解其全局,所以 UML 定义了多种图,可以分别独立地重点描述系统不同方面的特征。UML 中主要包括以下 9 种图:类图、对象图、用例图、顺序图、协作图、状态图、活动图、组件图和实施图。UML 按照功能将这 9 种图形分为以下 5 类。

(1) 用例图。用例图(Usecase Diagram)是从用户角度描述系统功能和边界,并指出各功能的参与者或执行者(actor)。参与者是系统外部的一个实体,他以某种方式参与了用例的执行过程。其中,用例(usecase)可能是下面两种情况。

① 用例是参与者想要系统做的事情。

② 用例是系统、子系统或类等能够与外部参与者交互所执行的动作序列,包括各种序列以及出错序列的规格说明。

用例图给出了系统的静态用例视图。用例视图是被称作参与者的外部用户所能观察到的系统功能的模型图。用例是系统中的一个功能单元,可以描述为参与者与系统之间的一次交互。用例模型的用途是列出系统中的用例和参与者,并显示哪个参与者参与了哪个用例的执行。用例图对于完整、准确地捕获系统需求、系统行为的组织和建模特别重要。

图 5-3 为一个销售管理信息系统的用例图。

图中的矩形边框表示了系统的边界,该系统中包括 4 个用例(功能)和两类参与者(执行者)。连接线表示了执行者和用例的关联。

(2) 静态图。静态图(Static Diagram)包括类图(Class Diagram)、对象图(Object Diagram)和包图。在面向对象系统的建模中所建立的最常见的图就是类图,类图描述系统中类的静态结构。不仅定义系统中的类，表示类之间的联系如关联、依赖、聚合等，也包括类的内部结构(类的属性和操作)。类图描述的是一种静态关系，在系统的整个生命周期都是有效的。

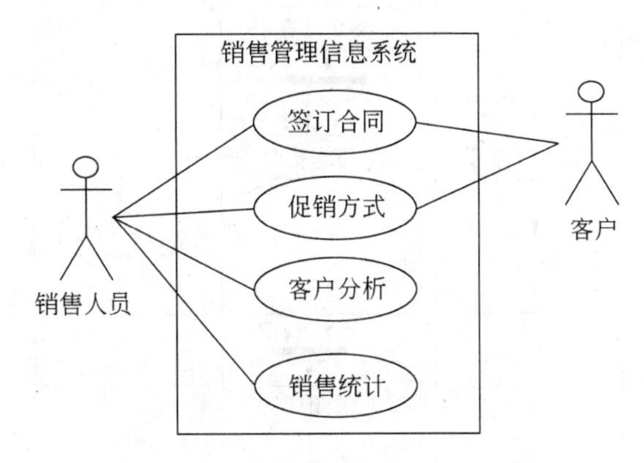

图 5-3 销售管理信息系统的用例图

类、对象和它们之间的关系是 UML 最基本的建模元素，共同揭示了系统的本质结构。类图技术是 OO 方法的核心技术。对象是对与所涉及的应用问题有关联的事物的抽象和描述(信息表达)，类则是具有相同特征的对象。类描述了此类对象的属性和行为，对象则是类的实例。

对象图是类图的实例，展示了一组对象及它们之间的关系，几乎使用与类图完全相同的标识。它们的不同点在于对象图显示类的多个对象实例，而不是实际的类。一个对象图是类图的一个实例。由于对象存在生命周期，因此对象图只能在系统某一时间段存在。

将许多类集合成一个更高层次的单位，形成一个高内聚、低耦合的类的集合，UML 这种分组机制称为包(Package)。包由包或类组成，表示包与包、包与类之间的关系。包图可用于描述系统的分层结构，它不是一种独立的模型图。

(3) 行为图。行为图(Behavior Diagram)包括状态图(State Diagram)和活动图(Activity Diagram)，用于描述系统的动态模型和组成对象间的交互关系。

状态图由状态、转换、事件和活动组成，描述类的对象所有可能的状态以及事件发生时状态的转移条件。状态图专注于系统的动态视图，它对于接口、类或协作的行为建模尤为重要，而且它强调对象行为的事件顺序，这对于反应型系统的建模特别重要。通常，状态图是对类图的补充。在实际上并不需要为所有的类画状态图，仅为那些有多个状态，其行为受外界环境的影响并且发生改变的类画状态图。

活动图描述满足用例要求所要进行的活动以及活动间的约束关系，有利于识别并行活动。活动图是一种特殊的状态图，它展现了在系统内从一个活动到另一个活动的流程，以及发生动作的对象或动作所施加的对象。活动图说明系统的动态视图，它对于系统的功能建模特别重要，并强调对象间的控制流程。

图 5-4 为一个订货处理系统的活动图。

(4) 交互图。交互图(Interactive Diagram)包括顺序图(Sequence Diagram)和协作图(Collaboration Diagram)，用于描述对象间的交互关系，它由一组对象和它们之间的关系组成，包括它们之间可能发送的消息。交互图专注于系统的动态视图。

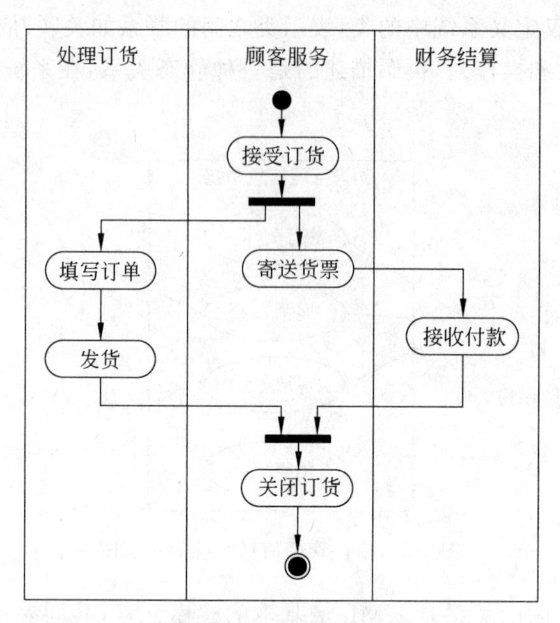

图 5-4　活动图的示例

顺序图显示对象之间的动态合作关系，它强调对象之间消息发送的顺序，同时显示对象之间的交互。

协作图描述对象间的协作关系，协作图与顺序图相似，显示对象间的动态协作关系。除显示信息交换外，协作图还显示对象以及它们之间的关系。如果强调时间和顺序，则使用顺序图；如果强调收发信息的对象的结构组织，则选择协作图。顺序图和协作图是同构的，这意味着它们可以相互转换而不会造成信息的损失。

(5) 实现图。实现图(Implementation Diagram)包括组件图(Component Diagram)和实施图(Deployment Diagram)。

组件图描述了一组组件之间的组织和依赖，它与类图相关，通常把组件映射成一个或多个类、接口或协作。一个组件可能是一个资源代码部件、一个二进制部件或一个可执行部件。它包含逻辑类或实现类的有关信息。组件图有助于分析和理解部件之间的相互影响程度。

实施图又称为部署图(Physical Diagram)，用以定义系统中软硬件的物理体系结构，给出了体系结构的静态实施视图。它可以显示实际的计算机和设备(用结点表示)以及它们之间的连接关系，也可显示连接的类型及组件之间的依赖性。在结点内部，放置可执行组件和对象以显示结点与可执行软件单元的对应关系。

5.3.2　规则

在使用 UML 时，不能简单地把 UML 的构造块随机地放在一起。像任何语言一样，UML 有一套规则，用以构建一个结构良好的模型。一个结构良好的模型应该在语义上是前后一致的，并且与所有的相关模型协调一致。UML 中的语义规则如下。

(1) 命名。为物件、关系和图起名。

(2) 范围。给一个名称以特定含义的语境。

(3) 可见性。如何让其他人看见或使用名称。

(4) 完整性。事物如何正确、一致地相互联系。

(5) 执行。运行或模拟动态模型的含义是什么。

此外,在软件系统的开发过程中所建造的模型经常需要发展变化,并可以由许多人以不同的方式、在不同的时间进行观察。因此,开发组不仅需要建造结构良好的模型,也要建造一些下面这样的模型。

(1) 省略。隐藏某些元素以简化视图。

(2) 不完全性。可以遗漏某些元素。

(3) 不一致性。不保证模型的完整性。

在软件系统开发的生命周期内,随着系统细节的展开和变动,不可避免地要出现这些不太规范的模型,UML 规则鼓励开发人员专注于最重要的分析、设计和实现问题,这些问题将促使模型随着时间的推移而具有良好的结构。

5.3.3 公共机制

所谓公共机制是具有一致公共特征的模式。公共机制可以使系统更为简单和协调,对于 UML 来说也是如此。在 UML 中有 4 种贯穿整个语言并且一致应用的公共机制:详述、修饰、通用划分和扩展机制。

(1) 详述。详述实际是规格说明,即模型元素特征和语义的文本描述。UML 不仅是一种图形语言,实际上,在它的图形表示法的每部分背后都有一个详述,这个详述提供了对构造块的语法和语义的文字描述。UML 的图形表示法用来对系统进行可视化;UML 的详述用来描述系统的细节。UML 的详述提供了一个语义底版,它包含了一个系统的各模型的所有部分,并且各部分相互联系,保持一致。

(2) 修饰。修饰是在建模元素上加载的信息项以表明某个要点。UML 中的大多数元素都有唯一和直接的图形表示符号,这些图形符号对元素的最重要的方面提供了可视化表示。可以为这些图形符号增加文字和图形的修饰细节以增加更多的语义。

(3) 通用划分。在面向对象系统建模中,至少有两种划分构件块的方法,这就是通用划分。第一种是对类和对象的划分。类是一个抽象;对象是这种抽象的一个具体形式。UML 的每个构造块几乎都存在像类与对象这样的二分法。例如,可以有用例和用例实例,组件和组件实例,结点和结点实例等。第二种方法是接口和实现的分离。接口声明了一个契约,而实现则表示了对该契约的具体实施,它负责如实地实现接口的完整语义。在 UML 中,既可以对接口又可以对它们的实现建模。

(4) 扩展机制。UML 提供了一种绘制软件蓝图的标准语言,但是一种闭合的语言即使表达能力再丰富,也难以表示出各种模型在不同时刻所有可能的细微差别。由于这个原因,UML 是可扩展的,UML 的扩展机制包括构造型、标记值和约束 3 种扩展机制。

① 构造型(Stereotype)扩展了 UML 的词汇,它允许基于已有的建模元素引入新的建模元素,这个构造块既可以从现有的构造块派生,也可以专门针对所要解决的具体问题。

② 标记值(Tagged Value)扩展了 UML 构造块的特性,允许创建详述元素的新信息,为模型元素添加新的特性。

③ 约束(Constraint)扩展了 UML 构造块的语义,允许对模型元素添加新规则或修改

现有的规则。

总的来说，这3种扩展机制都允许根据项目的需要使用UML。这些机制也使得UML适合于新的软件技术。可以增加新的构造块，修改已存在的构造块的详述，甚至可以改变它们的语义。

5.3.4 UML的架构

UML的架构即系统的组织结构，包括系统分解的组成部分、它们的关联性、交互、机制和指导原则，这些提供系统设计的信息。架构用于捕获系统高层次结构模型的各种特征。为此UML定义了系统的4个视图以及一个用例视图，合称为“4+1视图”。

(1) 逻辑视图。捕获问题域的词汇，作为类和对象的集合。展示对象和类是如何组成系统、实现所需系统行为的。主要使用类图、状态图和对象图。

(2) 进程视图。将系统中可执行线程和进程作为活动类建模，是逻辑视图向进程的演变。主要使用类图和对象图。

(3) 实现视图。对组成基于系统的物理代码的文件和组件进行建模。展示组件之间的依赖，及一组组件的配置管理以定义新系统。主要使用组件图。

(4) 部署视图。建立组件的物理配置模型，展示系统拓扑结构、分布、交付、安装。

(5)用例视图。上述视图都由用例视图派生而来。它将系统的基本需求捕获为一组用例，并提供构造其他视图的基础。主要使用部署图。

软件工程领域的过程更需要加强对可重用性的支持，包括过程本身及其部分(模型、组件、框架等)的重用。与UML共同成长起来的统一过程就是一种特别适合于UML应用的信息系统开发方法。

5.4 统一过程

统一过程(Unified Process，UP)是统一软件开发过程(Unified Software Development Process，USDP)的简称。UP使用UML来制定软件系统的所有蓝图，它是由UML的3位主要创始人提出并与UML共同成长起来的。UP使用UML作为其底层可视化建模语法，因此可以认为UP是UML的首选方法。

5.4.1 统一过程的概述

统一过程是一个软件开发过程，而软件开发过程是一个将用户需求转化为软件系统所需要的活动的集合。然而统一过程不仅仅是一个简单的软件开发过程，而是一个通用的过程框架，可用于各种不同类型的软件系统、各种不同的应用领域、各种不同类型的组织、各种不同的功能级别以及各种不同的项目规模。UP基于Ericsson和Rational Object Process等方法，1999年Jacobson出版的*Unified Software Development*中正式提出了UP。

在UP中，项目生命期被划分为4个阶段：初始、细化、构造和移交，每个阶段都有一个重要的里程碑作为该阶段的主要成果和完成标志。在每个阶段中，存在一个或者多个迭代，每次迭代产生包括最终系统部分完成的版本和任何相关的项目文档的基线。基线之间相互依赖，逐步迭代直到完成最终系统。两个连续基线之间的差异被称为增量，这就是UP为什么被称为迭代和增量的生命期。在每次迭代中，可以执行5种核心工作流和任何额外的工作流。每个阶段迭代的精确数目依赖于项目的规模。

5个核心工作流，说明需要做什么以及需要什么工作技能。除了这5个核心工作流外，还有其他工作流，如计划、评估以及与特定迭代相关的任何其他工作。然而，UP中不包括这些工作流。5种核心工作流如下。

(1) 需求(R)。捕获系统应该做什么。

(2) 分析(A)。精化和结构化需求。

(3) 设计(D)。用系统架构实现需求。

(4) 实现(I)。构造软件。

(5) 测试(T)。验证实现是否如期望那样工作。

图5-5为UP的基本过程模型。

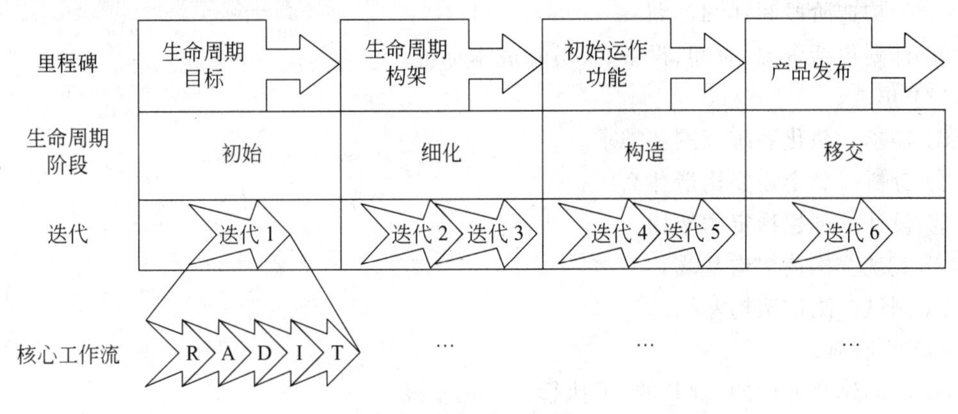

图5-5　UP的过程模型

这样的迭代和增量过程，使得系统在迭代中构造。把复杂的项目划分成一系列迭代，可以简化问题、并使项目规划和开发更灵活。实际上，每个迭代包含正常软件项目的所有元素。

(1) 计划。

(2) 分析设计。

(3) 集成测试。

(4) 内部或外部发布。

5.4.2　各阶段的主要任务

UP将系统的开发生命周期分为4个阶段，便与开发的管理和控制。在UP生命周期的各个阶段，有不同的开发目标、不同的开发任务、不同的焦点和各自的成果。

1. 初始阶段

(1) 目标。初始化项目。

(2) 主要工作。

① 建立可行性。

② 创建业务用例。

③ 捕获基本需求。

④ 识别关键任务。

(3) 主要工作者。项目经理和系统设计师。

(4) 焦点。需求和分析工作流。

(5) 里程碑。确定生命周期的目标(Life Cycle Objective)。

2. 细化阶段

(1) 目标。创建可执行的架构基线。

(2) 主要工作。

① 精化风险评估。

② 定义质量属性。

③ 捕获 80%的功能需求用例。

④ 为构造阶段间详细计划。

⑤ 计划包括资源、时间、设备、人员和成本标价。

(3) 焦点。

① 需求。精化系统范围和需求。

② 分析。确定需要构造什么。

③ 设计。创建稳定的架构。

④ 实现。构造架构基线。

⑤ 测试。测试架构基线。

(4) 里程碑。

① 已创建有弹性的、健壮的、可执行的架构基线。

② 重要风险已被识别并解决。

③ 产品远景已经稳定。

④ 已修正业务用例并获得认可。

⑤ 已创建足够详细的项目计划,并符合实际。

⑥ 利益相关人同意继续项目。

3. 构造阶段

(1) 目标。完成所有需求、分析和设计,把在细化阶段产生的架构基线变成最终系统。

(2) 焦点。

① 需求。揭示任何遗漏的需求。

② 分析。完成分析模型。

③ 设计。完成设计模型。

④ 测试。测试初始运作功能。

(3) 里程碑。软件系统已经完成。

① 软件产品足够稳定。

② 利益相关人认可。

③ 实际支出可以接受。

4. 移交阶段

(1) 目标。完成现场测试、实现系统最终部署。

(2) 主要工作。

① 修复缺陷。

② 为用户场地准备新软件。

③ 为用户场地的操作剪裁软件。

④ 如果不可预见的问题出现,修改软件。

⑤ 创作用户手册和其他文档。

⑥ 提供用户咨询。

(3) 焦点。

① 需求。用户运行需求。

② 分析。测试方案。

③ 设计。如果β测试出现问题,修改设计。

④ 实现。为用户现场剪裁软件,修复在β测试中发现的问题。

⑤ 测试。β测试以及在用户场地验收测试。

(4) 里程碑。产品发布。

① 完成β测试,用户认可系统并成功部署。

② 用户积极使用该产品。

③ 用户认可产品支持策略并已经执行。

5.4.3 统一过程工作流模型

一种系统开发方法应由建模语言和开发过程组成。建模语言是设计的表示符号,而过程则是描述如何进行开发所需的步骤。统一开发过程中包括需求描述、分析、设计、实现和测试的5个步骤,称为核心工作流,每一步骤分别完成不同的系统开发使命。

(1) 需求描述。确定角色,定义用例,用用例模型建立系统的外部需求。用例模型的主要构件是用例、角色和系统边界。用例表示角色认知的复杂功能。在用例中角色是指与系统交互的人或事。系统边界是指选取系统的基本功能。

(2) 分析。通过阅读规格说明、用例以及寻找系统处理的"概念"来实施特定领域分析。在需求分析中,用用例图及用例正文(或活动图)详细描述系统的工作流,在这一步可通过用例图和活动图推导出所有的类以及它们之间的关系。可以使用UML中的顺序图、合作图或活动图描述特定领域类(或实例)的动态行为。

(3) 设计。进一步定义分析阶段提取类的细节(操作和属性),增加新类处理诸如数据库、用户接口、通信、设备等技术领域的问题。在结构设计阶段定义包(子系统),确定包间的依赖性和主要通信机制。这样做可以减少类的依赖性,使模块间实现高内聚、低耦合。在详细设计阶段,使用UML技术对所有类进行细化。利用分析阶段的用例描述来检验设计阶段处理的用例,用顺序图展示系统中每个用例在技术上如何实现。

(4) 实现。构造或实现是对类进行编程的过程。在设计模型中,可以选取下列图的说明进行代码编程。

① 类的规格说明。详细说明了必要的属性和操作。

② 类图。说明类的静态结构和类之间的关系。

③ 状态图。说明类的对象可能的状态及其转移。

④ 用例图和规格说明。说明系统需求和结果。

(5) 测试和配置。测试是以用例定义的描述作为依据，验证开发的系统是否满足需求。系统配置包括文档和组成模型，是实际交付的系统。

统一过程的这一核心工作流可以用图 5-6 模型描述。

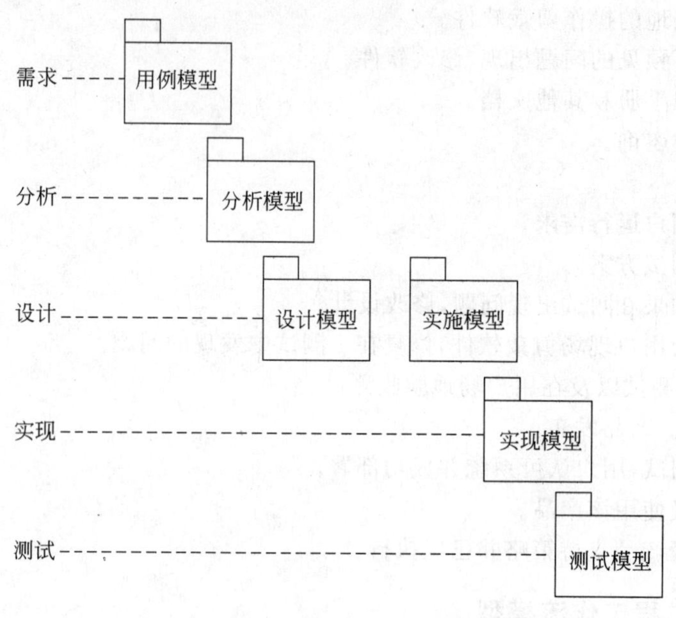

图 5-6 统一过程的工作流及相应模型

5.4.4 统一开发过程的特点

统一开发过程 UP 具有 3 个关键特征，也被称为 3 个基本公理。

(1) 用例和风险驱动。

(2) 以架构为中心的。

(3) 迭代和增量的。

1. 统一开发过程是用例驱动的

任何一个软件系统是为了服务于它的用户而出现的。因此，为了构造一个成功的软件系统，必须了解其预期的用户所希望和需要的是什么。在 UP 中首先使用用例捕获需求，所以说 UP 是需求驱动的。风险是 UP 的另一个驱动，UP 通过对风险分析预测软件构造。

用例是系统为了向参与者提供某些有价值结果而执行的动作序列，是系统与参与者的一种交互。用例获取的是功能需求。所有的用例结合在一起构成用例模型，它描述了系统的全部功能。然而，用例不仅仅是一种确定需求的工具，它们还能驱动系统设计、实现和测试的进行，也就是说，用例可以驱动整个开发过程。

基于用例模型，开发人员可以创建一系列实现这些用例的设计和实现模型。开发人员可以审查每个后续建立的模型是否与用例模型一致。测试人员测试实现以确保实现模型的组件正确实现了用例。因此，用例不仅启动了开发过程，而且使其结合为一体。用例驱动表明开发过程是沿着一系列从用例得到的工作流前进的。用例被确定，被设计，最后又成为测试人员构造测试用例的基础。

2. 统一开发过程是以架构为中心的

统一开发过程 UP 本身构建了一个系统开发过程架构。该架构描述了系统是如何被分成组件，这些组件又是如何交互并部署在硬件上。这样一个高质量系统架构将提供产生高质量系统的保证。

软件架构概念包含了系统中最重要的静态和动态特征。架构是根据企业的需要逐渐发展起来，受到用户和其他相关人员需求的影响并在用例中得到反映。同时，它也受到其他许多因素的影响，如软件应用平台、是否有可重用的构造块、如何考虑实施问题以及其他非功能性需求等。架构刻画了系统的整体设计，去掉了细节部分，突出了系统的重要特征。通过定义良好的系统架构，可以更好地理解系统，更高效地组织开发，同时还可以促进软件的可重用性以及可维护性，为系统的进化和升级奠定良好的基础。

每一种产品都具有功能和表现形式两个方面，只具备其中之一是不够的，这两个方面必须恰当权衡才能得到成功的产品。这里功能与用例相对应，表现形式与架构相对应。用例和架构是相互影响的，一方面，用例在实现时必须适合于架构；另一方面，架构必须有足够的空间实现现在和将来所有需要的用例。事实上，用例和架构应该是并行进化的。

3. 统一开发过程是迭代和增量的开发过程

UP 开发过程本质上是通过迭代和增量实现的。开发一个信息系统产品是一项艰巨的任务，可能会持续几个月甚至一年以上。将这项工作划分为较小的部分或细化的项目，也称为袖珍项目(Mini-Project)是有利于整个工程的实现的。每个细化项目都是一次能够产生一个增量的迭代过程。

迭代是指工作流中的步骤，而增量是产品中增加的部分。通过逐步精化过程不断构造系统以达到最终目标。在每次迭代过程中，开发人员标识并详细描述有关的用例，以选定的架构为指导进行设计，用组件来实现设计并验证这些组件是否满足用例。如果一次迭代达到了目标，开发工作便可以进入下一次迭代；相反，如果一次迭代没能达到预期的目标，则需要重新审查前面的方案。

与第 4 章介绍的结构化方法的瀑布模型相比，迭代过程具有很多优点：首先，降低了在一个增量上的开发风险。如果开发人员重复某个迭代，那么损失只是这一个开发有误的迭代的花费。其次，加快了整个开发工作的进度。因为开发人员清楚问题的焦点所在，他们的工作会更有效率。此外，由于用户的需求并不能在一开始就做出完全的界定，他们通常是在后续阶段中不断细化的。因此，迭代过程模式可以使开发更易于适应需求的变化。

用例驱动、以架构为中心、迭代和增量的开发的概念是同样重要的。架构提供一种结构来指导过程中的工作，用例确定目标并驱动每次迭代开发过程的进行。

5.5 基于 UML 的系统开发

面向对象的系统开发方法为信息系统的开发者提供了不同于传统结构方法的分析设计思路和操作过程，在一定程度上克服了结构化方法先天的不足，并提高了系统开发的效率和质量。本节主要说明基于 UML 的系统开发过程中遇到的主要问题及解决方法。

5.5.1 基于 UML 的需求分析

在使用 OO 方法开始进行分析和设计之前，必须首先确定需求工作流的目的，揭示系统应该做什么并使客户和开发人员在系统应该做什么不应该做什么方面达成共识。这样做的一个最大挑战是客户并不是计算机方面的专家，但必须使他们能够读懂并理解需求捕获工作的结果。UML 就是这样一种语言工具。

1. 需求的捕获

需求是所有系统开发的基础和目标，需求可划分为功能性需求和非功能性需求。确定系统需求的简明方法是基于用例。

(1) 捕获功能性需求。功能性需求是系统应该做什么的陈述，它是系统功能的陈述。例如对一个销售点终端系统，功能性需求可能包括下面内容。

① 消费者在购买商品时，系统能根据商品的代码查找出商品的详细信息。

② 在消费者购买商品后，系统能够计算出总的购物金额。

③ 在消费者进行信用卡支付时，系统可以确认信用卡的有效性。

(2) 捕获非功能性需求。非功能性需求确定了系统上的特定性质或约束，如环境和约束、性能、平台、可扩展性和可靠性等性质。对于销售点终端系统，非功能性需求可能包括下面内容。

① 系统应用 C++ 编写。

② 系统与银行通信应该采用 256 位加密。

③ 系统应该在 3 秒内验证信用卡。

2. 构建系统的用例模型

需求捕获阶段的主要工作是建立待开发系统的模型，功能性需求可以很自然地构造成用例，而大多数非功能性需求都具体对应于单个用例，从而也可以在这个用例语境中进行处理。因此，需求捕获阶段需要构造系统的用例模型。用例模型是一种包括参与者、用例以及它们之间关系的系统模型。典型的用例建模作法如下。

(1) 找出系统边界。

(2) 找出参与者。

(3) 找出用例。

3. 定义系统边界

当构造系统时首先需要确定系统的边界在哪里。典型的系统边界包括硬件设备或者计算机系统的硬件和软件边界，一个组织中的部门或整个组织。

定义系统边界的目的是为了能够识别出什么在系统之内以及什么在系统之外，进而识别出什么是系统的职责。系统外部环境由参与者来代表。

4. 详述用例

已经创建了用例图，识别了参与者和主要用例，然后就要按照顺序说明每个用例，这是被称为“详述用例”的 UP 活动。其主要目的是详细描述其事件流，包括用例如何开始、结束以及如何与参与者进行交互。虽然不存在用例规格说明的 UML 标准，然而表 5-1 中所显示的模板是常用的。每个用例都具有名称和规格说明。规格说明由以下组成。

(1) 前置条件。它是在用例执行前必须为真的条件，它是系统状态上的约束。

(2) 事件流。用例步骤。

(3) 后置条件。用例结束必须为真。

表 5-1 某 POST 系统的规格描述示例

用例：购买商品	（用例名称）
ID:1	（唯一标识符）
参与者： 1. 顾客 2. 出纳员	（涉及用例的参与者）
前置条件： 出纳员已经登录到销售点终端系统	（用例开始时，系统必须满足的状态）
事件流： 1. 出纳员选择了购买商品界面 2. 出纳员录入每件商品通用产品代码 3. 出纳员向 POST 发出指示，指示商品信息录入完毕	（用例中的实际步骤）
后置条件： 当顾客支付完毕，该用例实例结束	（用例结束时，系统的状态）

用例模型是在几个开发增量的基础上得到的，期间各个迭代过程将增加新的用例或对已经存在的用例规格说明增加细节。

(1) 在初始阶段，分析人员确定大部分用例，以限定系统和项目的范围，并详细说明最重要的用例。

(2) 在细化阶段，分析人员捕获大多数剩余的需求，以便开发人员能够估计所需要的开发工作量。目标是捕获 80%左右的需求，并在细化阶段结束时描述大多数用例。

(3) 在构造阶段，捕获并实现其余的需求。

(4) 在移交阶段，基本上不再捕获任何需求，除非需求发生重大的变化。

5.5.2 基于 UML 的系统分析

在分析阶段，通过精炼和组织需求阶段所描述的需求来对其进行分析。这样做的目的是为了更精确地理解需求，也是为了得到一个易于维护且有助于确定系统结构的需求描述。它不同于捕获需求阶段，使用的是开发人员的语言进行描述，主要为开发人员使用，以理解如何构造系统，这里应该着重指出的是，分析模型是进行抽象的过程，应该避免去解决某些问题和处理某些需求，最好将它们推迟到设计和实现阶段去完成。

分析工作的目标是产生分析模型（逻辑模型）。分析模型由代表该模型顶层包的分析系统表示。使用其他分析包可以将分析模型组织成为更易于管理的若干部分，这些部分代表了对系统设计中的子系统或可能是整个系统的某一层的抽象。分析类则代表了对系统设计中的类或子系统的抽象。在分析模型中，用例是通过分析类及其实例实现的，并由分析模型中的各种协作来表示。分析模型关注系统需要做什么，而把系统如何做的细节留给设计工作流。

1. 分析类

分析类是这样的类：它代表问题域中的简捷抽象；应该映射到真实世界业务概念（并且据此仔细命名）。分析类最重要方面是，应该使用清晰的和无歧义的方法映射到某个真实世界业务概念，如顾客、产品或账户。然而这是假设业务概念本身是清晰的和无歧义的，这种情况却很少见。因此，系统分析师的工作是力求把混淆或不恰当的业务概念澄清为能够形成分析类基础的事物。这是系统分析工作困难的原因。

分析一个类的目的在于依据分析类在用例实现中的角色来确定和维护它的职责；确定和维护分析类的属性及其关系；捕获对实现该分析类的特殊需求。UML 把类定义为“共享相同属性、操作、方法、关系或者行为的一组对象的描述符”。因此可以概括，类是具有相同特征的一组对象的描述符。分析类代表了对系统设计中的一个或几个类或若干子系统的抽象。这种抽象具有以下特点。

(1) 分析类侧重于处理功能性需求，而把非功能性需求推迟到后续的设计与实现活动中将这些需求标识为类的具体需求时再实现。

(2) 分析类很少根据操作及其特征标记来定义或提供接口，而是通过非形式化层次的职责来定义其行为。

(3) 分析类涉及到属性、关系，这些属性、关系与设计和实现阶段的对应部分相比更加概念化。

(4) 分析类总能符合 3 种基本构造型中的一种：边界类、控制类和实体类。

① 边界类用于建立系统与其参与者(即用户和外部系统)之间交互的模型。边界类经常代表对窗口、窗体、通信接口、打印机接口、传感器、终端以及 API 等的抽象。

② 实体类用于对持久的信息建模，大多数情况下，实体类直接从业务模型或领域模型中相应的业务实体类或领域类得到。

③ 控制类代表协调、排序、事物处理以及对其他对象的控制，经常用于封装与某个具体用例有关的控制。控制类还可以用来表示复杂的演算，如业务逻辑等。

UP 工作流“分析用例”的输出是分析类和用例实现。

2. 如何寻找分析类

面向对象建模的第一步是澄清问题域，直到它包含清晰定义的业务概念并且具有简单的、功能化的结构。这些工作的大部分是在需求工作流中捕获需求的活动、创建用例模型和项目词汇表的活动中完成的。

目前，还没有找出恰当分析类的简单算法，常用的方法主要包括使用名词/动词分析寻找分析类和使用(CRC)寻找分析类两种。

(1) 名词/动词分析是分析文本尝试找出类、属性和职责的非常简单的方法。基本上文本中的名词和名词短语暗示类或类的属性，动词和动词短语暗示职责或者类的操作。

名词/动词分析的第一步是尽可能多地收集相关信息。合适的信息来源是，需求规格说明、用例、项目词汇表等。

在收集文档之后，使用简单的方法分析它，突出(或者用某种其他方法记录)以下内容。

① 名词。例如，商品。

② 名词短语。例如，商品的 UPC。

③ 动词。例如，登录。

④ 动词短语。例如，打印销售商品列表。

如果在这个过程中遇到任何不理解的术语，立即寻求领域专家来澄清术语，并且把它加入到项目词汇表中。

(2) CRC分别表示类(Class)、职责(Responsibility)和协作(Collaborator),使用有力的分析工具——便笺。其格式如图5-7所示。便笺分为3个分栏,在顶部分栏中可以记录候选类的名称、在左边分栏中记录职责,在右边分栏中记录协作方。协作方是其他类,它们与该类协作以实现系统功能的片段。协作方分栏提供了记录类间关系的方法。还有另一种捕获关系的方法是把便笺贴在白板上,在协作的类之间连线。

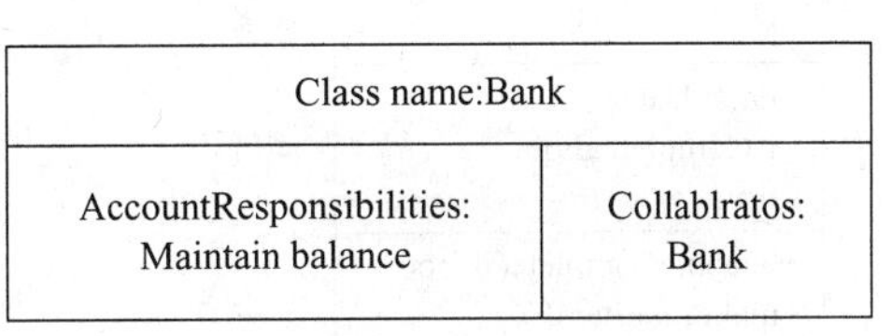

图5-7 便笺示例

除非系统非常简单,CRC分析通常是同用例、需求、词汇表以及其他相关文档的名词/动词分析一起使用。

3. 步骤

(1) 收集信息。把所有的想法作为好的想法接受下来,记录想法而不争论,所有的东西将在以后分析。要求团队成员命名运转在业务领域的"事务",例如,客户、产品。把每件事物书写在便笺上——它是候选类或类属性。把便笺贴在白板上。要求团队陈述那些事物的职责,把它们记录在便笺的职责分栏中。同团队一起工作,尝试识别可能一起工作的类。

(2) 分析信息。分析类必须代表问题域中简洁的抽象。一般特定便笺表示关键业务,显然需要成为类。如果逻辑上一个便笺似乎是另一个便笺的组成部分,这无疑是一个暗示,这个便笺代表一个属性。如果一个便笺没有包含特别重要或令人感兴趣的信息,则可以看看它可否成为另一个类的属性。

4. UML类符号

分析模型中的所有类都是分析类,而不是从设计考虑产生的类。当进行详细设计时,可能发现一个分析类被精华为一个或多个设计类。分析类应该展示非常"高级层次"的属性和操作集合。它们表示最终的设计类可能具有的属性和操作。所以分析类是为设计类捕获候选属性和操作。

分析类的最小形式由以下部分组成。

(1) 名称。这是强制的。

(2) 属性。尽管只有候选属性的重要子集在此时建模,属性的名称是强制的,属性类型被认为是可选的。

(3) 操作。在分析中,操作仅是类职责的高级层次的陈述。只在它们对于理解该模型很重要时,显示操作的参数和返回类型。

如图5-8展示了UML中类的表示方法。

5. 关系

系统中的类很少单独存在,大多数的类会通过某种方式相互协作。在对系统建模时,不仅要识别形成系统词汇的事物,而且还必须对这些事物如何相互联系建模。关系是建模元素之间的语义联系,这是UML把物件联系到一起的方法。例如参与者和用例之间以及类之间的关联关系,用例与用例之间的泛化关系等。

(1) 关联。类间的联系被称为关联。对象间的链接实际上是它们的类间关联的实例。消息通过链接在对象之间传递,一旦收到消息,对象将调用相应的方法。图5-9所示即为一个关联的示例。

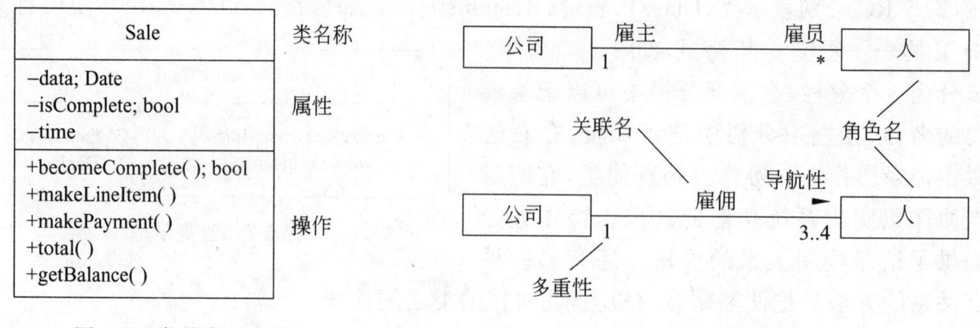

图 5-8　类的表示方法　　　　图 5-9　关联示例

图 5-9 中主要符号说明如下。

① 关联名。关联名称应该是动词短语，因为它表明源对象正在目标对象上执行的动作(名称可前缀或后缀小黑箭头表明关联名称应该被阅读的方向)。

② 角色名。角色名称应该是名词短语，表示由关联实例链接的对象所扮演的角色。

③ 多重性。多重性说明任意时刻能够参与关系的对象数目(多重性约束是否合理完全依赖于正在建模的系统需求)。

④ 导航性。导航性表明可从源类的任何对象到目标类的一个或多个对象(根据多重性确定)的遍历。可以把导航性的意义看作"消息仅能够在箭头的方向上传递"。

(2) 依赖。依赖是两个元素之间的关系，对一个元素(提供者)的改变可能影响或提供信息给其他元素(客户)，即客户以某种方式依赖提供者。依赖被绘制为从客户到提供者的虚线箭头。依赖关系包括使用依赖、抽象依赖、授权依赖等类型。

(3) 泛化。泛化是一般事物(称为父类或超类)和该事物的较为特殊的种类(称为子类)之间的关系。子类继承父类的特性，特别是父类的属性和操作。泛化意味着子类的对象可以被用在父类对象出现的任何地方，反之则不然。在图形中，泛化关系画成一条带有空心箭头的有向直线，指向父类。

6. 用例实现—分析

在找到分析类之后，分析的关键是找出用例实现。"用例实现—分析"是分析模型内部的协作，它描述了如何根据分析类及其交互的分析对象来实现和执行一个用例。因此用例实现由一组类所组成，这些类实现了用例中所说明的行为。这样就把用例(它是功能性需求的规格说明)转化成类图和交互图(它是系统高级层次的规格说明)。

UML 交互图建模实现用例或者部分实现用例的对象间的协作和交互。实际上，有两种视图具有对象交互的公共底层 UML 模型。

(1) 协作图。强调对象间的结构关系，在分析中非常有用，尤其对于创建对象间协作的草图。

(2) 顺序图。强调对象发送消息的时序。用户能够比协作图更好地理解顺序图，因为它们更容易阅读。

一个用例实现可以直接跟踪到用例模型中的一个具体用例。"用例实现—分析"可以包括事件流的文本描述、反映参与用例实现的分析类的类图以及按照分析对象的交互作用描述特定流实现或用例脚本的交互图。

7. 分析包

分析包提供了一种方法,以分块管理的方式对分析模型中的制品进行组织。分析包中包括分析类、"用例实现—分析",还可以递归地包括其他的分析包。分析包应具有强内聚性和弱耦合性。包是UML的分组物件,它是模型元素的容器和物主。每个包具有它自身的名字空间,其中所有名称必须唯一。包图标是个文件夹,包的名称可以显示在标签上或者显示在文件夹内。包内元素被赋予可视性,表示对于包的客户来说是否可见。

5.5.3 基于UML的系统设计

在分析阶段中,焦点是创建系统的逻辑模型,该模型捕获系统为满足用户需求而必须提供的功能。设计阶段的目的是说明如何才能完全实现这个功能。考虑这个问题的一个方法是一边考虑问题域,一边考虑解域。

设计阶段将构造系统分析阶段的结果,即利用分析模型提供的对需求的详细描述来构造系统,并获得实现所有需求(包括非功能需求和其他约束)的组织(包括系统架构)。设计包括解域的技术方案,例如类库、持久机制等,以提供实际上可实现的系统模型即设计模型。

1. 设计模型

设计模型也称为物理模型,是一个用于描述用例物理实现的对象模型。该模型重点关注功能性需求和非功能性需求,同时也关注与实现环境有关的、并最终影响系统的其他约束。此外,设计模型作为系统实现的抽象,是后续实现活动的基本输入。

设计模型由设计系统来表示,设计系统表示模型的高层子系统。设计子系统是将设计模型划分为更易于管理的功能块的一种方法。设计子系统和设计类是系统实现中子系统和组件的抽象,这些抽象表示设计和实现之间的简单映射。

(1) 设计类。设计类是系统实现中的一个类的抽象,它具有如下特点。

① 使用与编程语言相同的语言来描述设计类。

② 实现一个设计类时,该类与其他类之间的关系应该具有直截了当的含义。

③ 设计类的方法直接映射到该类的实现(即编码)中相应的方法。

④ 一个设计类通常给出构造型,它可以无缝地映射到某种指定的编程语言所提供的结构。

⑤ 如果编程语言支持,一个设计类能够实现并提供接口。

(2) "用例实现—设计"。一个"用例实现—设计"是在设计模型内的协作关系,以设计类及其对象为基础,描述了一个特定用例的实现和执行。一个"用例实现—设计"可以直接跟踪到分析模型中的"用例实现—分析"。"用例实现—设计"可以包括以下内容。

① 文字性的事件流描述。

② 描述参与的设计类的类图。

③ 根据设计对象之间的交互,描述特定流的实现或用例脚本的交互图。

④ 如果需要,这些图也能描述包含在用例实现中的子系统和接口。

"用例实现—设计"为相应的"用例实现—分析"提供了物理实现,而且它还处理在"用例实现—分析"中捕获的大部分非功能性需求。此外,"用例实现—设计"能像设计类那样,可以将一些需求标识为实现性需求,而将其推迟到后续的实现活动中去处理。

(3) 设计子系统。设计子系统提供了一种将设计模型中的制品组织成为易于管理的功能块的方法。一个设计子系统可以包括设计类、用例实现、接口和其他的子系统(递归地)。实际上,设计子系统就是如何开始组件化模型。分析包被分解成一个或多个设计子系统,同时也引入了只包含来自于解域制品的新设计的子系统,诸如数据库访问类或者通信类。

一个子系统应该是紧耦合的,即其内部元素的关系应该非常紧密。子系统间应该是松耦合的,即它们之间的相互依赖性或者对相互的接口的依赖性应该最小。设计子系统具有如下特点。

① 子系统可以表示对设计问题的分解,一个规模较大的系统中,某些子系统可以由不同的开发小组独立地,并且可能是并行地进行设计。

② 子系统可以表示系统实现中的粗粒度组件,即由若干细粒度组件构成的、可以提供若干接口的组件。

③ 子系统可以通过包装来表示可重用的软件产品。

(4) 接口。接口提供一种方法,把基于操作的功能说明与基于方法的具体实现区分开来。这样的区分使得任何依赖或者使用接口的客户不必依赖于接口的具体实现。一个接口的具体实现(如某个设计类或子系统)可以在不影响客户的情况下用别的实现来替换。

接口最重要的作用是提供了将事物插入系统的能力。是系统灵活变化的方法之一使设计能够容易地插入扩展的系统。如果围绕接口设计系统,那么关联和消息发送不再连接到特定类的对象,而是连接到特定接口。这样使得添加新类到系统中更加容易,因为接口为了无缝插入定义了新类必须支持的协议。

2. 实施模型

实施模型是一个描述系统物理分布的对象模型,它是按照如何在各个计算结点当中分布功能来进行描述的。因为系统分布对设计有很大的影响,所以实施模型用作设计和实现活动的基本输入。实施模型的主要含义如下。

① 每个结点表示一个计算资源,通常表示一个处理器或者类似的硬件设备。

② 结点拥有表示相互间的通信方式(如因特网、内联网和总线等)的关联。

③ 实施模型能够描述几种不同的网络配置,包括测试和模拟配置。

④ 实施到一个结点上的构件定义了这个结点的功能(或者处理)。

⑤ 实施模型本身表示软件架构与系统架构(硬件)之间的映射关系。

5.5.4 基于UML的系统实现

系统实现阶段的主要任务是,探讨如何将设计阶段的结果,用源代码、脚本、二进制代码、可执行体等组件来实现系统。系统实现主要集中在构造阶段。

1. 实现模型

实现模型描述如何用源代码文件、可执行体等组件来实现设计模型中的元素。实现模型还描述组件是如何通过相应的结构和模块化机制组织起来的,以及这些组件之间是如何相互依赖的。组件是系统中可替换的物理部分,它包装了实现而且遵从并提供一组接口的实现。组件表示切实的、可复用的物理单元,具有非常广泛的定义。每个组件可能包含很多类并实现很多接口。组件的实例包括以下内容。

(1) 源文件。

(2) 实现子系统。

(3) ActiveX 控件。

(4) JavaBean。

(5) Enterprise JavaBean。

(6) JavaServlet。

组件图只有描述符形式。因为组件是系统的物理组成部分,只有将组件实例部署到某些物理硬件上才能明显地表示,它们决不能和这些硬件分离开来而存在。组件图说明了在编译和运行时,软件构件之间的依赖关系。

2. 系统实施模型

UML 中的实施图(部署图)显示运行时进行处理的结点和结点上活动的组件的配置。实施图用来对系统的静态实施视图建模。多数情况下,这包括对系统运行于其上的硬件的拓扑结构建模。实施图说明了进程和构件在处理结点上的分布。

图 5-10 为某一个信息系统的实施图。

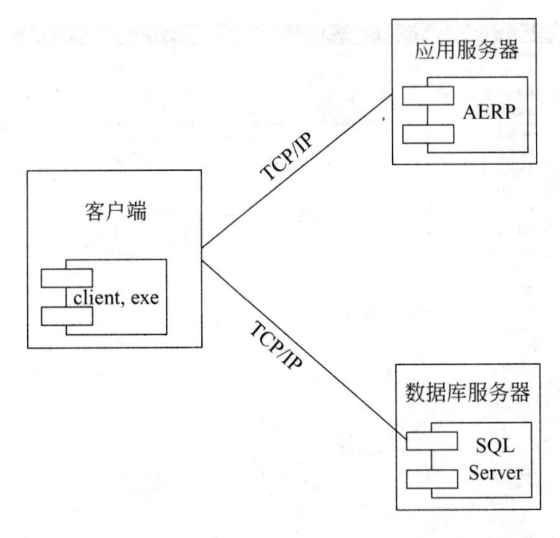

图 5-10 一个实施图示例

5.6 基于 UML 的开发工具

基于 UML 的面向对象系统开发方法使用大量图形工具,如果单凭手工绘制十分繁琐,有很多工具可以避免这种麻烦,目前常用工具如下。

(1) Microsoft Visio 2003。

(2) Rational ROSE。

(3) Power Designer。

(4) Visual UML for Visual Foxpro。

(5) ERWin(Data Modeler)。

下面主要介绍 Microsoft Visio 2003 和 Rational ROSE 两种常用工具。

5.6.1 Visio 2003

Visio 不只是一个绘图工具，实际是一个优秀的可视化系统开发工具。特别是 Visio 专业版在支持 UML 软件建模上有很强的功能。

1. 基本功能

(1) 支持完整 UML 1.2 表达式。

(2) 全部 8 种 UML 图表。

(3) 支持由 Visual Basic、Visual C++ 的反向工程 UML。

(4) 支持 Visual Studio 6。

(5) 支持 Visual Basic 7，Visual C++ 7 以及 Visual C#。

(6) 自动的语法错误检查。

(7) 可定制的各种 UML 报告。

图 5-11 为 Visio 的 UML 图形界面。

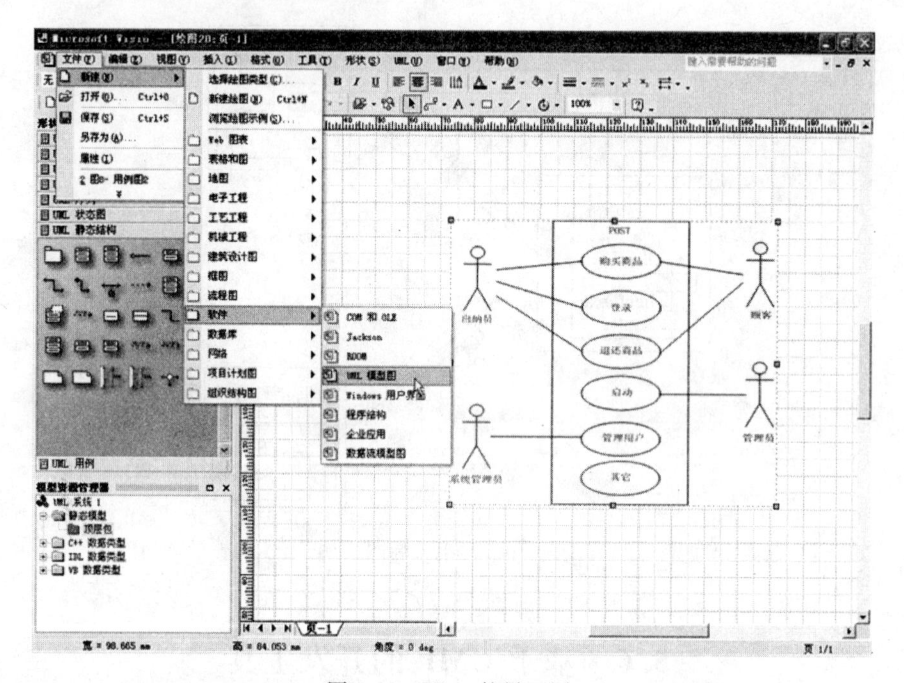

图 5-11　Visio 的界面图

2. 支持逆向软件工程

所谓逆向软件工程(Reverse Software Engineer)主要是指将系统代码转换为诸如统一建模语言(UML)类图表等模型的技术。Microsoft Visio 2000 企业版和专业版都包含通过逆向工程将代码转换为 UML 静态结构图表的解决方案。该解决方案支持 3 种语言：Microsoft Visual C++ 6.0、Microsoft Visual Basic 6.0 和 Microsoft Visual J++ 6.0。Visio UML 模型图表解决方案所采用的 UML 标准为 1.2 版。具体应用的步骤如下。

(1) 自定义开发环境。

(2) 打开代码项目以实施逆向工程。

(3) 选择"逆向工程"按钮。

(4) 在 Visio UML 模型图表解决方案中创建 UML 图表。

5.6.2 Rational ROSE

Rational 公司推出的 Rational ROSE 是目前比较优秀的基于 UML 的 CASE 工具。它把 UML 和谐地集成进面向对象的软件开发过程中。不论是在系统需求阶段,还是在对象的分析与设计、软件的实现与测试阶段,它都提供了清晰的 UML 表达方法和完善的工具,方便建立起相应的软件模型。

1. 应用

Rational 公司的 ROSE 是 UML 建模环境,提供了 UML 的所有建模元素的可视化编辑环境、基于组件的开发以及对软件开发全过程的支持。ROSE 除了提供对 UML 的类图、交互图、状态图、组件图和实施图的支持外,还与工业标准的软件开发环境以及 Microsoft Visual Studio 等开发工具融合在一起,从而全面支持面向对象分析、设计和编码。

在面向对象分析时,主要使用用例图来勾画软件系统的需求和功能说明;在设计阶段利用类图来描述系统的静态结构,用交互图和状态图来描述系统的动态行为,同时还使用组件图、实施图来描述系统的源代码结构、运行配置;在分析设计完成之后,从模型中提取程序代码框架,利用第三方程序设计环境来实现该软件系统。另外通过从源代码中提取接口、类的声明信息来获取源码中的模型信息,即对逆向软件工程的支持。

目前,Rational ROSE 已经被广泛地应用于通信、金融、企业信息系统分析和设计。例如,美国信用卡公司 Capital One 公司使用它提取原来信用卡信息系统的建模信息;阿尔卡特、贝尔等公司利用 Rational ROSE 分析和设计通信协议等。

2. Rational ROSE 的特点

(1) 支持可视化。主要使用图符来描述软件系统分析和设计产生的文档,具有极强的表达能力和可理解性,有利于开发人员与用户之间、开发人员之间的交流。

(2) 可扩展性。允许开发人员根据自己开发的需要,使用构造型对语言进行扩充,以适合特定领域系统的开发需要。

(3) 支持形式化描述。使用 OCL(Object Constraint Language)描述模型语义,减少理解的二义性。

(4) 组件建模。ROSE 支持二进制组件(COM、ActiveX)建模,可以很方便地取出组件的接口信息,有利于提取组件中的建模信息,另外提供 Drag & Drop,可以方便地将含有组件的文件加入 ROSE 来获取组件的接口信息。

(5) 多语言支持。ROSE 与语言无关,提供了对 C++、Java、Visual Basic、Ada、PowerBuilder、Smalltalk 和 Oracle 8 等的支持。

(6) 开发组的支持。支持整个开发组成员协同完成一个系统的分析、设计。

(7) 扩展的支持。通过提供定制 ROSE 菜单、ROSE 脚本语言、ROSE 自动化和 Add-In 管理等方法,以便用户扩充 ROSE,定制自己的可视化建模环境。

小结

UML 和统一开发过程是本章研究的主要对象。本章首先简单地介绍了 UML 的发展历程和应用领域，然后介绍了基于 UML 的统一开发过程。

1. 本章学习目标

(1) 了解 UML 的发展历程和应用领域。

(2) 掌握 UML 的基本概念。

(3) 掌握基于 UML 的统一开发过程。

2. 本章主要内容

软件开发的过程犹如雕琢一件工艺品，由无形到有形，由粗到细。随着计算机应用的飞速发展，软件的复杂程度不断提高，源代码的规模越来越大，项目失败的可能性也相应增加。在长期的研究与实践中，人们越来越深刻地认识到，建立简明准确的表示模型是把握复杂系统的关键。

统一建模语言(UML)是一种对软件进行可视化、详述、构造和文档化的统一语言。它是汇集了多种面向对象建模技术的精华而发展起来并成为面向对象建模语言的工业标准。它不仅可以支持面向对象的分析与设计，更重要的是能够有力地支持从需求分析开始的软件开发的全过程。

UML 用来对系统进行建模，它可应用的范围非常广泛，可以描述许多类型的系统，如信息系统、技术系统等，也可以用在系统开发的不同阶段。微软公司的 Visio 和 Rational 公司的 ROSE 等都是优秀的 UML 建模环境，提供了 UML 的所有建模元素的可视化编辑环境、基于组件的开发以及对软件开发全过程的支持。

统一过程(UP)的目标是指导开发人员有效地实现并实施满足客户需求的软件系统。其效率是按照成本质量和交付时间来衡量的。用 UML 语言建造系统模型的时候，并不是只建一个模型。在系统开发的每个阶段都要建造不同的模型，建造这些模型的目的也是不同的。需求分析阶段建造的模型用来捕获系统的需求、描绘与真实世界相应的基本类和协作关系。设计阶段的模型是分析模型的扩充，为实现阶段作指导性的、技术上的解决方案。实现阶段的模型是真正的源代码，编译后的源代码就变成了程序。最后是展开模型，它在物理架构上解释系统是如何展开的。

最后介绍了基于 UML 的两种开发工具 Microsoft Visio 2002 和 Rational ROSE。使用这些工具可以规范开发过程，提高开发效率

3. 重要术语

面向对象	分组事物	实现关系
统一建模语言	注解事物	包
构造块	对象	类图
物件	关系	用例图
统一开发过程	关联关系	协作图
结构事物	依赖关系	顺序图
行为事物	泛化关系	状态图

活动图	实现视图	分析模型
组件图	部署视图	设计模型
实施图	用例视图	实现模型
UML 架构	用例—分析	实施模型
逻辑视图	用例—设计	组件
进程视图	用例—实现	逆向软件工程

习题与实践

一、习题

1. 面向对象系统开发方法有什么优点？
2. UML 的概念模型包括哪 3 个要素？
3. UML 中统一的含义包括哪些？
4. 为什么 UML 得到迅速发展和应用？
5. UML 包含哪 9 种图形？
6. UML 的图形分成哪些基本类型？
7. 用例图有哪些应用？
8. 简述 UML 各种图形的作用及表示方法。
9. UML 包含哪几种基本视图？
10. 如何用 UML 完成系统建模？
11. 统一开发过程 UP 和 UML 有什么关系？
12. 统一开发过程的开发步骤是什么？
13. 统一方法的主要特点是什么？
14. 比较 UP 和结构化系统开发方法的区别和联系。
15. 什么是逆向软件工程？

二、实践

1. 安装 Visio 企业版或专业版，练习用其实现 UML 建模。
2. 安装 Rational ROSE，并用其开发一个简单信息系统。
3. 绘制一个简单信息系统的用例图，如图书管理系统，超市管理系统或学籍管理系统等。

第6章　信息系统开发实例

信息系统有多种类型，涉及管理的多个层次以及服务于多个行业应用。由于实际信息系统的复杂性，知识的综合性，需要开发者在信息系统开发时具有具体业务流程管理的知识、数据处理知识、编程知识、信息采集等知识。另外，每一个系统的开发都涉及复杂的过程和多种文档。

本章的目标是通过每一个实例重点说明系统开发的某些方面的问题，所以并没有给出完整的设计过程和文档，以便在有限的篇幅中尽可能多地展现信息系统设计中可能遇到的实际问题。一方面作为前面学习的提高、汇总和实践；另一方面也为学习者提供一些开发系统的参考。

本章主要内容：

本章从应用的角度介绍下面几个实际的管理信息系统的实例。

(1) 音像公司销售管理信息系统。

(2) 线路规划决策系统。

(3) 办公自动化信息系统。

(4) 销售点管理信息系统。

6.1　阳光创业音像公司管理信息系统

阳光创业音像公司是一个典型的商业公司，其业务流程和信息管理有相当大的普遍性和代表性。通过该案例重点说明一般的企业管理信息系统设计思路和方法。

6.1.1　系统需求

任何信息系统的设计首先需要做详细的调查，尽可能完整、准确地捕获系统的需求。调查的内容主要涉及企业的业务流程、管理状况和存在的主要问题等。

1. 公司的主营业务

阳光创业音像公司的主营业务包括以下内容。

(1) 与供应商签订合同，发出订单进行商品的采购。

(2) 通过各地的音像商品仓库，为各连锁店采购提供进货服务，为各连锁店销售提供提货服务。

(3) 公司的核心业务是销售业务，包括经销、代销、光盘出租等业务。

2. 企业管理现状

阳光创业音像公司的各个部门都应用计算机，日常的文件打印、报表输出都使用微软公司的 Office 软件进行处理，但是实际业务处理大部分还是手动进行的，管理信息系统没有得到充分的重视和利用。

很多人不懂得管理信息系统的重要性，在一些日常业务的处理上单纯依靠经验，造成不应有的失误。

公司的领导不能及时地获得当前商品的采购、销售、库存状况以及一些统计数字，影响了决策质量，影响了公司的效益。

公司的采购管理业务流程描述如图 6-1 所示。

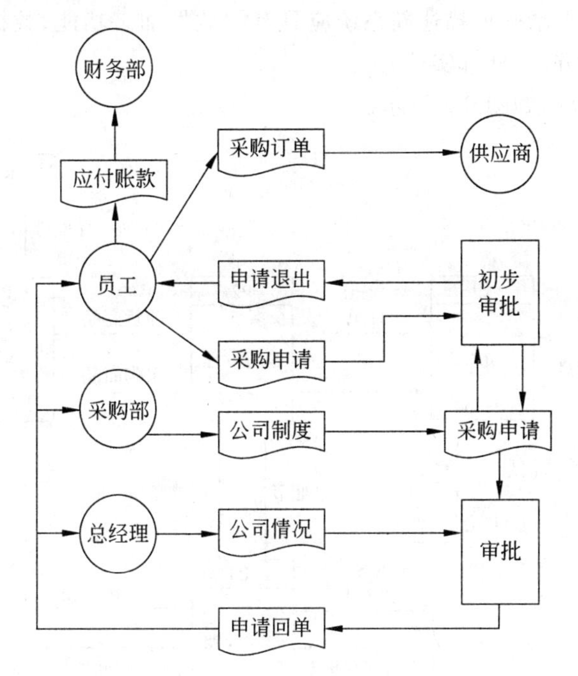

图 6-1　阳光创业音像公司采购业务流程图

3. 管理中存在的问题

经过调查和分析，公司在日常业务中存在的主要问题如下。

(1) 各个部门都已经配备计算机，但是没有构成完整的信息系统。

(2) 计算机没有用于决策，相关人员单纯依靠经验来进行业务的开展，造成不应有的失误。

(3) 商品的入库、出库等操作通过手工来完成，工作量大，出错率高，经常给日常业务的开展带来麻烦。

(4) 领导对相关信息掌握得不及时、不准确，影响决策质量和效益。

4. 新系统的需求

通过详细的调查分析，确定阳光创业音像公司管理信息系统应该包括采购管理、库存管理、销售管理、财务结算管理和报表查询 5 个部分。

其中采购管理的主要功能是，当前商品缺货或者达到最低商品库存量时，公司员工首先由本部门经理审批，然后报总经理审批，最后再生成采购订单。计算出数量与金额，然后根据采购订单生成应付账款，将应付账款信息提交财务处。当该订单上的商品到货时，将这些商品入库。到财务科领支票或者现金付款，付款后拿原始凭证(发票)向财务科报账。

6.1.2　系统逻辑模型

系统分析的结果是系统的逻辑模型，而系统的逻辑模型主要以系统的数据流图和数据字典为主要描述工具。

1. 数据流图

数据流图是在对系统调研阶段绘制的业务流程图进行分析的基础上,从系统的、科学的、管理的合理性、实际运行的可行性角度出发,将信息处理功能和彼此之间的联系自顶向下、逐层分解,从逻辑上精确地描述新系统应具有的数据加工功能、数据输入、数据输出、数据存储及数据来源和方向(外部实体)。

系统的顶层 DFD 图如图 6-2 所示。

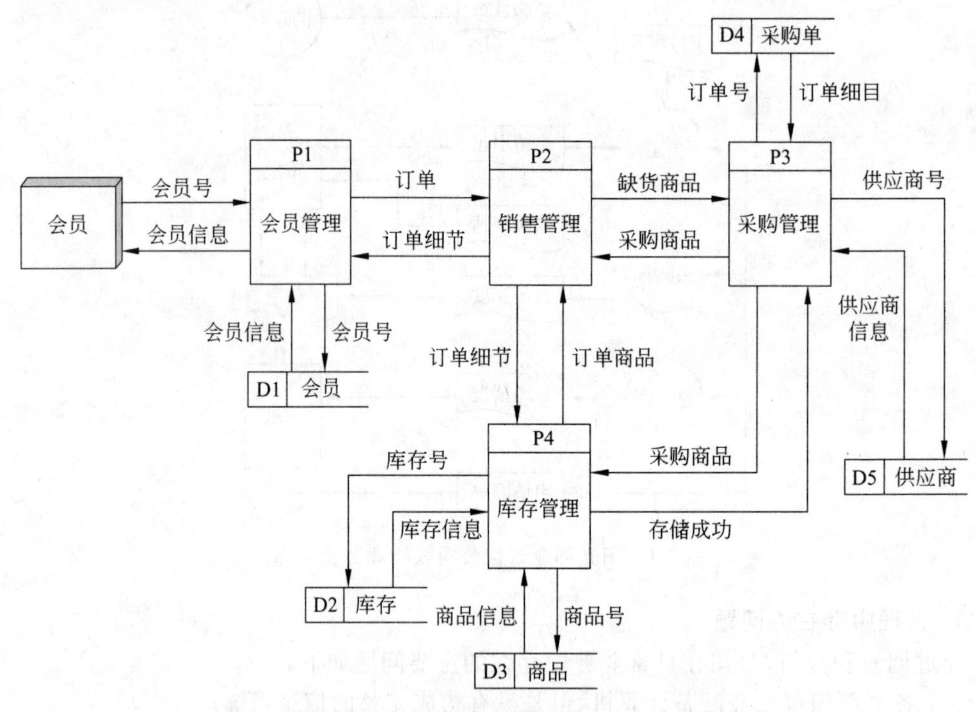

图 6-2 公司管理信息系统顶层 DFD 图

其中,处理 P3 表示采购管理模块(子系统),其展开的数据流程图如图 6-3 所示。后面重点介绍采购子系统的设计过程。

2. 数据词典

根据系统的数据流图,得到数据流、数据存储、数据处理和外部实体的数据词典。表 6-1～表 6-4 列举了在采购子系统中数据字典的一些主要数据项的描述。

表 6-1 外部实体——供应商

<table>
<tr><td colspan="2">外部实体</td></tr>
<tr><td colspan="2">系统名：阳光创业音像公司管理信息系统　　编号：WS1
条目名：供应商　　别名：GYS</td></tr>
<tr><td>输入数据流：
供应商信息</td><td>输出数据流：
某供应商的所有采购订单及订单中的商品明细</td></tr>
<tr><td colspan="2">主要特征：本系统根据供应商的编号、名称,不仅能得出与此供应商相关的采购订单报表,采购订单总金额,还能将各个供应商的采购总金额以图表形式来进行比较</td></tr>
</table>

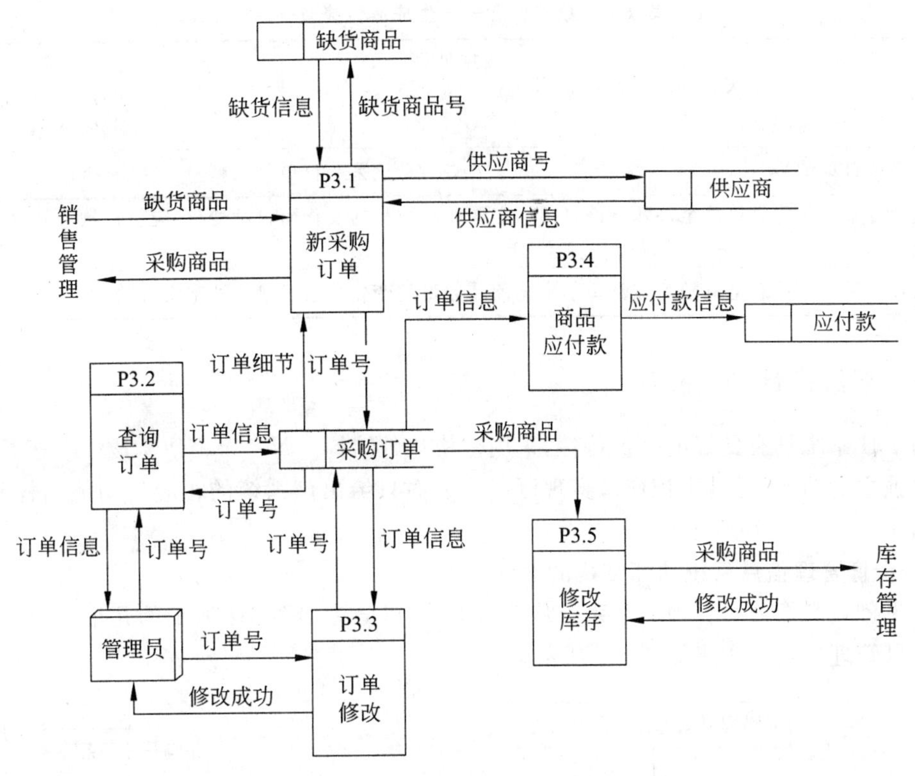

图 6-3　采购管理系统的 DFD 图

表 6-2　数据流——采购订单信息

<table>
<tr><td colspan="2" align="center">数据流</td></tr>
<tr><td>系统名：阳光创业音像公司管理信息系统
条目名：采购订单信息</td><td>编号：SJ3
别名：CG</td></tr>
<tr><td>来源：采购订单及订单明细</td><td>去处：应付账款明细</td></tr>
<tr><td colspan="2">数据流结构：(采购订单编号＋订单总金额＋付款方式＋是否已付)</td></tr>
<tr><td colspan="2">简要说明：采购订单总金额变化，应付账款总额也随之相应变化</td></tr>
</table>

表 6-3　数据存储——采购订单

<table>
<tr><td colspan="3" align="center">数据存储</td></tr>
<tr><td colspan="2">系统名：阳光创业音像公司管理信息系统
条目名：采购订单</td><td>编号：SC2
别名：CGD</td></tr>
<tr><td>存储组织：每一个采购订单都有一个订单明细与之相对应</td><td>记录数：
数据量：</td><td>主关键字：
采购订单编号：</td></tr>
<tr><td colspan="3">记录组成：
字段名：订单编号、合同号、供应商编码、库位编码、经营方式、订货日期、订单总金额……
字段长度：9、9、9、8、8、15、8</td></tr>
</table>

表 6-4　数据处理——生成应付账款信息

<table>
<tr><td colspan="2">数据处理
系统名：阳光创业音像公司管理信息系统　　　　编号：SCL4
条目名：生成应付账款信息　　　　别名：YFK</td></tr>
<tr><td>输入：采购订单编号</td><td>输出：该采购订单的采购总金额、是否已付</td></tr>
<tr><td colspan="2">数据处理逻辑：采购订单总金额随着该订单下定购商品数量的变化而自动变化，应付账款总额也相应随之变化</td></tr>
<tr><td colspan="2">简要说明：采购订单总金额随着该订单下定购商品数量的变化是通过触发器来实现的</td></tr>
</table>

6.1.3　系统设计

为了使系统具有良好的维护特性，采用模块化的结构。每一个模块构成一个子系统，具有相对独立的功能，通过主控窗口实现调用。下面只给出该系统的相应的功能结构和物理实施结构。

1. 音像管理信息系统功能结构的设计

阳光创业音像公司管理信息系统从功能上分，可分为如图 6-4 所示的几个模块。其中，采购信息管理模块的功能如图 6-5 所示。

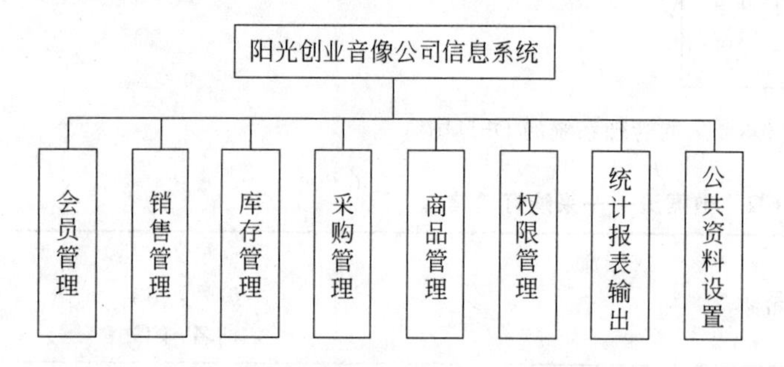

图 6-4　阳光创业音像公司信息系统功能结构图

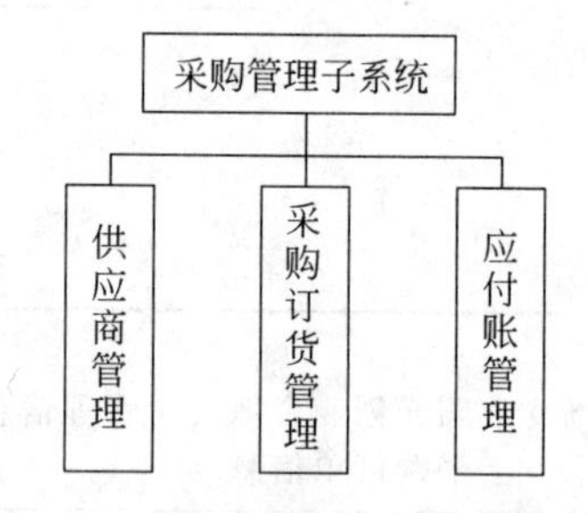

图 6-5　采购管理子系统功能结构图

采购订单与应付账款管理：订单生成时，首先要选择其所归属的合同，然后生成采购订单主信息，最后再向此订单中添加商品信息。伴随着订单中商品数量的增加，订单中的总金额也随之增加，这项功能是通过触发器来实现的。在订单生成完毕的同时，也生成应付账款信息，应付账款的总金额与订单总金额变化一致。在应付账款维护界面，只进行应付账款的付款方式、是否已付款的操作，不能进行新增和删除操作。

2. 系统物理结构设计

该系统采用客户机/服务器结构设计。以网络环境为基础，将计算任务有机地分布到多台计算机上，其中服务器负责数据的存储管理或文件服务，客户机负责处理用户对数据或文件提出的请求，由服务器将信息传递给客户机。服务器控制管理数据的能力已由文件服务方式上升到数据库服务方式，由于将客户机端承担的数据处理部分交服务器来完成，降低了网络信息流量，优化了系统资源分配，使客户机/服务器系统的整体性能显著提高。

系统运行的平台是基于 Window NT 的内部局域网。若干台 PC，以较高配置的原装机作为服务器。基本配置如下。

客户机为中央处理器：Pentium133 以上；内存：128MB 或以上；硬盘：10GB 或以上；

操作系统：Windows NT/2000/XP 运行在以太网和 TCP/IP 网络上。

服务器为中央处理器：Pentium133 以上；内存：128MB 或以上；硬盘：40GB 或以上。系统软件：Window 2000/NT Server 和 SQL Server 2000。

6.1.4 数据库设计

数据库设计采用 E-R 图的方法，首先分析系统的实体及其关系，构造系统的 E-R 图，然后设计数据库的物理模型。

1. 实体

采购管理子系统涉及的实体主要有以下几种。

(1) 应付账款明细(SS_PYCSH)。应付账款流水号、付款方式、订单号、总金额、是否已付。

(2) 供应商表(SS_VNDMST)。供应商名称、供应商编码、供应商企业性质代码、供应商状态、经营方式，其余略。

(3) 供应商企业性质(SS_VNDATR)。供应商企业性质代码、供应商企业性质描述。

(4) 采购订单主文件(SS_ORDMST)。订单号、合同号、供应商编码、库位编码、经营方式、采购员、订货日期、应到货日、订单总金额、订单状态。

(5) 采购订单明细文件(SS_ORDDEL)。订单号、商品编码、商品全称、订货数量、进价、采购单位、金额、实际收货数量。

2. E-R 图

为了使 E-R 图表示的更加清晰，将 E-R 图分解成实体及其属性和实体及联系图，并将实体属性中部重要的部分省去，如图 6-6 所示。

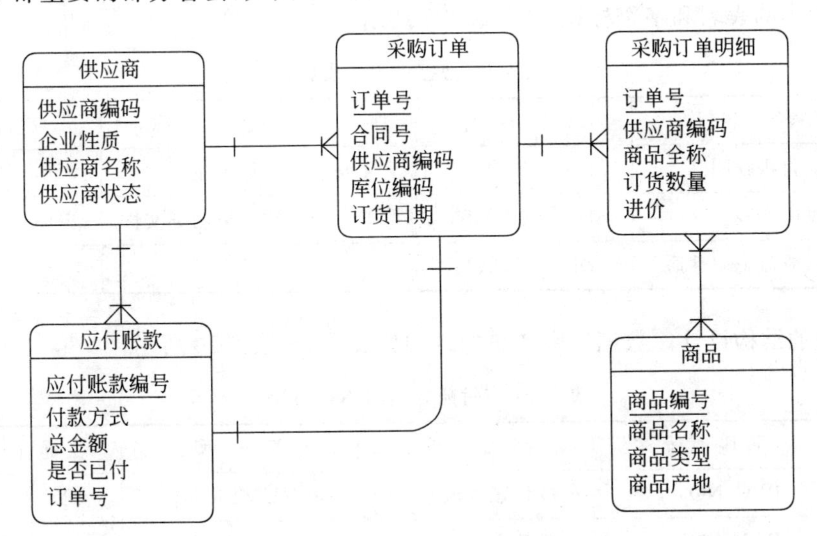

图 6-6 采购子系统的 E-R 图

3. 关系模型

E-R 图向关系模型的转换如下。

(1) 应付账款明细(SS_PYCSH)。应付账款流水号、付款方式、订单号、总金额、是否已付。

主键：应付账款流水号。

外键：订单号。

(2) 供应商表(SS_VNDMST)。供应商名称、供应商编码、供应商企业性质代码、供应商状态、经营方式，其余略。

主键：供应商编码。

外键：供应商企业性质代码。

(3) 供应商企业性质(SS_VNDATR)。供应商企业性质代码、供应商企业性质描述。

主键：供应商编码。

(4) 采购订单主文件(SS_ORDMST)。订单号、合同号、供应商编码、库位编码、经营方式、采购员、订货日期、应到货日、订单总金额、订单状态。

主键：订单号。

外键：合同号、供应商编码、库位编码。

(5) 采购订单明细文件(SS_ORDDEL)。订单号、商品编码、商品全称、订货数量、进价、采购单位、金额、实际收货数量。

主键：订单号、商品编码。

外键：订单号、商品编码。

4. 数据库的物理设计

(1) 数据库和表名称。本系统的数据库名为 SunlineDB。为了便于操作和识别，不同模块用不同的字母开头，比如，采购管理 B，销售管理 S，库存管理 K，商品管理 P，会员管理 M，权限管理 R 等。

数据库中的表名和字符标识，如下表 6-5 所示。

表 6-5　数据库中的表名称

序号	表 名 称	字 符 标 识	序号	表 名 称	字 符 标 识
1	应付账款明细	SDB_PYCSH	4	采购订单主文件	SDB _ORDMST
2	供应商表	SDB _VNDMST	5	采购订单明细文件	SDB _ORDDEL
3	供应商企业性质	SDB _VNDATR			

(2) 表的结构设计。数据库中各表的结构如表 6-6～表 6-10 所示。

表 6-6　应付账款明细(SS_PYCSH)

序号	字 段 代 码	字 段 名 称	类　　型	主键	外键
1	PYC_NO	应付账款流水号	NUMERIC	Y	
2	PAY_COD	付款方式	CHAR(8)		Y
3	ORD_COD	订单号	NUMERIC		Y
4	PYC_TOTA	总金额	CHAR(8)		
5	PYC_STA	是否已付	CHAR(8)		

表 6-7 采购订单明细文件(SS_ORDDEL)

序号	字段代码	字段名称	类型	主键	外键
1	ORD_COD	订单号	NUMERIC	Y	Y
2	PROD_COD	商品编码	NUMERIC	Y	Y
3	ORD_DSP	商品全称	VARCHAR(50)		
4	ORD_QTY	订货数量	CHAR(8)		
5	ORD_CST	进价	CHAR(8)		
6	ORD_PURU	采购单位	CHAR(8)		
7	ORD_AMT	金额	CHAR(8)		
8	ORD_QARV	实际收货数量	CHAR(8)		

表 6-8 供应商企业性质(SS_VNDATR)

序号	字段代码	字段名称	类型	主键	外键
1	VNA_COD	供应商企业性质代码	CHAR(8)	Y	
2	VNA_DSP	供应商企业性质描述	VARCHAR(50)		

表 6-9 供应商表(SS_VNDMST)

序号	字段代码	字段名称	类型	主键	外键
1	VND_NAME	供应商名称	VARCHAR(50)		
2	VND_SNAM	供应商简称	VARCHAR(50)		
3	VND_COD	供应商编码	NUMERIC	Y	
4	VNA_COD	供应商企业性质代码	CHAR(8)		Y
5	VND_ADDR	供应商地址	VARCHAR(50)		
6	VND_FAX	供应商传真	VARCHAR(50)		
7	VND_POST	供应商邮编	CHAR(8)		
8	VND_TEL	供应商电话	VARCHAR(50)		
10	VND_CONB	联系人	CHAR(8)		
11	VND_CONT	联系人电话	VARCHAR(50)		
12	VND_BANK	开户银行	VARCHAR(50)		
13	VND_BAKN	银行账号	VARCHAR(50)		
14	VND_EMAL	E-Mail	VARCHAR(50)		
15	VND_LADR	驻本地地址	VARCHAR(50)		
16	VND_LTEL	驻本地电话	VARCHAR(50)		
17	VND_LFAX	驻本地传真	VARCHAR(50)		

续表

序号	字段代码	字段名称	类 型	主键	外键
18	VND_LPOS	驻本地邮编	CHAR(10)		
19	VND_ECOD	企业代码	CHAR(8)		
20	VND_OPMD	经营方式	CHAR(8)		
21	VND_MEMO	备注	VARCHAR(50)		
22	VND_ENTB	录入人	CHAR(8)		
23	VND_ENTD	录入日期	DATE		
24	VND_STA	供应商状态	CHAR(8)		

表 6-10 采购订单主文件(SS_ORDMST)

序号	字段代码	字段名称	类 型	主键	外键
1	ORD_COD	订单号	NUMERIC	Y	
2	CNT_NO	合同号	NUMERIC		Y
3	VND_COD	供应商编码	NUMERIC		Y
4	LOC_COD	库位编码	CHAR(8)		Y
5	ORD_OPMD	经营方式	CHAR(8)		
6	BYR_COD	采购员	CHAR(8)		
7	ORD_ODDT	订货日期	DATE		
8	ORD_DDTD	应到货日	DATE		
9	ORD_MEMO	备注	VARCHAR(50)		
10	ORD_TOTA	订单总金额	CHAR(8)		
11	ORD_STA	订单状态	CHAR(8)		
12	ORD_ENTD	录入日期	DATE		
13	ORD_ENTB	录入人	CHAR(8)		

6.1.5 界面设计

由于音像管理信息系统的最终用户是对计算机技术并不精通的财务人员、一般职员,从他们的应用需求出发,应本着用户界面友好、清晰、美观、易学易用、易于维护的原则来进行设计。

1. 主界面设计

本系统的用户界面设计是将屏幕划分为两个区。屏幕上方为主菜单区,显示本功能子系统的主菜单,用户可以鼠标或光标左右移动来选择下拉菜单选择项。当用户通过菜单选择了所要进行的工作后,系统进入相应的业务处理功能。

2. 输入界面设计

阳光创业音像公司管理信息系统中采购管理子系统的输入界面主要包括供应商资料维

护、采购订单信息维护、采购订单明细维护、应付账款信息维护等界面。采购管理子系统的输入窗口如图 6-7 所示。

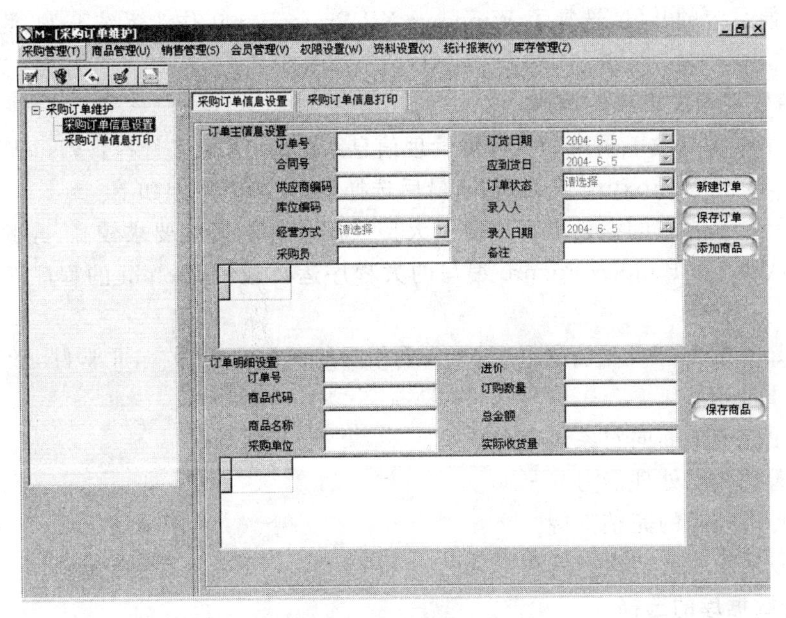

图 6-7　采购订单信息输入窗口

3. 输出界面设计

音像管理信息系统的报表输出主要包括供应商资料打印报表、采购订单打印报表、应付账款打印报表、采购明细打印报表及采购年月日汇总报表等。

其中采购订单明细报表打印窗口如图 6-8 所示。

Print Preview

Close

采购订单明细报表　打印时间：2004-6-5 19:37:26

订单号	合同号	供应商编码	订单总金额		
332000001	331000001	441000001	900		
商品编码	商品全称	采购单位	进价	订货数量	本订单金额
772000001	奇幻旅程	碟	10	50	500
772000004	八度空间	碟	10	20	200
772000005	世界第一等	碟	10	20	200
订单号	合同号	供应商编码	订单总金额		
332000002	331000002	441000002	150		
商品编码	商品全称	采购单位	进价	订货数量	本订单金额
772000007	游戏	碟	15	10	150
订单号	合同号	供应商编码	订单总金额		
332000003	331000001	441000001	210		
商品编码	商品全称	采购单位	进价	订货数量	本订单金额
772000006	笨小孩	碟	10	21	210
订单号	合同号	供应商编码	订单总金额		
332000005	331000002	441000002	100		
商品编码	商品全称	采购单位	进价	订货数量	本订单金额
772000008	王子公主	碟	10	10	100

Page 1 of 1

图 6-8　采购订单打印报表

6.1.6 系统实现

为了方便系统的开发，选择了 Windows XP Professional 作为系统开发、测试和运行的平台。

1. 前台软件开发工具的选择

在考虑用哪种开发工具来开发音像管理信息系统时，有很多选择：Visual C++ 、Visual Basic、Power Builder、Foxpro 或 Delphi；最后选择了 Delphi，原因如下。

(1) Delphi 是真正的编译语言。由于大型通用软件的速度要求较高，经验和测试表明 Visual Basic、Power Builder、Foxpro 编写的大程序运行较慢，Delphi 的程序开发和运行都很快。

(2) Delphi 的 Pascal 语言是和 C++ 几乎相同的面向对象语言，非常好，学过了 C++ 就很容易学习 Delphi。

(3) 几乎完美的面向对象语言和技术。

(4) 完善的数据处理能力

(5) 对标准技术的完整支持。

(6) 大量的第三方构建产品和工具。

2. 后台数据库的选择

Microsoft SQL Server 是 Microsoft 公司开发的一个基于结构化查询语言和客户机/服务器模型的高性能的关系型数据库管理系统。SQL Server 2005 可以稳定运行在小到台式机、笔记本，大到具有 8～16 个处理器、若干吉字节的内容，若干太字节的外部存储器的对称的多处理服务器。

SQL Server 2005 是一项全面完整的数据库设计与分析产品。从借助浏览器实现的数据库查询功能到内容丰富的扩展标记语言(XML)支持特性，均可有力地证明 SQL Server 2005 为全面支持 Web 功能的数据库解决方案。与此同时，SQL Server 2005 还在可伸缩性与可靠性方面保持着多项基准测试记录，而这两方面特性又都是企业数据库系统在激烈市场竞争中克敌制胜的关键所在。无论以应用程序的开发速度还是事务处理运行速度来衡量，SQL Server 2005 都堪称是最为快捷的数据库系统。基于以上原因，选择了 SQL Server 2005 作为后台数据库系统。

6.2 运钞车管理信息系统

管理信息系统的价值在于信息的应用，信息应用价值的体现在于对决策的支持。运钞车管理信息系统的功能实现了系统对决策的支持和可视化信息系统设计的概念。

6.2.1 系统目标及意义

一直以来人们使用传统人工的方式来管理运钞车的行驶路线规划及司机、押运员等人员的调度问题。这种管理方式存在着许多缺点，如决策不合理，重复路线过多，路线固定，效率低，易造成资源的浪费，对突发事件反应不够及时，司机与押运人员组合随机性不强等。而且运钞车体系大多采用各行押运“一车一线”的作法，存在着各行在运钞工作中各自为政，人员、车辆重复浪费，监控设施重复投资的问题。同时，目前多数停留在监控的水平，决策支持功能很弱。此外，运钞车在行驶过程中保护力度不足，让犯罪分子有机可乘。

1. 系统目标

改变传统运钞车管理中，由各行押运"一车一线"的作法，而采取"一车一片"的方式，实现现金的集中统一调度和监控。由公安局承担辖区内所有金融网点的尾箱定时接送和现金中间调拨业务。利用电子地图具有的强大可视化表现能力，把运钞车运行的路径轨迹直观地显示在图上，使分析人员对各个方面的情况有全面的了解，统筹安排，可以提高决策效率，提高现代化信息管理水平。

2. 系统功能

(1) 利用计算机设计科学算法，计算寻找出运钞车行驶的最优线路，构成决策支持系统，从而扩大了处理问题的范围，提高了决策能力和水平，使管理更加科学化。

(2) 采用内容丰富的电子地图显示，为掌握运钞车行驶状况提供方便的工具。增强公安队伍在调度运钞车、监控运钞车的快速反应能力，提高管理人员的指挥管理水平。

(3) 决策过程中主要依据两种数据，属性数据和空间数据。属性数据包括大量的统计数据；空间数据是反映道路、银行等实体的空间坐标位置的数据，主要指地图图形。使得整个运钞车路线规划管理更加方便快捷和形象直观；并彻底改变公安局调度运钞车的规划、建设、管理及资料保存的传统模式，从而实现运钞车路线规划、管理的自动化、可视化。

(4) 建立图形数据库，将各种地理信息要素以图层形式，叠置于电子地图上，并且与关系数据库中的属性数据相联系；将数据、文本、分析图形集成于统一平台上，进行空间定位与属性一体化管理；完成数据可视化、思维可视化，最后到达信息的可视化，实现可视化信息系统。

3. 系统价值

该可视化决策管理信息系统具有极其广泛的应用价值，主要的应用领域可以包括以下方面。

(1) 交通领域管理应用。可为普通公路、高速公路和运输管理数据库系统提供一个通用管理控制平台，也可为网上交通信息查询提供便捷的技术手段，加强公路交通运输部门管理和提高效益。

(2) 各类管道、网线的城市铺设应用。利用科学算法，对各类管道、网线铺设进行最优路径计算，提高效益。并可满足地下各类管线的规划、勘探、维护、施工和管理的需要，为规划、设计、施工等部门提供准确可靠的地下管线的分布、走向、埋深等信息。

(3) 电子商务物流管理领域应用。利用计算机信息技术和科学算法负责安排行车路线、营运车次、营运计划以及营运车次和车辆的临时调整等。使用电子地图强大的可视化功能对营运车辆进行实时监控，便于调度人员了解和控制车辆的运行情况，提高车辆的营运效率和安全。

(4) 城市公共信息服务建设应用。采用组件化 GIS 系统 Map Engine 作为系统的支持平台，实现基于电子地图的城市信息的图文查询和服务。服务内容包括与交通、宾馆旅社、单位和街区寻址、旅游和城市服务等有关的信息的地图和文字的综合查询。

(5) 房地产、物业领域应用。利用计算机技术、电子地图的强大可视化功能，从地图查询入口，可为用户提供介绍商品房开发项目和土地项目的具体情况的环境，查阅有关房产项目、土地项目、房地产开发公司和代理商的一系列文字资料和图像图片。

6.2.2 系统需求分析

该运钞车管理信息系统的基本功能需求如下。

(1) 地图浏览功能。通过简单的鼠标操作就能实现放大、缩小、漫游和全图显示等地图浏览功能。

(2) 地图查询。可对银行、道路的实际位置在电子地图上准确查询定位，使查询到的实体以红色高亮显示，并在图上闪烁，直观得到查询的结果，更好地满足用户的视觉需求。

(3) 银行、道路标注显示。根据需要可选择显示或者不显示银行、道路标注，方便用户对电子地图实体单位位置和名称的查看，实现空间数据与属性数据的结合。

(4) 路线规划。根据最短路径算法、最大节约算法等优化算法，规划出运钞车行驶的最佳路线，为管理者提供决策支持。

(5) 路径静态显示。在电子地图上以不同颜色的线把路径显示出来，直观可视，使每天运钞车要行驶的路线一目了然，实现算法的静态可视化。

(6) 路径动态演示。在电子地图上以不同颜色动态演示运钞车行驶的路线，实现实时监控，并保存运钞车行驶的实时数据，为管理者决策提供依据，同时也实现了算法的动态可视化。

(7) 状态设置和修改。实现对银行、道路、车辆进行修改、删除、添加和查询等功能；并能修改状态，包括银行营业与停业，道路畅通与阻塞，车辆正常与修理等。

(8) 人员调度。可完成对押运员数据、司机数据的添加、修改、删除、查询等功能。并能对司机、押运员、车辆、路线的随机组合实现人员、车辆分配调度，提高管理者决策能力。

(9) 历史记录查询回放。选择查询日期，查看路线选择的结果、人员调度分配的记录和车辆行驶记录回放。以便管理者根据历史纪录，进行分析研究，从而提高以后的决策能力。

(10) 用户管理。包括更改口令、添加新用户、删除用户和重新登录等功能，实现对系统的管理和维护。

6.2.3 系统总体设计

该系统将无线通信系统、卫星定位系统和传统的信息系统整合在一起，将一般的信息管理功能和数据处理和决策支持功能整合在一起，实现了对信息的深度处理和应用。

1. 系统原理

运钞车信息系统原理如图 6-9 所示。上半部分为运钞车内部的信息系统，它是建立在全球卫星定位和无线通信信息系统之上，下半部分为控制中心。控制中心通过卫星和无线通信实现和运钞车信息的连接。系统的管理和运行都可通过显示屏显示出来。

2. 系统的功能结构

运钞车管理信息系统主要是对中心控制站部分的开发，利用电子地图强大的可视化功能，实现算法的可视化，数据信息的可视化，从而更好地支持科学决策。本系统功能结构如图 6-10 所示。

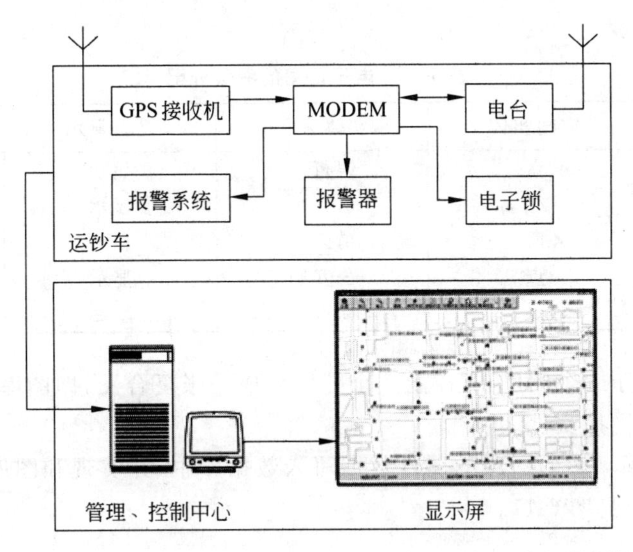

图 6-9 运钞车系统示意图

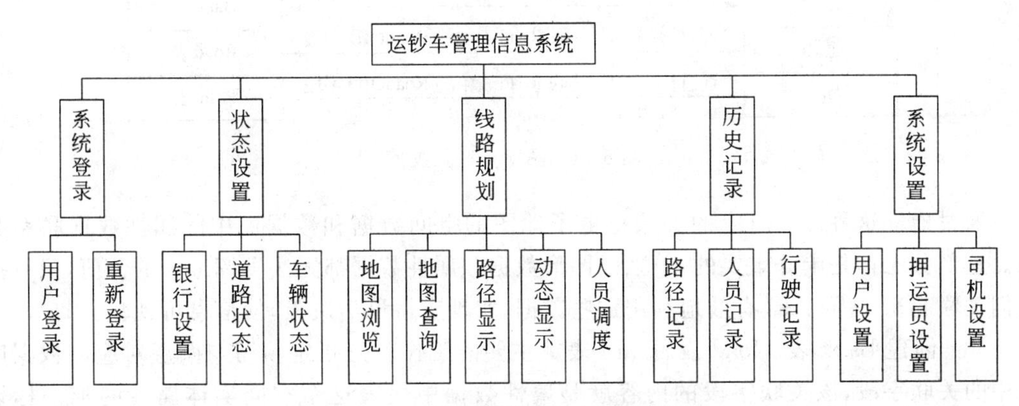

图 6-10 运钞车管理信息系统功能结构

6.2.4 电子地图设计

为了实现系统的可视化功能,系统中设计了电子地图功能,实现了决策的可视化和系统运行过程的可视化,便于管理人员的灵活决策和科学、方便地管理。

1. 电子地图的制作

电子地图是利用计算机技术开发的一种集地理信息系统,多媒体查询系统为一体的区域性电子版图,也是社会公众用于交流各种信息的平台。电子地图可以向人们提供详细的区域企事业单位位置信息查询,清晰地标注单位自身的详细位置。同时也为未来的政府宏观网络建设及信息化管理建立了基础,便于公安 110 报警系统,城市交通管理系统,运钞车车辆调度,GPS 汽车定位系统等公共社会服务系统的集成,发挥为地方经济服务的整体效能。

(1) 地图数据的准备和属性数据库的建立。空间图库数据和属性数据库是如何联系起来的。用 Map Engine 桌面地理系统 MeDesk 绘制电子地图,分为如表 6-11 所示的 5 个图层。

表 6-11 电子地图的图层分配

图层	空间实体	实体意义	是否显示	说　　明
图层 1	点	银行	显示	粉红色的点
图层 2	线	道路	显示	绿色的线
图层 3	面	街区	显示	黄色的面
图层 4	点	公安局	显示	红色的五角星
图层 5	点	拐点	隐藏	道路交叉点

每个图层对应于一个图例，把以上 5 个图层合成一张复合图，即图库中的复合图，生成扩展名为 .XDB 的图库文件。

(2) 关联数据库。5 个图层的属性数据写入数据库中，并实现和图库关联。图层各类实体关联数据库表，见图 6-11。

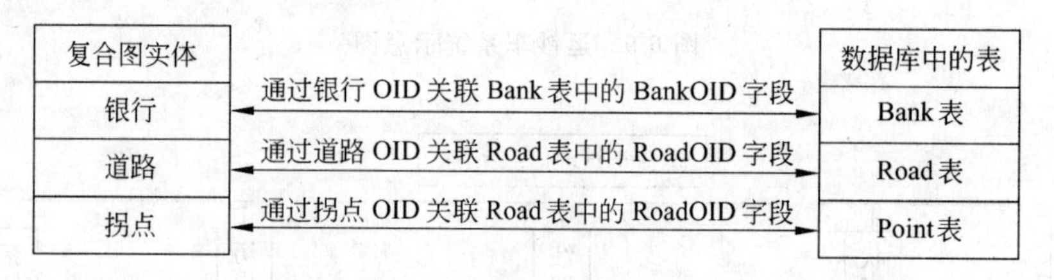

图 6-11 图库关联数据库

通过建立这种一一对应的关系把电子地图的空间数据和数据库中的属性数据联系起来。这部分工作是十分重要的，单独的图形数据和属性数据都无法发挥最大的价值，只有把它们关联起来，才可以最有效地利用这些数据，实现支持科学决策，使信息可视化。

(3) 创建 Bank 表、Road 表、Point 表。主要的工作就是指定填写与图层对应的数据库表中的关联字段，该关联字段的内容就是属性数据中代表这个空间实体属性的唯一标识符—实体码(OID)。

```
Bank(BankID,BankOID,BankName,BankStatus,PointOID,RoadOID)
Road(RoadOID,RoadName,RoadStatus)
Point(PointOID,PointID,RoadOID,PointX,PointY)
```

2. 路线静态显示

路线静态显示的目的是实现算法静态可视化，主要用画线来实现，直接画到复合图(屏幕)上，并不保存到图库中。具体步骤如下。

(1) 读取算法计算出来的路径数据(编号)，存入数组中。

(2) 根据读到的编号 PointID，从 Point 表中取出点的坐标，按顺序存入数组。

(3) 设置“线”的图例 Legends、颜色，读取“线”的 OID。

(4) 按取出的坐标画线，在地图上直观地把路线以不同颜色显示。

(5) 利用 CompoundMap_RedrawScreen 刷新地图。

3. 路径动态演示

为了显示运钞车的动态轨迹，必须同时给定经度和纬度才能唯一确定它的位置。所以，根据算法计算的点的顺序，从数据库 Point 表读出经度、纬度坐标，车辆实时行驶的位置坐标及其他信息再存到数据库中，供历史记录查询使用。具体步骤如下。

(1) 创建行驶记录 DriveRecord 表。

(2) 采用静态可视化方法，读取算法计算出来的路径数据(编号)，存入数组中；根据读到的编号 PointID，从 Point 表中取出点的坐标，按顺序存入数组。

(3) 设置轨迹线的图例 Legends、颜色，读取轨迹线的 OID。

(4) 编写 Timer()事件，设置时间间隔，画点(运钞车)，画线(行驶轨迹)，根据算法记录的信息，在地图上实时绘制显示。

(5) 在 Timer()事件中实时把数据保存到 DriveRecord 表中。

(6) 利用 CompoundMap_RedrawScreen 刷新地图。动态演示过程中，用户根据需要可显示或不显示行驶轨迹。

动态显示的路径如图 6-12 所示。

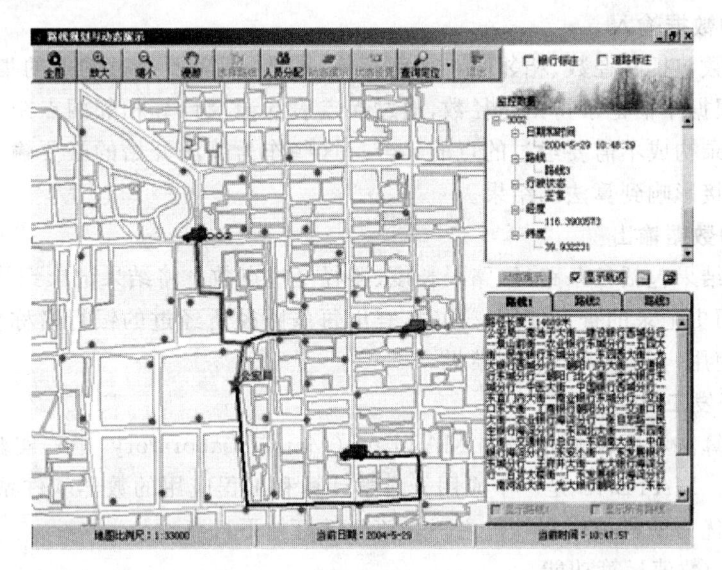

图 6-12　车辆和路径动态显示

4. 历史记录

为了便于对历史数据的查询，该系统中保存了历史纪录，并根据查询的需求刷新地图显示内容。具体方法如下。

(1) 利用 DTPicker 控件实现用户对查询日期的选择，DTPicker 控件选择日期数据方便，用户不需要输入操作，做到减少系统输入错误，提高系统数据安全性。

(2) 按查询日期，从 DriveRecord 表中按行驶时间 DriveTime 字段排序读取历史行驶过的坐标，存入数组中。

(3) 定义 legends 对象设置轨迹线的图例 Legends、颜色，读取轨迹线的 OID。

(4) 编写 Timer()事件，设置时间间隔，画点(运钞车)，画线(行驶轨迹)，在地图上实时绘制显示。

(5) 利用 CompoundMap_RedrawScreen 刷新地图。

6.2.5 算法设计

算法是"运钞车线路决策系统"的核心,根据所给参数得出相应的规划结果。主要包括以下几个方面设计。

1. 算法的理论依据

通过对运钞车线路规划问题的研究,得出了解决该问题的基本算法理论,并进一步分析实际情况,改进基本理论使其解决问题的方法更贴近现实。然后将理论翻译成计算机语言加以实现。

运钞车线路规划问题与旅行商问题类似,即遍历所有的点而花费最小。但不同之处是,它要求多辆车同时出发并遍历所有点,且每辆车行程有一定约束条件,因此它更符合带有约束条件的多旅行商问题。在解决方法上采用最短路径算法和最大节约算法结合并加以改进。运用最短路径算法计算出任意两点的距离矩阵和路径,最大节约算法形成路径并使距离尽量短。

2. 算法的数据输入

算法的参数包括路径数、相邻两点距离矩阵、点数、不需要经过的点的集合。在进行路径选择之前,根据车辆记录得出路径数,通过拐点表的记录计算相邻两点距离矩阵,银行表的停业银行记录构成不需要经过的点的集合。这些作为算法开始的必要输入参数,这些参数的变化将直接影响到算法的结果。

3. 算法的数据输出

算法计算结果包括各条路径、路径长度、路径经过点数。将结果记录到数据库中当日路径记录,作为历史记录的查询使用。同时,查出每条路径所经过的银行名称和道路名称,输出到界面上,使用户能直观地看到结果。

4. 算法开发工具

本系统中算法和图像显示采用 MATLAB(Matrix Laboratory,矩阵实验室)作为基本开发工具之一。MATLAB 是一个应用于科学计算和工程应用的数学软件系统。现已成为国际公认的最优秀的科技应用软件之一。该软件有如下特点。

(1) 超强的数值运算功能。

(2) 简单的程序环境。

(3) 先进的数据可视化功能。

(4) 丰富的程序工具箱。

MATLAB 的这些特点使其具有对应用学科的极强适应力,并很快成为数值计算、图形文字处理、数据分析、动态仿真、信号处理乃至科技文字处理等领域中必不可少的工具软件。MATLAB 利用其丰富的函数资源,把编程人员从繁琐的程序代码中解放出来。MATLAB 用更直观的、符合人们思维习惯的代码,为用户提供了最直观、最简捷的程序开发环境。

6.3 基于 Web 的办公信息系统

办公自动化信息系统是企业和组织信息化、电子商务、电子政务系统和知识管理信息系统的基本组成部分,具有普遍性和较强的通用性。它使复杂、繁琐的办公室事务变得自动化、流程化、数字化,大大提高了单位各部门的工作效率,并使信息的价值得以充分的体现。

本节介绍的是一个通用的办公自动化信息系统：联达动力网络办公系统。

6.3.1 现代办公系统的理念

基于计算机和网络技术的现代办公自动化系统体现了很多新的管理理念，实现了传统管理中难以实现的很多功能。特别是，当前企业信息系统及办公自动化系统的发展趋势是基于因特网和 Web 技术，使得管理和办公的理念发生了巨大的变革。主要表现在以下方面。

1. 个性化的管理流程

现代管理思想中十分重视过程管理，通过对过程质量的监控，实现系统的质量保证。过程管理是将业务划分为相对独立的过程，一个过程的输出将成为下一个过程的输入，而对于过程内部则使用标准的程序进行管理和控制。基于这种思想，该系统将各种需要进行流程管理的日常办公行为划分为申请提交、审批流转、登记办理等几个层次，各种不同事务的处理过程完全由用户自行设定。这样，可以使单位根据自身特点充分实现管理工作的个性化特色，同时为单位随时调整管理流程变革提供了有力保证。

2. 工作流程自动化

所谓的工作流就是一组人员为完成某一项业务所进行的所有工作与工作转交(交互)过程。几乎所有的业务过程都是工作流，特别是办公自动化应用系统的核心应用——公文审批流转处理、会议管理等。每一项工作以流程的形式，由发起者(如文件起草人)发起流程，经过本部门以及其他部门的处理(如签署、会签)，最终到达流程的终点(如发出文件、归档入库、发布)。

工作流程自动化的目标就是要协调组成工作流的四大元素，即人员、资源、事件、状态，推动工作流的发生、发展、完成，实现全过程监控。不仅管理工作流全过程的所有信息和操作，而且还可主动推进工作流程的实现，如及时地自动收回或赋予不同人员的操作权限(如起草人起草文件完毕即不可修改文件内容，而其上级领导获得文件的签署权或对内容的修改权)、主动提示和催促工作人员实现某一阶段的处理，从而整体提高工作流处理的效率。

3. 完整的安全控制功能

办公自动化系统所处理的信息一般会涉及单位机关的机密，而且不同的办公人员在不同的时刻对办公信息的处理权限也是不同的，因此安全性控制功能成为办公自动化系统得以投入使用的先决条件。本办公软件采用 3 级加密技术，操作系统级(配合防火墙软件)、数据级(数据加密)、用户级(安全权限的划分限制)。为企业信息的安全畅通提供了有力保障。

6.3.2 系统结构

采用灵活的系统体系结构。各类型单位虽然管理模式多种多样，但究其管理内容，大同小异，在产品化开发中，本系统从提高产品适用范围的角度，充分调研各类企事业单位管理模式、内容，精心选择设计核心平台功能。为用户预留可反映其自身管理特色的设置功能，实现了用户自行定义内部管理体系结构，设置各种管理工作流程，系统参数全动态设置等功能。同时，可以使用户根据自己企业的实际情况灵活选取所需要的模块，并可与其他业务系统通过定制接口无缝衔接，实现内部信息系统间的互通、互连。

1. 一体化的办公自动化平台

单位日常办公管理工作有一个共同的特点，就是各部门的业务不是孤立的，而是在互动的过程中相互促进，共同提升。与单一的业务管理软件不同，OA 系统根据现代办公理念而设计，将各种相关办公业务进行合理整合，提供了统一的操作平台，实现了办公管理业务信息的全面共享。将各职能部门紧密结合，形成一个有机的整体，从而提升了单位整体的管理、服务效率。办公自动化系统平台如图 6-13 所示。

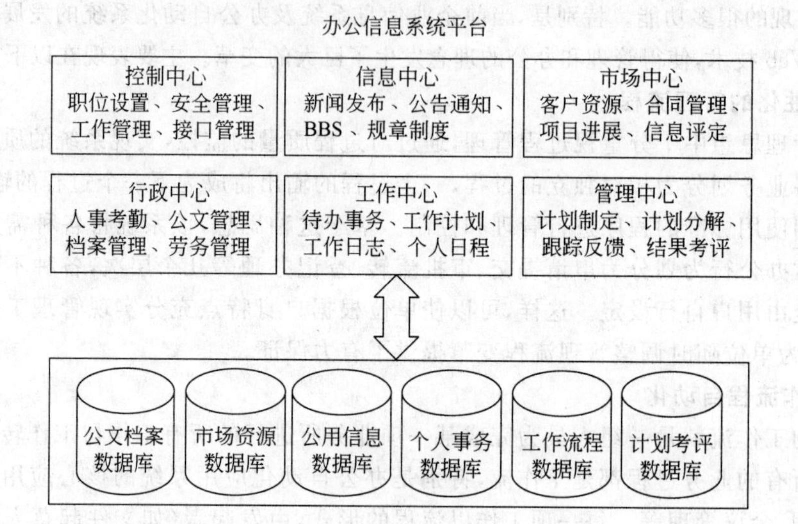

图 6-13　办公自动化系统平台

2. 基于因特网和内联网的网络平台

本系统采用 Web 开发标准，可以随时实现在互联网上的应用，提供办公人员在办公室以外的办公手段，可以远程拨号或登录到出差地的网络，通过电话线或广域网络，随时可以访问到企业办公自动化系统；将办公自动化系统应用地点由固定的物理位置延伸到其他所有被网络覆盖的地方，可提高工作效率和减少费用，并且符合现代办公方式的发展特点。该系统的网络平台如图 6-14 所示。

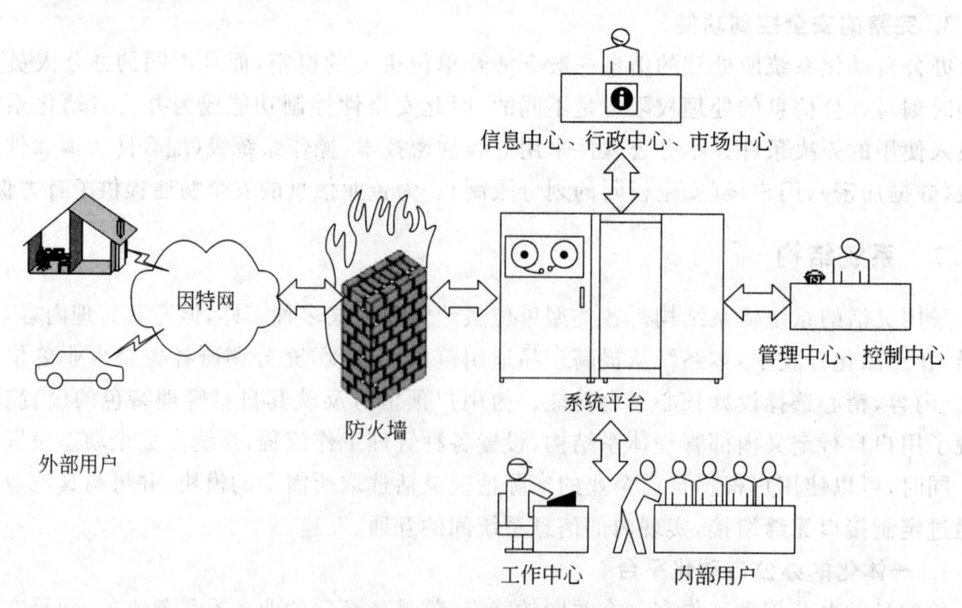

图 6-14　基于 Web 的办公自动化系统结构

3. 系统的功能结构

该办公信息系统以岗位角色为核心，允许客户根据本单位的实际管理需要，灵活进行各类角色的定义，赋权工作。体现了现代管理中的定岗定员、对岗不对人的管理思想。同时支持操作用户身兼多职，极大降低了由于人员调动及岗位变动为系统设置带来的影响。

单位领导通过对各类职位角色的权限设定，就可以完成本单位架构体系、管理范围的自动划分。系统功能结构图如图 6-15 所示。

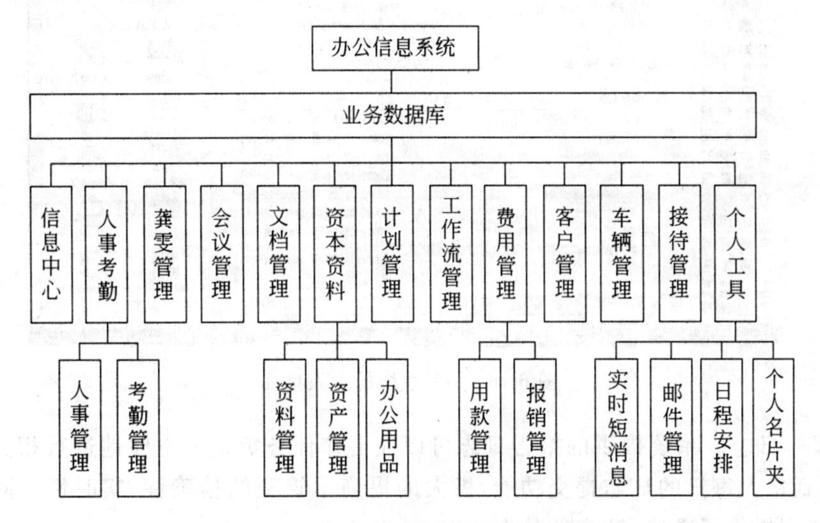

图 6-15　办公自动化系统的功能结构

图 6-15 中，信息中心是通过计算机网络进行员工之间、部门之间进行信息交流与共享的公共平台。在这里，用户可以根据本身实际情况自行定义信息栏目名称（如新闻、公告、大事记、机关介绍、规章制度、奖惩通报……）、层次结构（可进行下级栏目设置，如按部门设置新闻公告栏目、按类别设置规章制度、按主题设置机构介绍、人员介绍……），设置各个栏目的发布管理人员、修改删除人员，并可将指定栏目设置为默认栏目，即进入信息中心后的默认显示栏目；员工可以查看组织中的最新消息，各种规章制度等，使用常用链接可以及时访问所关心的 Web 站点；使用 BBS 功能，可以随时发表相关的意见或针对某一问题进行讨论；信息中心同时提供飞机航班和行政区号的管理和查询功能。

6.3.3 个人桌面

个人事务模块是为提高员工的日常工作效率提供的个性化服务功能。个人桌面是员工使用办公自动化信息系统的主要窗口界面，就像一个虚拟的办公桌，所有办公自动化的功能都可以在这个桌面上方便地找到。主要功能包括员工待办事宜、我的邮件、个人办公申请、个人名片夹、个人日程、个人理财、签退、我要离线、修改口令、收发短信息、设置定时提醒、查看当前在线人员情况。个人桌面窗口如图 6-16 所示。

1. 工作计划

(1) 计划安排。计划安排实现对日常工作计划的安排、下达、负责人员的指定，同时支持进行计划的再分解操作。

(2) 跟踪检查。实现对于工作任务时间进度、工时进度、任务进度的多种跟踪检查。方便的穿透查询功能，可以使管理者对于任务进展情况进行直接、准确的监控管理。

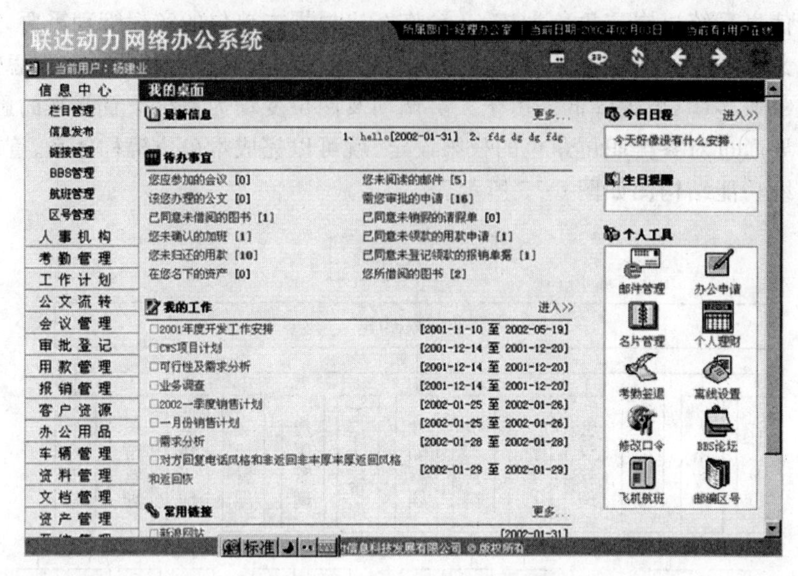

图 6-16　OA 系统的个人桌面

(3) 报告日志。系统提供的报告日志可以使工作任务负责人方便地进行相关报告的提交，可以细到每人每日的日志提交功能，极大的提高了管理的精确性，实时性。同时也为将来的工作考评提供了准确、翔实的数据。

(4) 费用管理。通过与费用报销模块的连接，方便管理者对于相关工作任务的费用投入情况进行直接管理。

2. 个人工具

(1) 邮件管理。通过内部邮件功能、实现内部员工通过邮件进行日常工作交流。同时具备的 POP3 邮件管理功能，可以实现对外部邮箱的管理功能。

(2) 个人名片夹。员工通过个人名片夹可以方便、快捷的实现对于常用联系人的分类管理、综合查询等功能。

(3) 消息管理。实时短消息功能可以实现员工之间在线实时交流，极大地方便了日常办公。支持声音提示、图标提示、闹钟设置等功能。

(4) 日程管理。可以实现对个人日程的安排，提示备忘等功能。便于用户对日常工作计划进行安排、管理。

(5) 个人理财。可以实现员工对个人财政情况的登记管理、查询统计等功能。

6.3.4　公文流转

公文流转用于处理日常工作中的单位内外部的各种公文，利用计算机网络的高速迅捷和计算机控制的严格准确性实现公文的处理。公文管理模块相对传统公文处理而言，在很大程度上提高了公文处理效率和准确性，用户操作简便易行。

公文流转包括了公文的发文草拟、发文审核、发文会签、发文签发、发文登记、发文传阅、收文签收登记、收文审核、收文拟办、收文批办、收文承办、公文归档销毁、公文查询以及公文的流程监控、公文催办、公文流程定制等。公文流转窗口如图 6-17 所示。

图 6-17 公文流转窗口

公文流转中,用户可以预先定义公文的处理流程及相应的处理权限,在拟制、登记及公文流转过程中具有相应权限的人员可以进行公文在线编辑,可以进行跳签、插签、退签、撤销等处理。针对管理流程的工作原理,系统可由用户通过流程设置功能对各种办公审批、请示报告等流转环节进行完全的自定义设置,实现了各类办公文件的自由流转,充分体现流程化管理的管理思想。

6.4 超市销售点终端系统

销售点终端(Point-Of-Sale Terminal,POST)系统是一个计算机信息系统,用来记录商品销售信息和处理客户的支付。使用这种系统的典型代表是零售百货商店、超市等。它包括计算机网络、计算机和条形码扫描仪等硬件设备和系统运行软件。

本节案例主要说明基于 UML 的面向对象的系统开发方法中涉及到需求分析和概念模型建立以及一些简单 UML 图形的应用等基本问题,至于面向对象方法设计的完整案例可以参考本章后给出的参考文献。选择 POST 作为案例的重要原因之一是由于大多数人都很熟悉。

图 6-18 为一个超市 POST 系统的示意图。

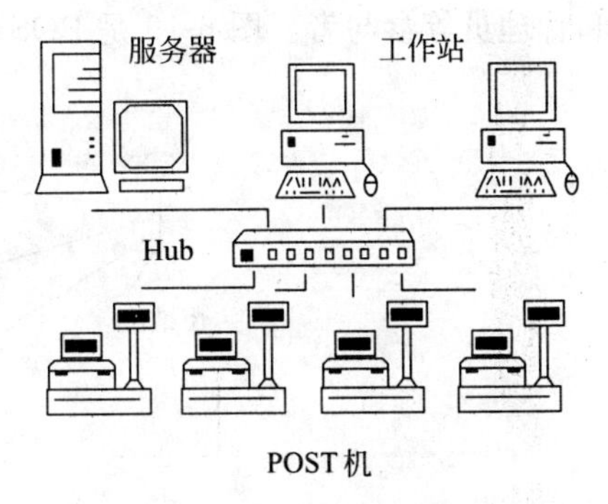

图 6-18 超市 POST 系统示意图

6.4.1 系统需求

需求是经过对应用领域和用户需求作详细的调查研究,并且与用户反复讨论、相互沟通以后才得到的,这是建模的基础。为此首先需要将问题陈述清楚。

1. 问题陈述

超市的管理信息系统是由服务器、PC、收款机和其他辅助设备组成的网络系统。超市有多台收款机和多位出纳员。出纳员并不固定在某一台收款机上工作。超市的购物区有若干出口，收款机放置在出口处，出纳员凭口令进入收款机系统。

顾客在入口处取得购物筐，去挑选商品。顾客将挑选好的商品放入筐中，去出口处交给出纳员。

出纳员在收款机上用条码阅读器读入商品条码，若商品包装上无条码，则在键盘上输入商品价签上的商品编号；收款机显示屏上自动显示收款机内预置的对应价格和计量单位；收款员输入商品数量(或重量)；这时显示屏上出现应收金额，若该商品属于促销商品，显示屏上还显示按照预置的折扣率计算出来的折扣，至此一种商品处理完毕。

一位顾客的所有商品处理完毕以后，在显示屏和顾客显示牌上显示合计金额。顾客交款可用现金、支票、信用卡。收款员将现金、支票放入钱箱中。信用卡刷完后交还顾客；打印机打印销售小票；将找零和小票交给顾客。至此一个交易完成，顾客带着商品离开。

2. 用例识别

识别用例的最好方法是从参与者列表开始，然后考虑每个参与者如何使用系统。使用这个策略，能够获得一组候选用例。每个用例必须被赋予一个简单、描述性的名字(动词短语)，用例描述的是正在做什么。用例建模是迭代的和逐步精化的过程，可以仅从用例名称开始，稍后填充细节信息。这些细节由初始简短描述所组成，它们被精化成完整的规格说明。

例如下面给出“购买商品”用例的描述。

用例：购买商品。

参与者：顾客、出纳员。

描述：顾客带着所购买的商品到收款处。出纳员记录下商品信息并收款。付款完成后，顾客带着商品离开。

用类似的方法还可以描述登录、退换商品、启动、管理用户和其他用例，以及系统管理员和管理员等参与者。图 6-19 是 POST 系统的部分用例图。

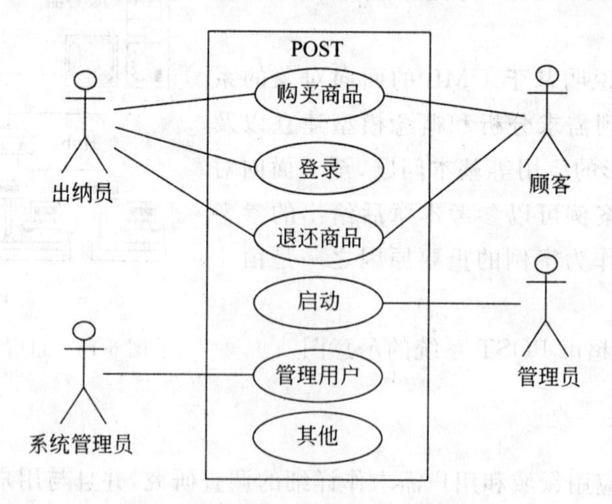

图 6-19 POST 系统的部分用例图

3. 类和对象识别

通过对陈述中涉及的名词、动词初步筛选可以得到下列类和对象：超市、管理信息系统、收款机系统、服务器、收款机、收款员、口令、商品、购物清单、条码、条码阅读器、键盘、价签、商品编号、显示屏、价格、计量单位、商品数量(或重量)、应收金额、折扣率、折扣、顾客显示牌、合计金额、币种、付款方式、钱箱、找零、打印机、小票、交易、顾客卡、收款机销售日报、收款员销售日报。

系统中涉及的类和对象的识别为进行实体关系分析、建立系统数据库打下基础。

6.4.2 系统分析

系统分析阶段强调对需求、概念和操作的理解。这一阶段的工作包括精化用例图、精化概念图、定义系统顺序图、定义状态图等。在这个阶段中调查分析的焦点是要找出问题是什么,即概念是什么,过程是什么等。

1. 系统概念模型

概念模型是面向对象方法分析阶段最重要的成果之一。概念模型是将问题分解成多个单独的概念或对象,即分解成能够观察到的事务。一个概念模型用一组静态结构图表达,在图中并不实现操作和方法。图 6-20 即为 POST 系统的概念模型。

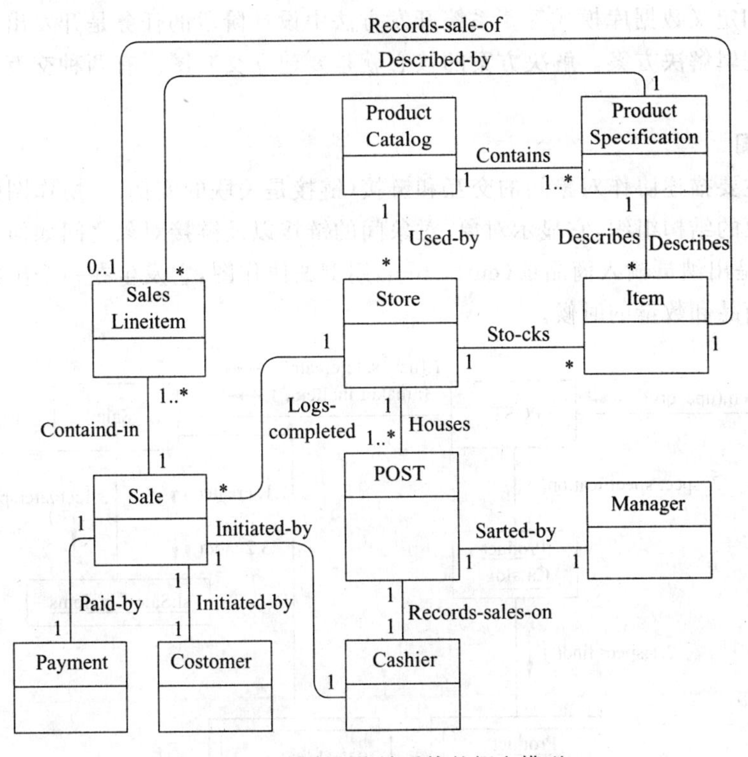

图 6-20 销售点终端系统的概念模型

2. 分析包

包是 UML 的分组物件——它是模型元素的容器和物主。每个包具有它自身的名字空间,包内元素被赋予可视性,表示对于包的客户来说是否可见。销售点终端支付包的形式如图 6-21 所示。

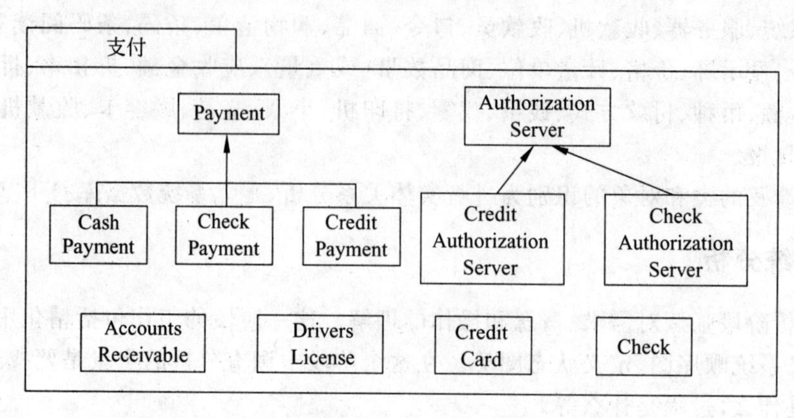

图 6-21 支付包

6.4.3 系统设计

面向对象系统设计阶段的工作主要包括定义真实用例、精化系统结构、定义交互图、定义设计类图和定义数据库模式等。系统开发方法中设计阶段的任务是开发出一个基于面向对象的系统逻辑解决方案。解决方案的核心就是要建立交互图。有两种交互图：协作图和顺序图。

1. 协作图

协作图主要描述协作对象间的交互和链接(链接是关联的实例)。协作图强调接收和发送消息的对象的结构组织，它显示对象、对象间的链接以及链接对象之间如何发送消息。如图 6-22 所示是出纳员输入商品项(enterItem)用例的协作图，它发生在一个出纳员录入顾客所要购买的商品和数量的时候。

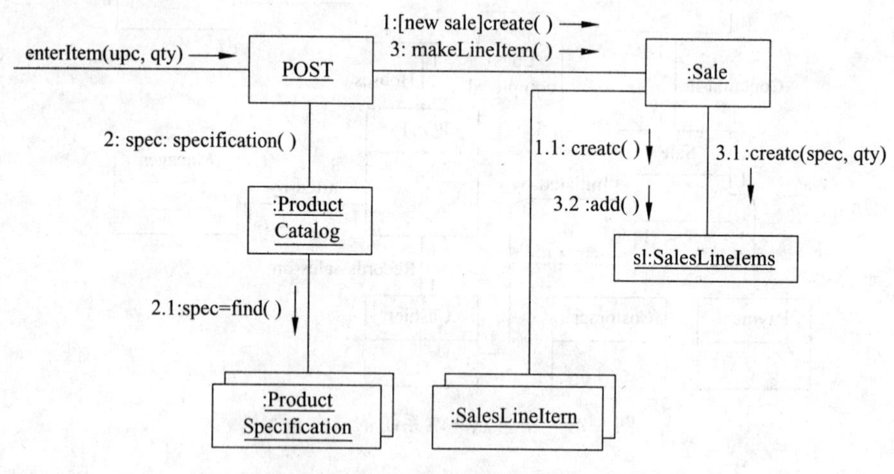

图 6-22 输入商品项的协作图

该协作图表示，出纳员将输入商品项的消息(enterItem)发送到 POST 机，POST 机有条件地创建 Sale 类的一个实例；之后，POST 机再向 ProductCatalog 发送一条 specification 消息，并取回一个 ProductSpecification 实例；最后，向 Sale 发送：makeLineItem 消息。

2. 顺序图

顺序图用来描述对象之间动态的交互关系，着重体现对象间消息传递的时间顺序。顺序图有两个坐标轴：纵轴显示时间，横轴显示对象。横轴上的对象排列顺序没有严格的规定。顺序图中的对象用一个带有垂直虚线的矩形表示，并标有类名和对象名。垂直虚线是对象的生命线，用于表示在某段时间内对象是存在的。对象间的通信通过在对象的生命线之间的消息线来表示。

在面向对象技术中，对象间的交互是通过对象间消息的传递来完成的。在 UML 的 4 个动态模型中均用到消息这个概念。通常，当一个对象调用另一个对象中的操作时，即完成了一次消息传递。当操作执行后，控制便返回到调用者。对象通过相互间的消息传递进行合作，并在其生命周期中根据通信的结果不断改变自身的状态。

图 6-23 所示的是顾客用信用卡进行结账的顺序图。根据顺序图可以看出出纳员先向销售点终端输入顾客的信用卡号，销售点终端向联网的信用卡授权服务机构发出请求，请求确认信用卡是否有效，信用卡授权服务机构经核实向销售点终端系统发回消息，销售点终端系统再进行转账。

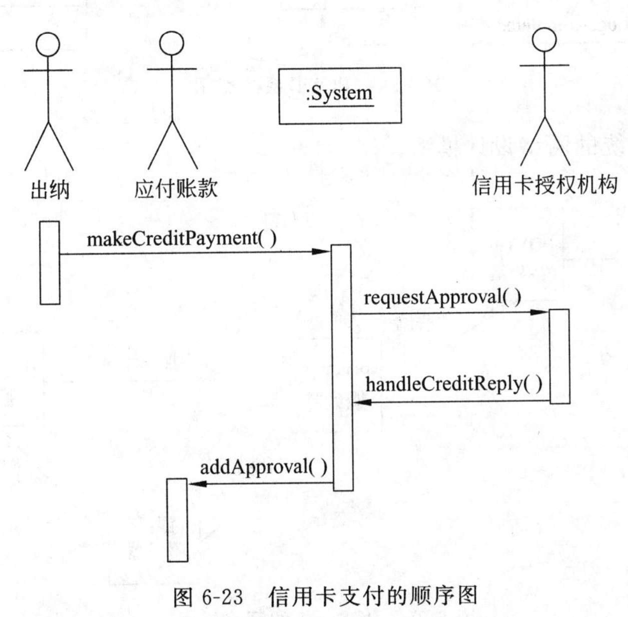

图 6-23　信用卡支付的顺序图

3. 设计类图

设计类图说明了软件类及其关联，属性和应用程序接口及操作等信息。通过分析交互图，识别所有参与软件解决方案的类。POST 系统的类图如图 6-24 所示。

4. 架构设计

架构设计的目的是通过对以下内容的识别来勾画设计和实施模型及其架构，即识别结点及网络配置。物理网络的配置通常对软件架构有很大影响，这包括所需要的主动类以及网络结点间的功能分布。网络配置主要包括如下几个方面。

(1) 包含哪些结点以及这些结点在处理能力和存储容量方面有什么要求。

(2) 结点间采取何种连接方式，采用什么样的通信协议。

(3) 连接方式和通信协议有些什么特征，如带宽、有效性、质量等。

(4) 是否需要有容错能力、错误恢复、移植、数据备份等要求。

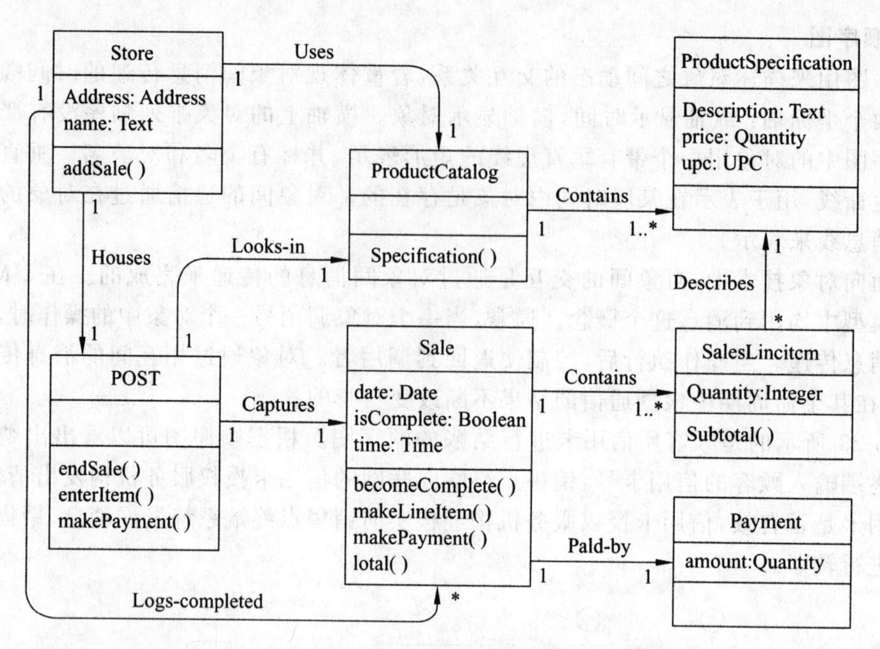

图 6-24 POST 系统类图

图 6-25 为该系统的网络设计模型。

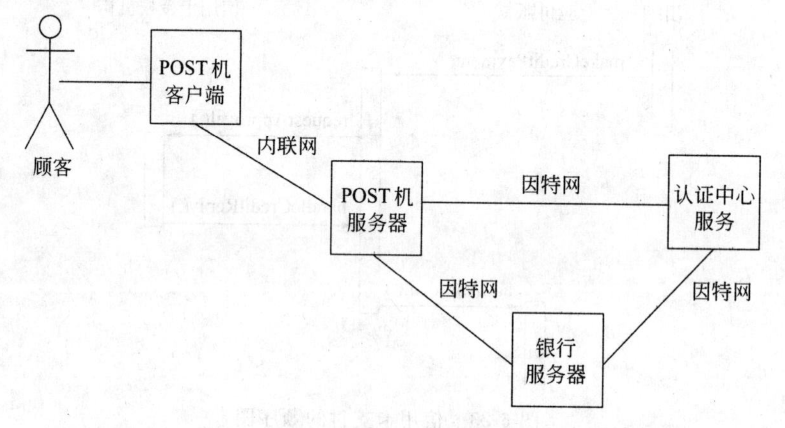

图 6-25 POST 机的网络设置

小 结

1. 本章学习目标

(1) 掌握一般信息系统结构化设计方法的应用。

(2) 学习可视化、决策支持系统的开发。

(3) 熟悉基于 Web 的信息系统开发。

(4) 了解基于 UML 的统一开发过程的具体实现。

2. 本章主要内容

本章介绍了 4 个信息系统开发实例，每一个实例重点介绍信息系统开发中某几个方面的问题，提供学习者参考。

阳光创业音像商店的案例主要介绍一般商业公司管理信息系统的设计中所遇到的一些基本问题，以及结构化设计方法的基本过程。例如需求调查、系统数据流图、实体关系图和数据字典的设计以及系统逻辑模型的建立等问题。

运钞车线路决策管理信息系统的案例主要是强调信息系统的决策支持功能对现代信息系统的重要性，以及可视化信息系统设计的基本思想。案例中给出了数字地图和基本算法实现的基本思路和具体结果。

办公自动化系统的设计主要介绍现代管理和办公的理念以及系统实现方法，特别是基于 Web 的信息系统的设计，包括系统的物理模型、功能模型等。其中关键是建立一个共享的信息平台和网络平台。

超市管理信息系统的案例主要是介绍基于 UML 的面向对象系统设计方法的应用。该案例介绍了使用 UML 涉及信息系统的基本步骤和基本的设计方法，给出了设计中产生的一些主要图形。

习题与实践

一、习题

1. 系统的信息需求调查对系统设计有什么重要作用？
2. 结构化开发方法对信息系统需求调查有什么要求？如何实现？
3. 数据字典的作用是什么？
4. 如何绘制系统的数据流图？
5. 如何建立系统的数据模型？
6. 什么是可视化信息系统？
7. 系统的决策支持功能为什么很重要？
8. 数字地图如何实现？
9. 路径优化有哪些基本算法？
10. 基于 Web 的信息系统有什么特点？
11. 简述办公自动化信息系统的一般结构？
12. 公共信息平台在 OA 系统中的重要作用是什么？
13. 使用基于 UML 开发信息系统分析阶段的主要工作是什么？
14. 在基于 UML 开发方法中，交互图的作用是什么？
15. 在基于 UML 开发方法中，如何体现用例驱动的思想？

二、实践

1. 查阅参考文献，结合前面学习过的知识，分组将案例的内容补充完整并互相交流。
2. 结合课程设计，选择一个案例类型开发一个实际的信息系统。
3. 选择一个熟悉的小型业务管理，分别采用不同的开发方法，完成信息系统的设计，体会不同方法之间的区别和联系。

第7章　信息系统规划和需求工程

初学系统开发的人总是以为开发过程中最难的工作是程序编写。拿到一个项目时首先就是考虑动手编写程序，而忽略了在学习实践中一些很重要的能力的培养。其实很多系统开发专家都提示我们，这样做没有不失败的。大量的实践都证明系统成功和失败的关键是系统开发的前期工作。例如系统规划和需求的确定。

前面第4章4.2节从结构化方法的角度，介绍了作为结构化方法第一个阶段的系统规划的有关概念、方法和步骤。实际上在信息系统开发时，无论使用什么开发方法，都必须首先认真地规划，才能保证开发的质量、节省开发成本和时间。系统规划是信息系统开发中系统观点和系统工程方法的最重要体现之一。本章主要介绍系统规划的一般概念和方法，与需求工程放在一起作为独立的一章，其目的也是强调系统开发前期工作的重要性。

本章主要内容：

(1) 信息系统规划。

(2) 信息系统需求工程。

7.1　信息系统规划

孙子兵法中说“凡事予则立，不予则废”，意思是说，要取得战争的胜利就需要在战争开始前做好周密的规划。因为战争就是一个复杂的系统，要取得战争的胜利要规划好后勤保障、作战指挥和情报、部队调动等多个系统有条不紊的配合。同样，信息系统特别是规模较大、结构复杂的信息系统开发也涉及到方方面面的协调和资源的整合。

7.1.1　信息系统规划的任务

正如时间管理专家所说，“你用于计划的时间越长，你完成工作所需要的时间就越短。”任何复杂的工程在开始开发前都首先需要周密权衡各方面的情况和条件，对系统开发进行比较充分的“算计”，确定一个合理的目标，并拿出一个切实可行的行动计划，以便使系统的实现过程更有序、更高效，这个过程就是系统的规划。简单地说，规划就是确定预定的目标和行动路线。信息系统规划主要涉及到以下3个方面的任务。

1. 系统使命

信息系统规划首要的工作就是要确定信息系统的使命(mission)，即说明系统要干什么。在这里包括两种类型的使命。

(1) 目标(Objectives)。长远的发展规划和战略机遇的把握。

(2) 目的(Goals)。近期实现的具体目的。

战略规划的方向和目标首先应是非常明确的，信息系统的定位和发展目标一定很清楚。尤其重要的是，这些目标应该切合企业或组织的实际，也就是要根据实际的需求和可能制定系统开发目标。另外，一个好的规划应该留有变化的空间，并且处理好各个部分利益之间的关系，好的规划常常是平衡和折中的体现。

2. 如何实现使命

接着就要解决如何实现战略的方法(How)，主要解决如下问题。

(1) 如何实现战略，包括实施的具体战术。

(2) 计划和预算，包括实现的优先级等。

这里包括3方面的问题，首先要在充分调查研究的基础上，对系统开发环境的影响和限制做出比较充分的分析。环境的情况包括企业发展的情况，内部的管理模式，也包括本地、国内以及行业内部的政策、发展趋势、竞争对手的情况等。第二，在规划中要充分考虑资源的整合，包括企业内外的各种资源，例如资金、人力等，以便选择最适合本企业或组织的开发方案和策略。第三，就是规划的本身也体现了机遇的发现和把握，这一点对企业赢得发展机遇是至关重要的。

在规划中细节的安排是不需要的，但一定要有时间进度表和具体的技术指标。以便于监测和控制系统开发的进程。这些计划和指标应该是切合本企业或组织实际的，还应该具有可操作性，此外计划和指标都应该具有一定的灵活性。

3. 系统开发的环境条件和约束

任何目标的实现都必须考虑系统所存在的环境和各种约束(Limits)，否则目标就没有意义。

(1) 政治环境，例如政策、法规和市场规则。

(2) 社会经济环境，例如经济形势、市场需求、资金、人力等。

7.1.2 信息系统规划的要求

信息系统规划本身也是一项系统工程，规划的质量对信息系统的开发效率和目标的实现都有重要影响。对于不同层次的规划及规划的系统不同，信息系统规划的步骤、内容都有可能有所区别。

1. 规划的种类

如果细化信息系统规划的种类，可以分为多种类型，每一种规划的使命有所不同。

(1) 战略规划。

(2) 战术规划。

(3) 运行规划。

(4) 调度和发放。

2. 规划的要求

根据信息系统规划的任务，系统规划应满足以下的要求。

(1) 规划目标明确。

(2) 全面分析环境对规划目标的约束。

(3) 合理的计划与恰当的指标。

为此，在制定信息系统规划时一般要考虑和了解以下情况。

(1) 当前整体业务需求的目的。

(2) 要求提供的需求功能。

(3) 已经定义的需求规则。

(4) 将来发展的设想。

(5) 明确服务器和客户机的软、硬件及性能要求(容量、速度、可操作性等)。

(6) 用户目前相关的技术人员和业务人员情况。

(7) 将来最终系统操作人员的技术及业务人员情况。

(8) 用户需求的系统及用户本身或其他系统的接口要求。

(9) 用户的其他要求。

3. 规划的难度

规划虽然很重要,但并不是所有的开发者都认真制订系统开发规划。尤其是长期的战略规划,常常被忽视。甚至大量的企业开发信息系统时根本没有规划。产生这种情况的原因主要是制定规划尤其是战略层的规划是一件十分困难的事情,原因如下。

(1) 规划本身就是系统性工作。

(2) 需要预测未发生的事情,需要前瞻性。

(3) 面对的是复杂、多变的环境因素。

(4) 存在严重的不确定性,意味着巨大风险。

(5) 需要大量数据和复杂的处理过程。

7.1.3 信息系统规划的方法

系统规划就是用系统的观点分析对象系统。系统规划时要选择合适的方法并执行科学的规划步骤。系统规划的方法有很多,根据系统的类型、规模等因素可选择不同的方法,或综合运用不同的方法做出更满意的规划。

以下仅列出一些在信息系统开发时常用到的系统规划方法,这些方法在信息系统的规划时都可以应用。

1. 关键成功因素法

关键成功因素法(CSF)的基本思想是,根据企业成功的关键因素确定系统规划。关键成功因素的思想不仅是制定系统战略规划的有效方法,而且是系统实现的重要战略。这里的关键是要准确地分析哪些因素是实现规划目标的关键因素。由于复杂的系统往往是多目标系统,这些目标之间又存在互相制约的特征,很难直观看出哪些因素对实现系统目标来说是关键的。这就需要依靠丰富的经验和适当的分析方法。关键成功因素法的分析的步骤如下。

(1) 了解企业目标。

(2) 识别关键成功因素。

(3) 识别性能指标和标准。

(4) 识别测量性能的数据。

2. 战略目标集转化法

信息系统的目标是为了实现企业的目标而存在的。战略目标集转化法(SST)的基本思路是将组织的战略目标集转变为信息系统的战略目标。战略目标集转化法实现的重要步骤如下。

(1) 识别组织的战略目标集。

(2) 描绘系统的结构。

(3) 识别各个子系统的目标。

(4) 将组织的战略集转化为信息系统战略。

战略目标的转化很难用定量的方法表达,往往需要依靠管理的经验和知识定性地完成。

3. 企业系统规划法

企业系统规划法(BSP)主要基于通过对系统业务过程的分析,规划系统的结构和开发步骤,是一种以业务过程分析驱动的系统规划方法。其关键是通过对企业业务流程的分析,抽象出业务和数据之间的关系,并由此规划系统的结构和子系统的功能及接口。由于该方法目标清楚,可操作性好,所以在企业信息系统的开发中得到广泛应用。企业系统规划法的主要步骤可以用图 7-1 表示。

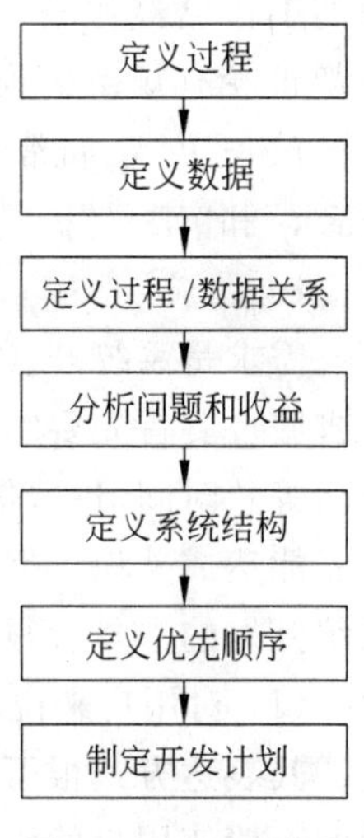

图 7-1 BSP 法流程

4. 逐步投入法

即使是一个规划很好的项目,也很难保证在执行的过程中不发生变化。例如项目的范围、实现的功能或采用的技术等都会发生改变,甚至使得一个本来明显可行的项目有可能变得不可行。这种变化可能来自开发团队本身,也可能来自客户,甚至可能来自企业外部的一些因素。

为了避免这种变化带来的损失,可以在项目开发的一些关键阶段设置检查点。在这些检查点对项目的规划进行审查,对项目进展的可行性要不断进行分析,以决定是否继续投入后续的项目开发。这就是所谓的逐步投入法。

一个项目可以在任何检查点被取消或被修改,无论已经投入了多少资源。决不要为了补偿损失而造成更多的损失。严格来说,逐步投入法不仅在系统规划阶段使用,也包括了系统开发的全部过程,是逐步规划、逐步投入、逐步实现的逐渐逼近的方法。逐步投入法的思路实际上在结构化方法、原型方法和面向对象方法中都有体现。

总之,在信息系统规划中最困难的工作是系统需求的确定,这就引出了需求工程的思路和方法。

7.2 需求工程的概念

本书前面在很多地方都提到了需求的确定对系统开发的重要性。人们越来越注意到系统开发的关键,也是难点往往在系统开发前期的工作。理论上讲,要想百分之百的弄清所有需求再开始信息系统开发几乎是不可能的。那么有没有什么方法能使得需求的确定更趋于完整、准确,出现了需求变化的问题可以比较有效地解决呢?这就是需求工程(Requirements Engineering,RE)所要解决的问题。实际上如果系统的需求完整并表述准确了,系统的开发就成功了一大半了。

7.2.1 什么是需求工程

既然需求的确定如此重要又非常困难,那么有没有什么方法能比较容易地完成这项工作呢。这就是需求工程要研究的问题。以前将需求仅仅看作是系统分析的一个步骤。随着系统的规模越来越大，需求确定的成本和难度都越来越大。有些学者开始将需求的确定看作一项工程来研究，更加突现了需求确定在系统开发中的重要性。

我们选择 Ian K. Bray 给需求工程下的定义："对问题域及需求作调查研究和描述，设计将满足那些需要的解系统的特性并用文档说明。"可以简单地说，需求工程就是定义需求的方法。一般说来软件工程是关于如何解决问题的，而需求工程的目的则是定义所需解决的问题。前面几章已经介绍了好几种规范的解决问题的方法，说明系统开发后半阶段的工作已经比较成熟、规范了，已经有了很多可以选择的工具。但要弄清解决什么问题却很少有规范的模式可以参考。但如果不知道要解决什么问题，显然这些方法工具都无的放矢了，正如常说，系统的质量是"对目的的适宜性"。这里有两个概念要特别注意，"需求"和"工程"。

1. 需求

需求是系统开发的依据也是验收的唯一标准。如果一个裁缝要为客户定做合身、满意的衣服。要首先要掌握客户身材等方面的准确信息，例如，三围尺寸、客户喜好(布料、颜色、风格等)、时间、价钱等。获得这些信息相对简单，只涉及到两个人，而且交流沟通很容易，很快就能达成共识。但是信息系统开发就复杂多了。首先就涉及到需求的种类很多，其次是系统开发的参与者很多，第三是不同的参与者对系统需求的表述有不同的方法。举例如下。

(1) 对用户来说，需求经常是具有便捷的操作功能，能提高管理效率并最终可以获得效益。其表达方式很可能是希望能自动打印需要的报表，系统具有个人喜好的界面模式等。他们一般使用自然语言表述自己的需求。

(2) 对开发者则可能是需要输入什么数据、数据的格式、数据需要如何处理、报表的格式、报表种类、操作方式要求等。这些人希望用流程图、模型或非二义性的语言来表述用户对系统的需求。

2. 工程

需求工程主要是面向大型信息系统开发的。如果是一个很简单的功能型系统，需求的确定不会太复杂，即使要增加或删除一、两个需求对系统开发的影响也不会太大。但是现在很多信息系统规模越来越大，功能越来越复杂，而且往往通过网络多个系统是互连的，信息是共享的。这些都为在系统开发时完整、准确地确定需求带来很多困难，需要采用系统工程的思路和方法才能完成需求的确定。这正是需求工程的目标也是"工程"在这里的主要含义。

系统开发实质就是将用户的需求转化为能完成需求的信息系统。需求工程的目标是找到一种方法能方便、准确的确定系统的需求并用规范的文档描述出来，以确保实现最终系统的构建。正如 Alan Davis 对需求工程所给的定义那样，需求工程是"直到(但不包括)把软件分解为实际架构组建之前的所有活动"，即内部设计之前的一切活动。需求工程就是将这些活动规范化，成为可以组织、管理并实施的工程方法。其中包括，成熟的方法、过程、清晰的文档、有效的验证测试方法等。图 7-2 就是需求工程功能示意图。

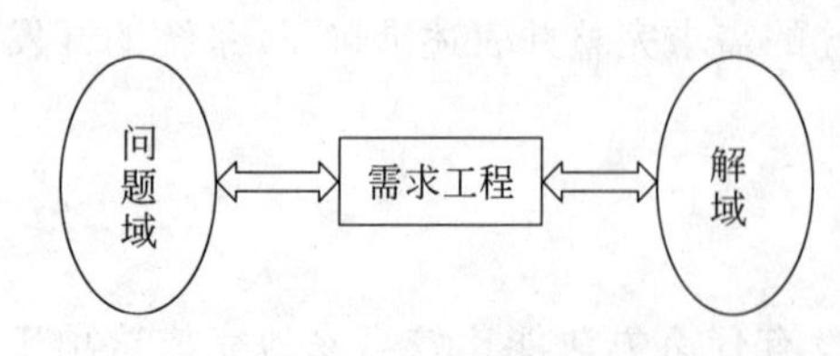

图 7-2 需求工程的功能示意图

实际上，本书前面几章介绍的各种方法无论是传统的结构化方法还是目前流行的面向对象的方法，都或多或少地强调了需求的重要性。在这里需求工程强调的是要将用户的需求转变为系统设计的需求，并以文档形式规范地表达出来，作为系统设计的基本依据和检验系统是否满足用户要求的依据。需求工程应该是整个系统开发工程的子过程，需求工程的主要工作应该在系统设计前进行，其输入输出如下。

(1) 需求工程的输入。来自各种信息源(问题域)的原始信息。

(2) 系统工程的输出。满足用户要求并且可以作为未来系统(解域)设计依据的规格说明文档。

需求工程更多应用的是组织和管理技术，强调的是系统工程的方法。正如中国著名系统科学家钱学森认所说"系统工程是一门组织管理的技术"，有了良好的工程习惯才能快捷、高效、高质量完成系统开发工作。

7.2.2 为什么要研究需求工程

在信息系统开发周期中需要人力最多，自动化程度最低的就是看似最简单的开发过程最前端的工作：需求的确定。系统开发的后期工作例如系统设计是建立在前期工作成果基础之上的，而且很多工作都已经有强有力的工具的支持，变得越来越容易，而需求工程是从无到有创建起来，而且没有多少现成的模式或特定的文档可供参考。这是需求工程的独特之处也是其困难的所在。

几乎所有的系统开发项目在开发过程中遇到问题甚至最后失败时，究其原因往往最后都归结于一个焦点：需求不明确。但在很多信息系统开发教科书中，这部分工作却没有得到应有的重视。因为这部分工作最难以规范化、最需要创造性和耐心。实际上需求确定的工作虽然技术含量似乎不是很高，但最能体现开发者的沟通能力、表达能力和组织协调能力以及是否具有良好的工程习惯。

可以从两方面说明需求工程的重要性，其一是基于对大量系统开发失败原因的分析，其二是对系统开发成本的分析。

1. 系统开发失败的原因

国内外很多系统开发专家们归纳总结了大量系统开发失败的经验教训发现，一个系统开发失败，不外乎以下几种情况。

(1) 系统未实现客户要求的功能。

(2) 成本超过预算。

(3) 系统不能正常运行。

(4) 超时。

进一步分析上述情况，可能有多种原因，例如，人员问题、能力问题、资金问题或规划不好，管理经验缺乏，进度失控、范围失控等具体原因，但追溯其根源往往都和需求确定失误有关。所以需要有一套可行的方法，改进这种状况。正如 Robert Glass 在《软件失控》中所说："项目需求无疑是在软件项目前期造成麻烦的一个最大原因，一个又一个的研究已经发现，当项目失败时，需求问题通常正是其核心问题。"

2. 纠错成本分析

由于信息系统开发工作的复杂性，在开发过程中出现错误是在所难免的。问题是要纠正产生的错误就需要付出更多的人力、物力和时间，这些都可以折算为纠错成本。

很显然，纠错成本的高低和系统规模的大小以及错误发现的时间相关。如果在搭建一个鸡窝的过程中发现不合适，推倒重建不会有太多损失。但如果要建一个100层的大厦，盖到最后一层发现地基打得有问题，或者发现正处于地震的高发地区，则很可能会导致整个大厦的毁灭。另一方面，如果在系统规划阶段发现的错误纠正起来容易些，但是当系统进入验收阶段，发现了需求方面的错误，要纠正就可能要花费很大的力气了。表7-1显示的是纠错成本与错误发现的时间之间的关系示意。

表 7-1　纠错成本倍增示意

发现错误的阶段	纠正错误的成本	发现错误的阶段	纠正错误的成本
需求收集阶段	1	系统设计阶段	100
系统分析阶段	10	系统实现阶段	1000甚至更多

因此，越早期的错误如果发现的越晚纠正的成本越高，这种成本会随着项目构建周期的延长而倍增。这就是所谓的纠错成本倍增定律。有时甚至为了纠正一个关键错误，最经济的办法往往是推倒重来，当然这种情况是开发者努力要避免的。为了降低由于需求不清或错误带来的风险，唯一的办法就是设法避免此类情况的发生——这也就是需求工程的目标之一。

可以归纳系统开发过程中系统需求的确定过程有以下特点。

(1) 对系统开发成败影响最大。

(2) 错误纠正成本最高。

(3) 做起来最困难。

如何将客户的需求转变为设计者的需求，从而保证开发团队能开发出客户满意的信息系统，这就是需求工程要解决的问题。从前面讲过的系统开发生命周期来看，需求工程要解决的问题可能涵盖了开发的全过程，主要是系统分析的过程。

7.2.3　需求的类型

一个系统开发团队决不是仅仅由会编写程序的技术人员组成，而是应该由多种类型的成员组成。系统开发需求的种类是五花八门的，甚至可以说，开发团队有多少类型的人就会有多少不同的需求表述，这些需求甚至可能是互相冲突、前后矛盾的。

有些需求是可以很方便用语言表述的，例如一些可以看得见的功能需求，有些则是需要用数据表达，还有些需要用图形描述。

需求类型有多种划分方法，在这里可以将系统开发中的需求大致分为功能性需求、性能性需求、设计约束、商业约束及其他一些类型。

1. 功能性需求

功能型需求一般用来表达系统要实现的功能即表述系统能做什么。这种类型的需求最初主要由用户方面提出，其细节则需要多方面反复共同协商最终以文档形式规范确定。任何功能的增加都会带来系统成本的变化。举例如下。

(1) 用户如何录入数据？

(2) 有哪些数据需要未来的信息系统管理和处理？

(3) 需要打印什么样的报表？

(4) 经常需要查询哪些数据？

(5) 用户在哪里使用系统？

这种类型的需求最具体也是其他各种类型需求的基础。这些功能界定了系统的边界，需要多方面的沟通和协商。特别要注意防止范围(不断、无限地)蔓延，因此明确的规格说明文档是必须的。系统开发者最终要准确把握未来的系统能做什么？不能做什么？

2. 性能需求

性能需求往往表现为系统行为的性能指标。所以属于技术性需求。这些指标是系统功能需求的技术抽象和对系统功能的一种量化描述，主要由系统分析人员与客户认真讨论确定。这些指标也是系统验收的重要依据。一些常见到的系统指标如下：

(1) 数据类型及格式。

(2) 处理速度。

(3) 数据容量。

(4) 可靠性。

(5) 可以同时登录的用户数量。

(6) 安全性。

这类需求往往呈现以下特点。

(1) 关联性。技术指标之间是互相关联的，往往一个指标的变化会带来多项指标的变化以及成本的变化，所以改变应该慎重。

(2) 可测性。所有技术指标都应该可以测试的，否则无意义。

(3) 转换型。可以转换为系统实现的模型，提供给系统构建技术人员作为编程的依据。

(4) 抽象性。大部分是看不见摸不到的，是依靠后台程序实现的。

技术型需求在系统开发的不同阶段，面向不同阶段的开发人员有不同的表达形式，最终可能要转变为DFD图、对象模型、数据库模型等系统实现所需要的形式。所以系统开发的过程也可以看作需求表达形式不断转化的过程。

3. 约束性需求

约束性需求属于非功能性需求，表明系统开发过程中必须考虑的限制条件，这些限制体现了各种功能、指标等之间的互相制约的关系。约束型需求可以分为两类：商业性约束和技术性约束。

(1) 商业约束。

① 成本。成本约束是所有需求中最复杂、最基础的需求，是制约所有其他需求的主要因素。成本需求包含多重含义，例如系统拥有者的投入、系统开发商的成本预算以及产出效益估算等。

② 时间需求。包含用户要求的开发时间以及开发者对开发时间的估算和计划。

商业约束更多体现的是对管理工作的限制，包括管理的效率、管理的质量等方面的需求，也反映出在信息系统开发过程中组织管理工作的重要性。

(2) 技术约束。技术约束反映了硬件、软件与功能需求和技术需求之间的相互关系，而这种约束往往受到成本需求的制约。举例如下。

① 速度。

② 容量。

目前,实现一般信息系统的技术需求实现起来都不会有太大的困难,经常遇到的问题是如何选择最合适的(经济的而不一定是最新的)技术(包括硬件和软件等),防止由于技术需求的无限蔓延造成整个系统开发成本的失控。

4. 其他类型的需求

还会有一些需求是由客户提出的不包含在上述需求中的其他类型的需求。有些需求甚至很难用规范的规格说明文档描述。在这里需要特别关注的有客户的偏好和习惯等需求。举例如下。

(1) 界面的颜色。

(2) 查询信息的显示方式。数据还是图形。

(3) 报警信号的模式。声音、图形还是文字。

7.2.4 需求确定的困难

信息系统尤其是规模较大的信息系统开发是一个复杂的系统工程,其中混合了不同类型的活动,例如业务流程操作、管理和技术设计等;也包含了不同类型的参与人员,例如各层次的管理、操作人员和系统开发的技术人员以及企业的所有者等。每一种参与者,甚至每一个人对系统的理解不同、对系统给自己带来的利益的关注不同,对需求的表达也不同。就像操着不同语言,利益又不尽相同的人互相沟通,其困难可想而知了。

因此,信息系统需求确定困难主要表现在以下几个方面。

(1) 需求种类多。

(2) 涉及的人多。

(3) 需要寻找参与者之间的共同语言。

(4) 责任风险。

(5) 需求变化在所难免。

(6) 需要有一定的预见性。

(7) 需求描述和转换的困难。

由此可见,这些困难很少和具体的计算机技术有关,大部分体现在管理方面以及不同人员之间的理解和沟通。有些甚至涉及不同利益人之间的心理因素的影响。因为一个系统开发往往涉及多部门用户对需求有各自的目标,这些要求可能互相矛盾。有些管理者受旧习惯的影响,不愿意变化,用惯了旧系统(可能已经是计算机化的信息系统,现在需要更新、升级)。甚至有些人对自己岗位变化的恐惧会产生对新系统开发的抵触而不愿意配合。当然,需求复杂的程度和系统规模有关,越是规模大的系统,需求确定的复杂程度越大,管理越困难。

由于需求确定的困难,在系统开发过程中经常会遇到以下现象。

(1) 需求的混乱,各执一词。

(2) 需求很快变化,造成系统范围无限蔓延。

(3) 缺乏具有约束性的需求文档,开发团队成员的变化造成工作难以衔接。

(4) 开发成本的不断膨胀,开发周期的不断延长。

7.3 需求工程过程

正是由于需求获取、描述和实现的过程存在很多复杂和不确定的因素，所以需求工程希望找到一种比较规范的过程和方法，使得开发团队能比较容易的克服这些困难，最终提高开发质量降低开发成本。

需求工程中的主要工作主要包括原始需求信息的获取、需求分析、规格说明、接口设计，以及伴随整个过程的需求验证等如图 7-3 所示。

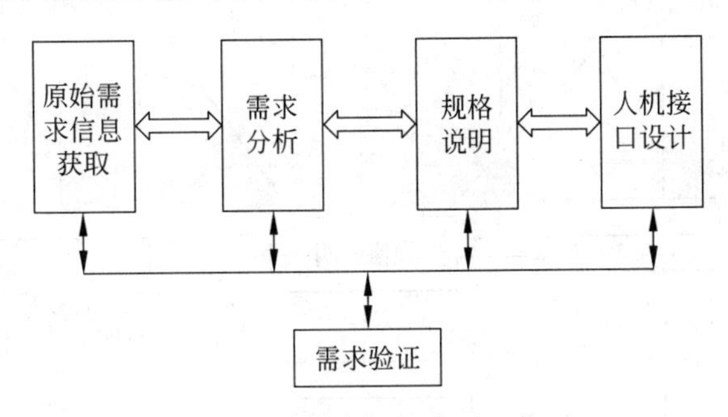

图 7-3 需求工程主要工作

7.3.1 需求工程过程模型

一个信息系统项目一旦立项需求工程就随着启动了。系统开发者面对的是一个模糊的问题域：目标笼统、需求混乱、各种不同类型的用户对未来的系统充满疑惑甚至抵触，没有详细的技术设计要求。开发者必须通过需求工程一步一步弄清他们需要干什么，然后才能施展他们的技术才能，设计满足各项需求的信息系统，达到解决问题的最终目的。

需求工程的过程模型如图 7-4 所示。图中包含了需求工程的主要工作、每一项工作产生的主要文档类型以及各项工作之间多关联。其中信息源表明的是需求工程面对的问题域中各种对象，这些是需求工程的主要信息来源。需求工程的后续工作就是信息系统的设计阶段。由于需求确定的特点，在需求工程的各项工作之间反复和迭代是不可避免的。

7.3.2 需求原始信息的获取

在项目开发的初始阶段，系统开发者不知道用户有哪些需求，客户也不知道开发者需要哪些信息。开发者不要指望从一个人或一本账簿上获取所需要的全部信息。确定系统需求的信息源很多，信息的类型也五花八门，获取原始信息的过程是一个十分繁琐而细致的工作。在获取信息时要解决 3 个问题。

(1) 需要采集哪些信息。

(2) 到哪里获取所需的信息。

(3) 采用什么方法获取所需要的信息。

关于需求信息的类型在 7.2.3 小节已经描述。要获得这些原始的信息经常需要以下各类信息源。

(1) 企业负责人。

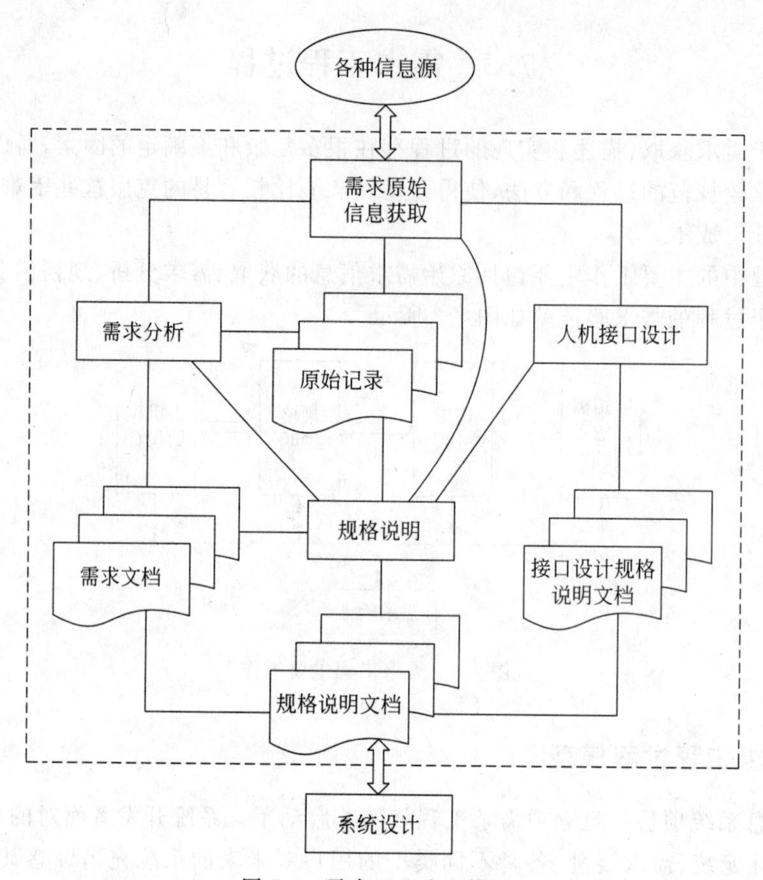

图 7-4　需求工程流程模型

(2) 各个管理层次客户。

(3) 管理流程的规范。

(4) 记录数据的各种账册、报表。

(5) 原有系统(手工系统或老的计算机信息系统)的技术文档。

(6) 竞争对手的产品。

(7) 新系统的潜在用户。

(8) 相关技术标准及法规。

(9) 其他。

上述对象提供的需求有些信息是潜藏在不同人员的头脑里,这些信息的搜集和处理最困难。为了获取这些信息常用的技术有以下几种。

(1) 单独访谈。适合高层信息的捕获。

(2) 调查表。适合多数人的意见、建议等信息的获取。

(3) 开调查会。适合需要不同类型成员交流获取的信息,这是获取多种信息最快捷的方法之一。在这种方式下,可以使用头脑风暴法快速得到大家一致认可的需求信息。

这一阶段的工作主要是寻找信息源,然后通过耐心地采集以及协商的方法获取原始的信息,为下一步提取需求打好基础。该阶段工作的输出是一系列需求原始信息的纪录文档,可能包含多种媒体、多种格式的文档。

7.3.3 需求分析处理

直接获取的原始信息类型可能是多种多样的,存储在于不同类型的媒介之中。这些信息会涉及不同的专业,系统设计人员要读懂这些记录文档还需要和客户反复讨论。原始记文档记录的种类如表 7-2 所示。

表 7-2 初始记录文档类型

原始信息种类	原始记录文档类型	记录数据类型
各种管理数据	单证、报表	没有规范的数据
管理流程	文档、图表、图片	多种媒体文档
技术标准	文档、图纸	多种专业型文档、测量数据
决策、规划	报告、文档、录像	文档
管理需求	调查记录、调查表、会议记录	非规范的文档
用户偏好	访谈记录、录音	文档、表格

其次,直接获取的信息来自多个人、多个部门以及多个领域,所以存在大量的冗余、重复、不准确、不一致甚至矛盾的地方是难以避免的。要解决诸如此类的问题可能需要多次协商和讨论才能统一起来。还要经过系统分析人员反复地分析处理,最终才能获得需求的准确描述。

另外,原始记录文档记录的格式是非结构化的、非规范化的,系统设计人员不能根据这些信息设计系统,需求工程最重要的工作是对这些原始信息进行分析、处理,最终得到规范的规格文档提供给系统设计者。

原始信息的加工处理方法常有以下几种。

(1) 筛选过滤。滤除冗余、无用的信息。

(2) 汇总。汇总各种信息。

(3) 规范化。将不同媒体中多种类型的信息按照设计需求规范化描述。例如数据、技术指标、操作过程的表述等。

7.3.4 规格说明

规格说明的主要任务是创建并定义解系统的一种行为,以使其在问题域中产生需求的效果。正如 Michael Jackson 所说:“开发软件就是通过描述来构建一部机器。”至于未来的系统如何实现这种定义了的行为,则是后面的系统设计阶段的任务了。规格说明的工作正是将后续的系统设计和前期的需求分析联系起来。规格说明的输入是需求文档,其输出则是规格说明文档。

规格说明文档一般包含以下内容。

(1) 输入。

(2) 输出。

(3) 输入和输出之间的因果关系。

一个定义良好的规格说明文档应该包含以下基本特征。

(1) 完整、一致。

(2) 结构化。

(3) 无二义性。

(4) 易于理解。

(5) 可修改。

(6) 可跟踪。

为了创建定义良好的规格说明文档,在行为定义时可以采用前面几章介绍的各种建模方法和技术,例如结构化方法以及面向对象的方法等。

创建规格说明文档是要付出成本的,既要费时又要费力,因此很多人不愿意编写规范的规格说明文档。但应知道读文档的次数要比写文档的次数多,任何在写文档方面增加的成本都可能被读文档方面减少的成本所抵消。而且一旦有了成熟的规范和经验,文档编写的成本便会降低。各种规格说明文档的阅读者及其阅读目的如表 7-3 所示。

表 7-3 规格说明文档的阅读

文档的阅读者	阅 读 目 的
系统客户	验证文档是否表达了他们的需求以及需求改变时也需要使用
管理者	决定是否继续项目开发,制定项目规划
系统设计者	系统设计的基本依据
系统测试师	根据需求设计测试实例并验证系统是否满足需求
系统维护人员	熟悉理解原来的系统,以便进行维护修改或升级

7.3.5 接口设计

在这里,接口包括两种类型,一种是人(系统使用者和系统管理者)与系统的接口;另一种是本系统和其他系统之间的接口。

由于人机接口是系统展现在用户面前的可视的部分,所以任何一个信息系统特别是复杂的信息系统对于人机接口(HMI)的要求往往是用户非常重视的一种需求。对于复杂接口设计可能需要一些和处理过程编码不同的技术 ,因此人机接口的设计往往是作为一个独立的部分提出并加以描述。

一个系统往往是另一个更大信息系统的子系统。所以有时候,除了人机接口设计外,经常还涉及该系统与其他系统之间的接口。

7.3.6 需求工程文档

需求工程中各个阶段的成果都是以文档的形式表现的,并没有编写一句程序代码,但应为代码的编写做好所有的前期准备。在需求工程中主要设计以下几类文档。

(1) 原始记录文档。

(2) 需求文档。

(3) 接口设计规格说明文档。

(4) 规格说明文档。

文档编写是项目开发最早期的工作,是项目开发最基础、最重要的工作,也是富有创造性的工作。特别是各种规格说明文档,不仅需要对客户各种需求的深入分析和理解,还需要对未来系统的构建有前瞻性的分析和抽象，这本身就是一项系统性、整体性的创造性的工作。所以需求工程有时被称为外部设计，而将系统实现称为内部设计。

7.4 需求管理

人们常说，计划赶不上变化。变化是绝对的，特别是项目开发的周期越长产生变化的可能性越大，这种变化首先表现在各种各样的需求方面的变化。但是这种变化不应该作为不进行严格规划或需求分析的托词，因为一个好的系统规划或需求工程方法都应该表现在对于变化有较好的应对方法和适应性。建立起良好的需求管理策略和过程会减少为了适应变化而产生的成本增加。

7.4.1 需求管理的内容

需求管理是一个支持其他需求工程活动，并伴随整个系统开发过程的活动。大量开发实践都表明，在信息系统开发过程中，客户需求的管理是十分重要的问题，不仅存在于外部客户需求的管理，也存在于开发团队内部的需求变更的管理。

1. 关注引起需求变化的因素

需求管理的核心是管理需求的变化，有很多原因可以引起需求的变化，而不一定是由于开发团队的错误引起的。举例如下。

(1) 在需求工程过程中出现了错误或误解。

(2) 设计或实现出现问题。

(3) 随着开发的深入对系统有了更深的理解而出现新的需求。

(4) 外部环境的变化(例如新技术、新竞争战略、新的法律的出现等)产生了新的需求。

2. 跟踪需求变化

为了有效管理需求的变化，必须跟踪并记录需求的变化，及时维护需求的可跟踪性信息。举例如下。

(1) 谁提出的需求?

(2) 该需求为什么存在?

(3) 哪些需求与该需求相关?

(4) 该需求是如何与系统设计、实现即文档等信息相关?

3. 管理需求之间的关系

在信息系统中任何需求都不是孤立的，一项新的需求或一个需求的变化往往会引出多项需求的改变。因此一项需求的变化带来的影响需要认真分析和管理，从而对需求的可行性以及对开发成本等的影响做出评估。

另外，还要管理需求文档与系统开发其他文档之间的依赖关系，根据变化做出相应的修改变，保证文档的一致性和唯一性。

7.4.2 需求管理策略

有效的需求管理过程应该有一组通用的需求管理策略。需求管理策略定义了需求管理的目标，明确应该遵循的过程和应该使用的标准，以保证各项需求的实现。有效的需求管理策略一般包括以下内容。

(1) 需求管理过程的目标集和与每一个目标相关的理由。

(2) 使需求工程过程可见的报告和这些报告可交付所需的活动。

(3) 应该使用的需求文档和需求描述标准。

(4) 需求变更和确认的策略。

(5) 需求管理与其他系统工程和项目计划活动之间的关系。

(6) 定义需求之间哪些依赖信息应该维护,以及这些信息应该如何使用和管理的可跟踪性策略。

(7) 可以忽略这些策略的标准。

需求策略应该具有灵活性,需要根据项目的复杂程度和开发团队的经验等不断进行更新或调整。

小　　结

国内外大量的实践都证明,信息系统开发成功和失败的关键是系统开发的前期工作。例如系统规划和需求的确定。本章将这两部分工作独立作为一章来介绍,其目的也是强调其重要性。

1. 本章学习目标

在对信息系统开发前期工作重要性认识的基础上,做到以下两点。

(1) 掌握信息系统规划的主要方法。

(2) 了解需求工程的基本思想。

2. 本章主要内容

有些事情不能等规划很好了再去做,例如抢占市场、推出新产品、抢抓机遇等,有些事情就需要作比较细致的规划,例如信息系统的开发。特别是作为第三方软件开发公司或者组织中的专业的开发部门等,为了提高效率,增加效益都毋庸置疑地需要做好规划和详尽的需求分析。

本章第一部分主要介绍了信息系统规划的重要性并介绍了几种最常用的规划方法。其中包括关键成功因素法、目标集转化法、企业规划法以及逐步投入法等。

第二部分则介绍了信息系统开发的一种新的思想,即需求工程方法的基本思路及其过程模型。在信息系统设计阶段前的工作其实都是为了定义并表达清楚用户的需求。需求阶段的错误是最普遍和昂贵的。所以最重要的方法就是把错误减少到最少,并且一有可能就监测和改正任何已经出现的错误。需求工程就是努力提供这样的方法。

系统规划和需求工程也是一个开发团队成熟程度的体现之一,是需要通过大量信息系统开发实践的认真总结而获得的。其中很多可以成为资源重复使用,大大提高信息系统开发的质量和效率。以需求为中心组织系统开发,虽然方法和工具与其他方法似乎没有多少差别,但也不妨看作是一种新的思路。

本章涉及的技术和方法以及体现出来的能力对本专业的同学来说都是至关重要的。这种能力主要表现在沟通和表达等能力以及良好的工程习惯。这些能力与程序开发能力一样只能在实践中获得。

3. 重要术语

信息系统规划	需求工程(RE)
关键成功因素法(CSF)	规格说明
目标集转化法(SST)	人机接口(HMI)
企业系统规划法(BSP)	需求跟踪
逐步投入法	需求管理

习题与实践

一、习题

1. 信息系统规划有什么重要性?
2. 有哪些常用的系统规划方法?
3. 简述 BSP 法的基本流程。
4. 信息系统规划的主要内容是什么?
5. 逐步投入法的基本思想是什么?
6. 什么是需求工程?
7. 举例说明需求确定有哪些困难?
8. 举例说明引起需求变化的原因可能有哪些?
9. 简单说明规格说明的重要性。
10. 需求管理的主要工作有哪些?
11. 如何选择需求管理的策略?

二、实践

1. 调查一个系统开发过程,看其有没有比较完整的系统开发规划。

2. 假设已经接受了一项开发一个小企业门户网站的项目,请在调研的基础上编写一个简单的项目开发规划。

3. 如果要开发一个成绩管理信息系统,请完成需求获取、分析以及规格说明的文档编写的工作。

4. 由 2～5 人组成一个开发小组,按照需求工程的过程开发一个学籍管理信息系统项目,体会需求工程的重要性。

第8章 信息系统管理

根据IT系统项目论证与决策权威机构Gartner发布的报告，全球80%～90%的信息化项目没有达到预定目标，80%的项目超出预算，40%的项目失败或最终放弃，只有小于25%的项目达到了需求和技术目标，10%满足了既定的工作目标。这些数字表现的就是一种软件危机，而在中国失败系统的数字比这个还要大得多。

在信息系统的建设中，国内外的大量事实都证明了信息系统的管理在系统开发和应用过程中的重要性。有一种说法，信息系统的开发和应用需要三分设计七分管理。这从一个侧面说明了信息系统管理在信息系统整个生命周期中的重要性。这里所说的系统管理涵盖了系统开发和应用的全部过程。

本章主要内容：

(1) 信息系统管理的概念。

(2) 项目管理。

(3) 信息系统管理组织。

(4) 信息管理职责。

(5) CMM基础知识。

案例8-1 ERP为何会被删除？

我国东北有一家拥有4.2亿元固定资产的著名的老国有企业，早在2000年前就上了ERP系统。当参观者要求其演示一下该系统时，一位工作人员却告诉他们，目前正在实施PDM(产品数据管理)系统，由于服务器空间不足，已将ERP系统删除了。耗资350万元的ERP系统，为何会被轻易删除？

原来，ERP系统是该企业为“技术改造”而上的项目。3年前，该企业申请一笔技改贴息贷款，项目申请书中有一栏是“企业信息化”，申请人员就随意填上了“计算机综合管理信息系统”。

项目批下来后，总共有9000万元资金，其中350万元用于企业信息化。厂长拿着钱去找技术研发部门，技术研发部门就列了个单子：买PC要多少钱、买服务器要多少钱、建局域网要多少钱等等。PC买回来了，网也搭建起来了，但只有“骨头”没有“肉”。

于是，厂长又找到信息中心，要求添点“肉”，因为申请项目时填的是“计算机综合管理信息系统”，信息中心就与一家IT公司按照ERP的理念开发了订单管理、库存管理等模块。系统虽上马了，但由于信息化基础薄弱甚至各部门的产品代码都不统一，根本无法运行。

案例讨论

(1) 用前面所学的理论分析该企业ERP系统失败的原因。

(2) 你认为该企业实施 PDM 系统能成功吗，为什么？

(3) 在导致该企业信息系统建设失败的原因中有哪些是非技术因素？

(4) 这个案例带给我们什么启示？

8.1 信息系统管理的基本概念

无论是企业的管理者还是信息系统的开发者都常有一种错觉，认为信息系统功能的实现主要是由其开发者水平高低和使用的技术是否先进决定的。其实，任何一个系统都需要管理和控制才能实现其既定目标的。信息系统是一个十分复杂的系统，因此信息系统的建设也必须实施有效的管理才能获得成功。系统的管理和控制是信息理论和系统观点的重要组成部分。

8.1.1 什么是信息系统管理

信息系统管理既包含管理也包括技术的内容，需要从概念、组织等多个方面理解信息系统管理的含义。信息系统管理的内涵很丰富，包含组织管理、人员管理、资源管理、技术管理等内容，而且涵盖了信息系统生命周期的全部过程。

1. 信息系统管理

概括地说，信息系统管理就是为了使信息系统的开发、运行和维护一体化，并提高系统效益而进行的整体规划和协调管理。信息系统管理的目标不仅包括信息系统开发能有条不紊实施，同时也是使组织或企业作为一个系统有效运转，实现效益的最大化。

和一般系统（例如生产设备系统、过程控制系统等）的管理相比较，管理信息系统管理具有如下特点。

(1) 涉及企业组织的各个方面，增加了复杂性和管理难度。

(2) 管理需要的人力和物力投入越来越多，管理成本和风险的增加。

(3) 技术含量大，需要硬件设备、软件等技术支持。

(4) 对企业或组织目标实现的作用和影响日益提高。

这就决定了信息系统管理的复杂性和对企业的重要性。和信息系统管理相近的概念有IT 项目管理、信息系统审计等，但其内涵还有所不同。

2. 信息系统管理组织

信息系统管理涉及多种类型的人员，即有管理人员，也有技术开发人员，分别承担不同的系统管理职责。为了使整个系统管理规范有序，应建立相应的机构。例如企业或组织的信息中心、网络中心等机构。在这类机构中应包括以下几类人员。

(1) 首席信息官(Chief Information Officer，CIO)。负责系统管理的统筹领导。

(2) 首席安全官(Chief Security Officer，CSO)。统一管理系统的安全。

(3) 程序设计员、系统分析师。负责系统的开发。

(4) 信息系统师。负责系统的开发、运行的管理。

(5) 系统维护人员。负责系统的运行、维护和更新。

实际上信息系统管理机构的组成和人员也是随着信息系统的发展而变化的，其对于组织的重要性也是逐渐提高的。为了使信息系统的管理机构能真正发挥管理职能，应该做到以下几点。

(1) 信息系统管理机构应在行政管理团队中占有重要的一席之地。

(2) CIO 以及 CSO 应拥有很高的管理权限。

(3) 应该有一个高水平的团队来实施信息系统管理。

(4) 必须要经常定期与终端用户交流。

3. 信息系统管理的重要性

无论是国内还是国外,对于以往信息系统的建设,都有两个 80/20 的基本估计。

(1) 80%的项目都失败了,只有 20%是成功的。

(2) 在那些失败的项目中,80%的原因是非技术因素导致的,只有 20%是由技术因素导致的失败。

在这里,非技术因素主要涉及系统管理方面的问题,其中包括开发人员和用户的沟通,企业业务流程与组织结构的改造问题、企业领导的观念问题、企业员工的素质问题、项目管理问题等。实际上信息系统管理的内容非常广泛,例如运行、安全以及不断挖掘、发挥系统的价值等。

信息系统管理的重要性体现在信息系统生命周期的各个阶段,而且在不同的阶段有不同的内涵。表 8-1 列出了不同开发阶段的管理工作及其作用。

表 8-1　信息系统管理的内容

序号	阶段	管理的内容	重要性体现
1	规划	项目的提出、方案的审查和批准	时机的选择、方案的确定、投资多少
2	分析	方案的批准、人力资源的配置	减少开发周期,提高效率
3	设计	方案审核、资金的保证等	提高开发效率和质量
4	实施	资源的调配、实施方案确定、切换方案的选择、系统效益的审查、系统的验收	减少风险、降低成本
5	运行	评价、审计、日常管理	提高效率、发挥效益

系统开发的每一个阶段都涉及管理的问题,管理的不好就会影响整个开发过程能否按计划完成。从系统成本来看,仅在系统运行维护阶段管理的工作量、成本就占整个系统建设成本的 80%左右。为了使系统真正能发挥应有的作用,管理的好坏也起着至关重要的作用。一般来说,信息系统管理的重要性可以归结为以下几点。

(1) 信息和信息系统对组织的重要性,信息系统体现了信息管理和应用的水平。

(2) 系统的投资、开发周期带来的风险,增加了管理的必要性。

(3) 信息系统管理的难度,对整个组织的影响,涉及整个组织和企业。

(4) 管理的质量直接影响是否能充分发挥信息系统的效益。

(5) 信息系统的脆弱性,一旦崩溃将对组织产生灾难性的影响,所以必须加强管理。

8.1.2　信息系统管理的任务

信息系统的开发运行一般需要很多人参加,并需要投入大量物力和资金资源。因此科学管理是信息系统开发和运行过程能否达到目标的关键因素。信息系统管理包含丰富的内涵。从时间上说,信息系统管理贯穿了信息系统规划、开发和运行的整个生命周期过程;从管理的内容上讲,信息系统管理包括项目管理、运行管理等内容。其中核心是资源的管理、调度和过程的控制等内容。

1、系统开发生命周期的管理

信息系统开发生命周期的管理主要包括在系统开发过程中的管理工作。其目的是高效率、高质量地完成信息系统的开发工作。具体内容如前面表 8-1 所示，其中包括下面几项。

(1) 项目规划、审定。

(2) 系统分析管理。

(3) 系统设计管理。

(4) 系统实施管理。

(5) 系统开发风险管理。

2. 系统运行管理

系统运行管理是管理工作中持续时间最长的管理工作，主要是指信息系统投入运行后的日常管理工作。其目标是保证信息系统正常运行，获得最大的效益。

(1) 系统日常维护管理。

(2) 协调、变更管理。

(3) 系统安全管理。

(4) 资源价值的最大化。

3. 系统资源管理

系统资源管理包括信息系统开发和运行中所使用的各种资源的管理工作。其目标是实现各种资源的优化整合，实现高效、高质量、低成本的系统开发和高效益的系统运行效果。这里的资源主要包括以下几种。

(1) 硬件设备资源。

(2) 网络资源。

(3) 数据、程序资源。

(4) 人员资源。

4. 信息系统管理制度

完善的管理制度是保证系统开发和运行的关键因素之一。建立管理制度的目标是使系统的开发和运行真正做到规范、有序和安全。主要的管理制度如下。

(1) 系统操作员制度。

(2) 子系统操作员制度。

(3) 机房管理制度。

(4) 文档管理制度。

(5) 软件维护制度。

下面介绍几个信息系统管理主要环节的任务、要求和方法。

8.2 信息系统项目管理

美国学者戴维·克兰德指出："在应付全球化的市场变动中，战略管理和项目管理将起到关键性的作用。"无数国内外信息系统开发的实践都证明，项目管理是信息系统建设的保护神。项目管理可以理解为信息系统管理的一个重要的组成部分。

8.2.1 项目的概念

信息系统项目管理是将信息系统作为一个工程项目，对其全部实施过程的管理工作和管理过程。项目管理涉及多个管理领域，主要包括范围管理、时间管理、成本管理、质量管理、人力资源管理、沟通管理、采购管理、风险管理和综合管理等。信息系统项目(Project)开发初步方案被主管部门批准后，该项目就被列入计划，也就是立项。信息系统立项之后，就应开始项目实施的管理工作。

1. 项目的特征

大多数信息系统项目管理工作多涉及一些相同的活动，其中包括将项目分割成便于管理的多个任务、子任务，在小组中交流信息以及追踪任务的工作进展。一个信息系统开发项目具有以下3个特征。

(1) 限于一次的过程。

(2) 有明确的目标。

(3) 具有技术上的不确定性。

2. 项目的3个主要的阶段

在项目的执行过程中包括3个主要的阶段，每一个阶段有不同的管理任务，重点是第2阶段。

(1) 制定计划。

(2) 追踪和管理项目。

(3) 结束项目。

这3个阶段进行得越成功，顺利完成项目的可能性就越大。

8.2.2 项目管理

项目管理(Project Management，PM)是20世纪50年代后期发展起来的一种计划管理方法，是指把各种系统、资源和人员有效地结合在一起，采用规范化的管理流程，在规定的时间、预算和质量目标范围内完成项目。项目管理在发达国家已经逐步发展成为独立的学科体系，成为现代管理学的重要分支，并广泛应用于建筑、工程、电子、通信、计算机、金融、投资、制造、咨询、服务以及国防等诸多行业。本章主要涉及信息系统的项目管理。

1. 项目管理的目标

信息系统开发项目实施管理的目的是通过计划、检查、控制等一系列措施，使系统开发人员能够按项目的目标有计划地进行工作，以便成功地完成项目。项目组的人员组成应面向项目而不是按专业进行组织，一般由项目负责人领导，项目组内可按任务进行再分组。当大型的信息系统项目分为多个子项目进行开发时，需要有一个总的项目管理组，负责对各个子项目的公共部分做出指导、协调和管理。各个子项目相应有各自的项目管理小组。

2. 项目管理的要素

在进行项目管理时有3个基本要素是十分重要的。

(1) 时间。反映在项目计划中，项目完成所需时间。

(2) 资金。即项目的预算,取决于资源的成本,这些资源包括完成任务所需的人员、设备和材料。

(3) 范围。项目的目标和任务,以及完成这些目标和任务所需的工时。

时间、资金和范围这 3 个因素构成了项目三角,调整其中任何一个元素都会影响其他两个元素。图 8-1 是项目成本和项目时间之间的关系曲线。项目管理的任务就是权衡 3 种因素,获得理想的开发周期。

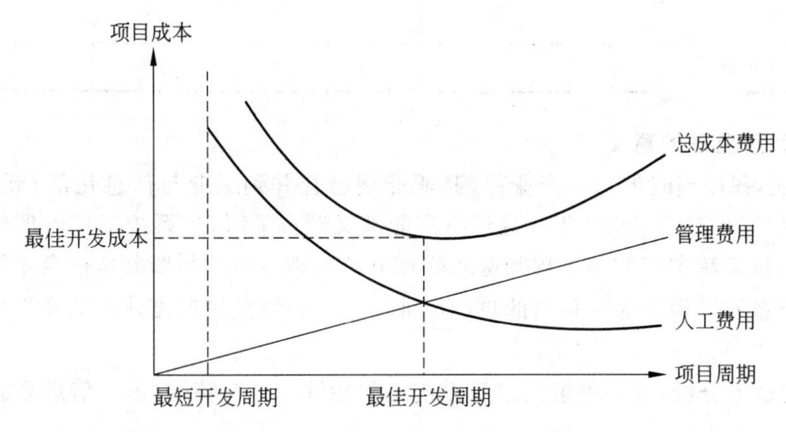

图 8-1 项目成本和项目时间关系曲线

目前,国际上存在两大项目管理研究体系。一个是以欧洲为首的体系,国际项目管理协会(International Project Management Association,IPMA);另一个是以美国为首的体系,美国项目管理协会(Project Management Institute,PMI)。

8.2.3 信息系统监理

信息系统的开发建设是一项复杂的系统工程。早期(20 世纪 70 年代)信息系统的建设通常依靠企业自身的开发力量完成。后来逐渐出现了专业的信息系统工程的开发商和咨询服务公司等。很多企业信息系统的建设采用外包的方式实现,这样可以最大限度地发挥各自的优势,提高信息系统开发的效率和质量,同时也就出现了信息系统工程的监理问题。

1. 信息系统监理的含义

信息系统工程监理是信息系统工程领域的社会治理结构,是独立于甲乙双方的第 3 方机构。在信息系统工程业务过程中实施的在规划与组织、协调与沟通、控制、监督与评价等方面的职能。其目的是支持与保证信息系统工程的成功。

2. 信息系统工程监理的职能

信息系统监理的内容涵盖了从信息系统工程战略规划到项目管理以及审计与评价等信息系统生命周期的各个阶段,而且不同的阶段有不同的监理职能。可以用下面的公式表示信息系统工程监理的概念:

信息系统工程监理=信息系统工程业务过程×信息系统工程监理职能

表 8-2 列出了不同系统生命周期阶段中部分信息系统工程的监理职能。

表 8-2 信息系统工程监理的部分监理职能

业务过程 \ 监理职能	规划与组织	协调与沟通	控制	监督与评价
制定系统规划	√			
工程项目管理	√	√	√	√
采购与维护			√	√
用户培训	√	√	√	√
提供独立审计			√	√

3. 信息系统监理的意义

2002 年底,我国当时的信息产业部(其职能现已合并到工业与信息化部)颁布了《信息系统工程监理暂行规定》,2003 年 4 月信息产业部又颁布了《信息系统工程监理单位资质管理办法》和《信息系统工程监理工程师资质管理办法》,现在正在加紧制定信息系统监理的国家标准。信息系统监理成为一种新的热门职业。信息系统监理制度建立的意义主要表现在以下两点。

(1) 从宏观上分析,是一种解决信息系统工程领域的结构弊端,提高信息系统工程成功率的有效制度。

(2) 信息系统工程监理是信息系统工程领域优化资源配置与专业化社会分工的结果。可以提高系统的成功率和质量。

8.2.4 项目管理工具

现在有很多图形化的项目管理软件工具,为项目管理的实施带来了极大的方便。其中微软公司的 Microsoft Project(现已发布 2007 版)就是一个功能强、管理细腻、操作方便的优秀项目管理网络计划软件。它提供了一套完整的项目描述和计算的方法及模型,通过这个软件生成的图、表或文件,使所有参加项目工作的人员对于项目的理解达成共识,从而能够协调一致地工作,出色地完成项目。

1. Project 版本

Microsoft Project 包括多个不同版本以满足不同的项目管理需求,目前最新的 Microsoft Project 2007 主要包括以下一些版本。

(1) Microsoft Office Project Professional 2007。

(2) Microsoft Office Project Standard 2007。

(3) Microsoft Office Enterprise Project Management(EPM)Solution。

(4) Microsoft Office Project Portfolio Server 2007。

(5) Microsoft Project 的结构如图 8-2 所示。

2. 管理内容

Microsoft Project 可以用该工具来控制简单或复杂的项目。它可用来安排和追踪所有的活动,对活动的项目进展了如指掌。其中主要包括以下 3 方面管理内容。

(1) 项目管理。标准版具备了一套支持基本项目管理的全方位功能,其中包括了任务排程、资源管理、追踪及报表等功能。

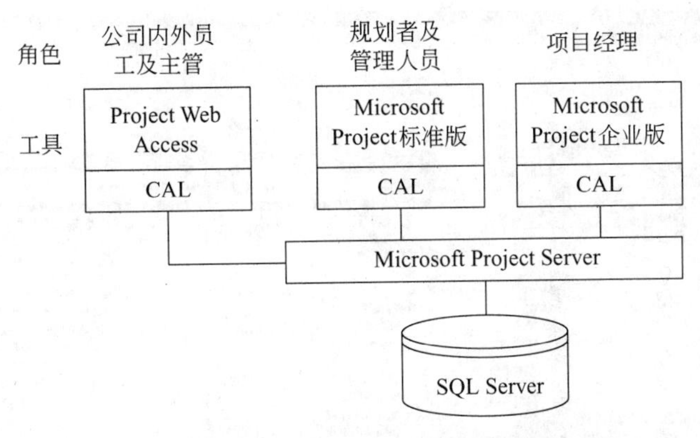

图 8-2 Microsoft Project 的结构图

(2) 团队项目管理。标准版加 Microsoft Project Server 和 Microsoft Project Server CAL 的组合，能提供一个能让所有项目成员与利益关系人存取项目信息并且进行协同作业的任务群组环境。

(3) 企业项目管理解决方案。需要同时拥有 Microsoft Project Professional、Microsoft Project Server 和 Microsoft Project Server CAL。透过这些产品的新功能，公司能使用自订企业代码管理、检视与分析组织的整个项目公文包，确保输入数据与报表的一致性，并透过集中式的资源数据库管理资源。

3. Project 的具体功能

Project 管理的具体功能包括制定项目计划，任务管理、资源管理等，能够产生很多过去依靠手工完成的计算、绘图和报告整理工作。

(1) 快速地建立项目计划。Project 只需要提供基本的数据，如项目任务的名称、持续时间、在任务上工作的人员和设备的数量，以及项目任务之间的关系就足够了，其他的工作它都会自动地完成。如果要修改、增删、优化，只需把修改的地方输入给 Project，它会按新的意图自动重新计算，在几秒内就给出结果。Project 会自动计算出关键路径，自动计算出每个任务和整个项目的开工、完工日期，告诉你项目能否如期竣工，告诉你资源分配是否合理。

(2) 按任务生命期阶段管好项目中的工作任务。项目是由一个一个的活动、工作、任务组成的。当这些活动、工作、任务一一最终完成后，项目也就完成。Project 把为完成项目所安排的这些活动抽象为“任务”，根据具体项目内容，也称为“工序”，“事件”等等。一个项目就是由众多具有特定依赖关系的任务组织起来的。

Project 把一个任务划分为 4 个阶段进行管理，即比较基准计划(原始计划)、当前计划、实际计划和待执行计划(剩余计划或未完成计划)。它为每个阶段的计划都设置了数据域，用户随时都可以查看。

图 8-3 为 Project 的任务管理界面和相应的甘特图。

(3) 资源管理 。Project 把在完成项目任务活动中投入的人员、机械台班设备和材料、资金等抽象化为“资源”。“资源管理”是 Project 的重要内容。它能帮助用户管理好如下的事项。

① 建立资源库。自动检查资源在分配过程中是否有“冲突”发生，自动进行资源平衡。

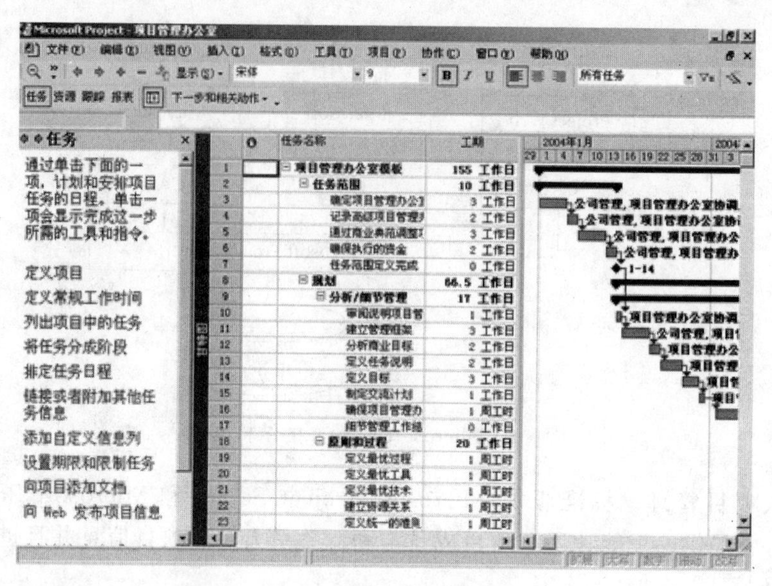

图 8-3　Project 的任务管理界面

② 自动排出每个资源承担的任务上的日程、工作量和成本表。

③ 提供"资源使用状态"视图，逐个资源列出承担的任务、在每个任务上工作的日期、人数、工作量、费用、累计工作量和累计费用等。

④ 从项目评价的角度看项目运作的情况，为项目、为任务、为资源计算投入/产出分析指标做好了准备，可以计算以下指标。

- BCWS。工作计划执行的预算成本。
- BCWP。工作已经执行的预算成本。
- ACWP。工作已经执行的实际成本。
- SV(进度差异)。工作已经执行的预算成本和工作计划执行预算成本差异。
- CV(成本差异)。工作已经执行的预算成本和实际成本差异。
- BAC。竣工时的预算成本。
- FAC。竣工时的预测成本。

(4) 使用多种图表从多角度描述项目。为了管理好项目，需要反映项目情况的各种图形，需要得到各种数据，需要各种报告，以便向领导或董事会汇报。Project 不仅制定了计划，也提供了能反映项目全部状态的丰富的图形和文字报告。主要的图表和作用如下。

① 网络图。网络图是以描述任务关系为重点的信息。

② 横道图。横道图是以表述任务时间关系为重点的信息。

③ 资源图。资源图是以反映资源使用状况为重点的信息。

Project 为资源分析和跟踪提供了 8 种图形，包括了资源方方面面的信息，它既可以显示单个资源的信息图，也可以显示全部资源的信息图。

- 资源需求曲线图。资源在各个时间区段需求数量。
- 资源工作量图。资源在各个时间区段的工作量数。
- 资源累计工作量图。到某个特定日期为止，资源的累计工作量数。
- 超分配工作量图。超出现有的资源强度的工作量数。

• 资源已经分配的百分数图。资源的使用效率。

• 资源当前可用工作量。为进行新的资源分配提供可供再分配的资源工时情况。

• 成本图。各个时间区段的动态成本，费用在项目生命周期内分布情况。

• 累计费用图。到某个特定日期为止，累计费用数。

(5) 信息的筛选。Project 的筛选功能可以随心所欲地把需要的信息过滤出来，建立各种文字报告。报告内容覆盖面广，可以直接使用，也可以自己根据需要建立新的任务和资源的各种报告。当需要其中的任意一份报告时，只要做一个选择，它就把报告打印出来。系统内置的报告有以下 3 种：

① 项目摘要报告。项目汇总报告。

② 任务报告。未开始任务报告，正在进行的任务报告，已经完成任务报告，推迟开始的任务报告，马上开始的任务报告，进度拖后的任务报告，最高层任务报告，关键任务报告，使用某种资源的任务报告，超出预算的任务报告，本周进行的任务报告，本月任务报告，本季度任务报告，本年度任务报告，任务基本信息报告。

③ 资源报告。预算报告，超强度分配资源报告，超出预算资源报告，资源工作安排报告，工作量报告，周(月、季、年)现金流报告，挣得值报告，资源基本信息报告。

8.3　系统成本管理

足够的资金是信息系统开发的经济基础，但资金的科学管理则是使资金合理使用、降低开发成本并获得最佳效益的基本保证。超过规划的预算，甚至无法继续开发的案例屡见不鲜。因此，信息系统成本管理是项目管理的要素之一。成本管理也涉及信息系统的整个生命周期过程。

8.3.1　系统成本管理的目标

成本估算是为完成项目各项任务所需要的资源成本的近似估算。成本估算的概念在我国常称作投资估算，即在对项目的建设规模、技术方案、设备方案、工程方案和项目实施进度等进行研究的基础上，估算项目的总投资成本。

1. 成本估算的方法

估算项目的总投资。按照美国项目管理学会提出的方法，有 3 种成本估算方法。

(1) 类比估算。它是一种自上而下的估算形式，通常在项目的初期或信息不足时进行。

(2) 参数估算。它是一种建模统计技术，如回归分析和学习曲线。

(3) 自下而上估算。通过对项目工作包进行详细的成本估算，然后通过成本账户和工作分解结构将结果累加起来得出项目总成本。这种方法最为准确。

2. 成本管理的目标

一般项目成本管理的目标可概括为以下 3 点。

(1) 增大项目的现金流入(开源)。

(2) 控制项目的现金流出(节流)。

(3) 获得尽可能高的投资效益(产出)。

成本管理的现金流分析采用的数据大都来自估算和预测，具有一定的不确定性，可能造成项目的现金流入减少或现金流出增加。

在项目建设期，开源表现为扩大项目融资渠道，保证项目能够筹集足够的建设资金；节流是使融资成本或代价最低，最节省地实现项目的必要功能。在项目经营期，开源表现为增加主营业务收入、其他业务收入以及投资收益等；节流就是控制项目经营成本。对一般信息系统项目的成本管理主要体现在后者。

8.3.2 系统成本分析和管理

项目成本管理的基础是编制财务报表，主要有财务现金流量表、损益表、资金来源与运用表、借款偿还计划表等。其中，项目的现金流量分析是最重要的项目管理报表。另外还要对项目开发过程中的一些不确定性因素进行分析。

1. 项目的现金流分析

通过项目的财务现金流分析，可以计算项目的财务内部收益率、财务净现值、投资回收期等指标，从而对项目的决策做出判断。

(1) 财务内部收益率(FIRR)。它是指项目在整个计算期内各年净现金流量现值累计为零时的折现率，是评价项目盈利能力的相对指标。该指标可根据财务现金流量表中净现金流量，用插差法计算，也可以直接利用微软 Excel 软件提供的财务内部收益率函数计算，计算得到的项目财务内部收益率与行业基准收益率(Ic)比较，如果 FIRR＞Ic，即认为项目盈利能力能够满足要求。

(2) 财务净现值(FNPV)。它是指项目按基准收益率(Ic)将各年净现金流量折现到建设起点的现值之和。它是评价项目盈利能力的绝对指标，反映项目在满足基准收益率要求的盈利之外所获得的超额盈利的现值。也可直接利用微软 Excel 软件提供的财务净现值函数计算。若得到的 FNPV≥0，表明项目的盈利能力达到或超过基准计算的盈利水平，项目可接受。

(3) 投资回收期(Pt)。它是反映项目真实偿债能力的重要指标，是指以项目的净收益抵偿项目全部投资所需要的时间。在现金流量表中，是累计现金流量由负值变为 0 的时间点。投资回收期越短，表明项目盈利能力和抗风险能力越强。

2. 项目的不确定性分析

项目开发中的不确定因素很多，对成本的管理造成困难。因此需要根据拟建项目的具体情况，有选择性地进行盈亏平衡分析、敏感性分析和概率分析等。

(1) 盈亏平衡分析。它是根据项目正常生产年份的产品产量(销售量)、固定成本、可变成本、税金等，研究建设项目产量、成本、利润之间变化与平衡关系的方法。当项目的收益与成本相等时，即为盈亏平衡点(BEP)。

(2) 敏感性分析。它是研究项目的产品售价、产量、经营成本、投资、建设期等发生变化时，项目财务评价指标(如财务内部收益率)的预期值发生变化的程度。通过敏感分析，可以找出项目的最敏感因素，使决策者能了解项目建设中可能遇到的风险，提高决策的准确性和可靠性。一般以某因素的曲线斜率的绝对值大小来比较。

(3) 概率分析。它是通过概率预测不确定性因素和风险因素对项目经济评价指标的定量影响。一般是计算项目评价指标，如项目财务净现值的期望值大于或等于零时的累计概率。累计概率值越大，项目承担的风险越小。

3. 项目挣值管理

挣值管理(Earned Value Management,EMV)是综合了项目范围、进度计划和资源,测量项目绩效的一种方法。它比较计划工作量、实际挣得多少与实际花费成本,以决定成本和进度绩效是否符合原定计划。

要进行挣值管理,必须熟悉与挣值管理密切相关的计划成本(PV)、挣值(EV)和实际成本(AC)之间的相互关系,以及完工预算(BAC)、完工估算(EAC)和完工尚需估算(ETC)之间相互关系。

挣值管理也离不开偏差管理。根据美国项目管理学会的偏差定义,偏差的计算公式为

$$偏差=计划-实际$$

当成本偏差(CV)>0,表明成本节约;反之,当CV<0,表明成本超支。

当进度偏差(SV)>0,表明进度超前;反之,当SV<0,表明进度滞后。

8.4 系统安全管理

系统安全可以说是信息系统的生命线,尤其是当前的信息系统随时面临来自内部和外部的多种威胁,一个没有安全性的信息系统无论其开发技术如何先进、功能如何强大都是不完整和无法运行的系统。应该明了:一方面,安全管理既涉及设计技术问题,也涉及管理问题;另一方面,安全管理应该贯穿系统的整个生命周期,例如系统规划、系统方案等问题。这里主要讨论在系统运行中的安全管理问题。

8.4.1 系统安全管理的任务

信息系统安全管理是保证信息系统在各种针对系统安全威胁存在的情况下都能安全、可靠、正常地运行。信息系统安全管理是信息系统运行管理的一项十分重要的任务,目标是保证系统安全运行。系统安全的核心是数据的安全,包括数据的完整、准确和一致。

1. 对系统安全的威胁

系统安全管理是针对系统的安全威胁实施的管理。对信息系统安全的威胁是多方位的、未知的、突发的和不断变换的。对信息系统安全的威胁主要有以下几种类型。

(1) 内部。管理制度的不完善、人员素质不高等。

(2) 外部。黑客的攻击、自然灾害等。

(3) 硬件。网络和计算机硬件设备的漏洞等安全威胁。

(4) 软件。操作系统和系统平台的缺陷,如后门、漏洞等。

在这里“漏洞”是指系统硬件、软件或策略上的缺陷,这种缺陷导致非法用户未经授权而获得或提高访问系统的权限。“后门”则是软件或硬件的制造者为了进行非授权访问而在程序中故意设置的万能访问口令。这些口令无论是被攻破还是只掌握在制造者手中,都对使用者的系统安全构成严重的威胁。

信息系统安全管理的核心是信息的安全,信息安全管理无论对企业运行还是对于客户都是非常重要的。这里包括信息的准确、信息的保密、信息的不丢失、不被篡改和不被滥用等多项内容。

2. 安全管理的内容

针对多种类型的安全威胁，对信息安全的管理也必须是全方位的。这里主要包括健全的安全管理制度和组织、网络的安全管理、信息的安全管理等多个方面。安全管理的主要工作内容如下。

(1) 系统物理安全管理。建立健全的管理制度安全管理规范。

(2) 防病毒入侵。病毒检测和防治。

(3) 防止黑客攻击。黑客的扫描和跟踪、防火墙等技术的应用。

(4) 操作安全管理。建立完善的操作规程和制度。

(5) 权限管理。系统管理员、数据库管理员、操作员和用户的权限分配和管理。

(6) 数据安全管理。数据的备份、访问权限的设置和管理。

(7) 防系统崩溃、停机管理。硬件和软件的冗余、严格的运行管理制度、应急响应预案等。

3. 安全等级标准

从2001年1月1日起，我国实施强制性国家安全标准《GB/T 计算机信息安全保护等级划分标准》。该标准将计算机信息系统安全保护等级划分为5个级别。

(1) 用户自主保护级。使用户具备自主安全保护能力，保护用户和用户组的信息安全。

(2) 系统审计保护级。具备第(1)级的所有安全保护功能，并为创建、维护方设计跟踪记录，使所有用户对自己的行为的合法性负责。

(3) 安全标记保护级。具有审计级的所有功能。并为访问者和访问对象制定安全标记，以限制访问者的权限，实现对访问对象的保护。

(4) 结构化保护级。具备第(3)级的所有安全功能，并将安全保护机制划分为关键部分和非关键部分相结合的结构，其中关键部分直接控制访问者对访问对象的存取。

(5) 安全域保护级。具备第(4)级的所有功能，并特别增设访问验证功能，负责仲裁访问者对访问对象的所有访问活动。

8.4.2 系统安全管理组织

信息系统安全管理有一个公理，那就是"最难防范的人就是有知识的雇员"。这从一个侧面说明了员工管理对安全的重要性。对于雇员管理，除了提高专业人员的道德素质和法律意识外，必须作的就是建立健全、有效的信息系统安全管理制度。

1. CSO及其职责

首席安全官CSO是随着信息系统安全性日益提高而产生的新的领导岗位。CSO最初的概念是管理信息安全方面事务的最高负责人，直接向企业CIO汇报。但是，随着组织规模的不断扩大，CSO的内涵也在不断延伸。现在CSO不仅处理IT安全方面的事务，而且开始处理公司所有的安全问题，他们直接向CEO汇报。

CSO的职责是懂得公司业务以及是什么使公司成功，能够辨认那些阻碍公司成功的风险因素，然后通过技术或常规的保护手段找到管理风险的方法，帮助公司实现自己的目标。随着全球企业关键业务连入因特网，CSO掌握着组织越来越多的核心机密，其地位将越发重要。CSO应具备以下3项基本素质。

(1) CSO要对企业的业务非常了解，保障整个企业业务系统的安全性和有效性，具有业务连续性和灾难恢复的知识和技能。

(2) CSO 应实现企业信息安全风险管理策略，对风险评估和管理应该有一个比较好的理解和掌握。

(3) CSO 在技术上，要对审计有比较好的掌握和了解。

2. 安全管理的制度

为了保证信息系统的安全，信息系统安全管理制度应该贯穿信息系统开发、运行的整个生命周期。安全管理涉及的内容十分广泛，可以按照生命周期的不同阶段和针对的不同类型的安全问题制定不同的安全管理制度。举例如下。

(1) 安全管理的组织机构和领导、运作方式。

(2) 不同类型安全问题的责任管理权限的认定。

(3) 对各种人员的道德素质要求和法律意识的要求。

(4) 对开发人员的安全管理。

(5) 对系统运行管理人员的安全管理。

(6) 对物理系统的安全管理。

(7) 对数据的安全管理。

(8) 对运行过程的安全管理。

(9) 对出现安全隐患后的处理方法和申报制度规定。

为保证计算机信息系统的安全运行，使用计算机信息系统的组织和企业应当成立计算机安全防范组织，设立专职安全员，负责建立健全安全管理制度和本单位计算机信息系统的安全保护工作。按照我国公安部的规定，对计算机信息系统中发生的案件，有关使用单位应在 24 小时内到当地县级以上公安机关计算机管理监察部门报告。

计算机信息系统的建设和应用应当遵守法律，行政法规和国家其他有关规定。计算机使用人员(包括研究、教学、培训人员)应熟悉并遵守和计算机信息系统有关的法律法规，自觉培养良好的职业道德，做好本单位的计算机安全管理工作。

3. 软件与信息安全管理制度

在这里计算机软件主要是指计算机程序及其有关开发和使用说明文档。按照我国相关法律的定义。

(1) 计算机程序。指为了得到某种结果而可以由计算机等具有信息处理能力的装置执行的代码化指令序列，或者可被自动转换成代码化指令序列的符号化指令序列或者符号化语句序列。计算机程序包括源程序和目标程序。同一程序的源文本和目标文本应视为同一作品。

(2) 说明文档。指用自然语言或者形式化语言所编写的文字资料和图表，用来描述程序的组成、设计、功能规格、开发情况、测试结果及使用方法，如程序设计说明书、流程图、用户手册等。

对操作系统及数据库的访问应有监控措施，访问权限应按工作性质进行划分，不得将系统特权授予普通用户，只授予完成工作所需的最小特权，不得将所授予的特权转给他人，如有必要应及时收回授予的特权并修改特权程序。进入计算机信息系统的操作应有用户名、口令输入设置，不得将用户名、口令写在不安全的地方或将用户名、口令随意转给他人，口令要定期更改，重要的口令由专人或程序生成。

计算机有用数据和程序要及时备份，妥善保管，重要的数据和程序由专人备份，考虑两个以上备份并异地存放。进行程序开发时，应指定运行程序的人员和修改程序的人员，并做到运行程序人员与修改程序人员分开。计算机信息系统应有应用业务，系统安全审计功能。计算机信息系统应有备份服务器，确保系统的安全运行。

4. 网络信息安全管理制度

重要网络通信线路及通信控制装置应有备份。计算机信息应具有安全的加密措施，各分公司与数据处理中心之间传输信息要做到网络通信加密及软件、硬件加密。网络运行时应有安全审计跟踪措施，能随时掌握网络用户的工作状况。

如果在信箱系统中开办电子公告版、新闻组和提供广播式发送电子邮件功能，则必须建立电子公告版、新闻组和提供广播式发送电子邮件管理制度。要建立在公安机关监督下，由信息审核员（开办单位）、站长（BBS站）、栏目主持人（各类栏目）组成的4级管理、分级负责制。

指定专门的信息审核员对网上信息进行跟踪。站长应对栏目的设置、栏目主持人的资格进行严格考查，明确规定开办的栏目内容和范围；栏目主持人要加强对用户的正确引导和管理，对本栏目中的信息要进行经常性的安全检查，发现有害信息应保留备份并及时删除。对信息发布人的用户名和使用的主机名要有详细登记。敏感时期实行24小时信息监控制度。

8.4.3 系统安全管理技术

系统安全技术是信息系统安全的重要内在保障。“魔高一尺道高一丈”，为了应对信息系统面临的层出不穷的威胁，系统安全技术已经成了信息技术的核心和制高点之一。信息系统安全本身就是一个系统工程，需要全面地规划和管理。

1. 信息安全

信息安全是信息系统安全的核心和最终目标。信息安全的最基本技术是数据加密技术，这是信息系统安全技术的基础。信息加密技术主要有两种类型。

(1) 对称加密算法。首先将原始信息（明文）经过加密处理变成密文，然后在解读时需要用同样的密钥及算法解密。该技术速度非常快，但由于双方使用同样的密钥，这就有发送者或接收者单方泄露密码的可能，造成使用的不安全。

(2) 公开密钥加密算法。采用非对称加密算法，即加密密钥和解密密钥不同。加密用的密钥也可以公开（为此加密密钥也被称为公钥），而解密密钥由接收方自己保管（为此解密密钥也被称为私钥）。发信的人员将信息用公共密钥加密后发给用户，而一旦信息加密后，只有用该用户一个人知道的私用密钥才能解密。

加密技术有许多具体的应用，例如，安全传输协议、数字签名、数字摘要、数字时间戳、数字信封、数据证书等，都可以对信息系统中存储和传输的数据安全起到保护作用。

2. 数据库安全

数据库的安全维护主要是防止非法用户使用数据库，防止合法的用户越权使用数据库以及数据库加密和数据库审计等。

(1) 数据库安全控制。大部分数据库管理系统（DBMS）都提供相当完善的安全管理。例如限长口令、限级封锁、角色划分和授权、数据一致性检查、视图、存储过程、触发器、事务管理、两阶段提交等。此外可以实施一些强化的安全控制措施。

① 系统管理员角色由多人负责，并且口令加密处理。

② 删除系统中的缺省用户。

③ 用户口令使用密码。

④ 系统管理员要经常查询用户信息，以便及时发现冒名顶替者。

⑤ 系统管理员要经常查询系统进程信息，以便及时发现可疑进程，并跟踪非法入侵者。

⑥ 系统管理员要经常查询系统错误或报警信息，以便发现非法入侵者留下的痕迹。

⑦ 系统管理员不要将修改数据库的权限授予任何用户以避免合法用户的非法访问。

⑧ 使用视图、存储过程，屏蔽数据库中一些敏感数据。

⑨ 跟踪长纪录，以发现非法入侵者。

⑩ 在记录一级增加安全属性字段，其属性值为密级，对用户也划分密级。

(2) 强制安全策略。系统设置主体类别、主体级别、客体类别、客体级别。主体指操作者；客体指一个窗口、一项功能等。只有主体类别与客体类别相同并且主体级别高于或等于客体级别时主体才可以处理客体。

(3) 资源管理。将日志段和数据段分开，建立磁盘镜像。还可以使用特殊的段来保存特别敏感的数据。

(4) 数据库备份与恢复。数据库的备份与恢复是整个数据库安全的基础之一，它可以增强系统的可靠性，最大限度地减少硬件、软件故障或其他原因造成的数据丢失。

(5) 审计。通过审计，与数据库系统安全的活动就被记录到审计跟踪里，可以用来监测系统的穿透度和资源的非法使用。

3. 病毒的防治

据统计自从因特网问世以来，已经遭到约 63 000 种病毒的袭击，经济损失高达 650 亿美元。从 1986 年开始，计算机病毒经历了 5 个发展阶段：1986—1995 年，计算机病毒以软盘传播方式为主；1995—1999 年，是宏病毒的天下；1999—2001 年，是邮件病毒大肆泛滥的时代；2001—2002 年，是混合性病毒泛滥的年代。从 2003 年开始，计算机病毒进入到了第 5 个发展阶段，P2P、间谍件(Spyware)、特洛伊木马、垃圾邮件以及运行在 Linux、无线网络上的病毒将是未来病毒的主流形态。

病毒防治的主要方法如下。

(1) 管理上的预防。管理上的预防是指用管理手段预防计算机病毒的传染。

(2) 用技术手段预防。使用查杀毒软件、防火墙软件，一旦发现病毒及时向用户发出警报等。目前市场上的国产杀毒软件种类较多，常见的有“金山”系列、“KV”系列和“瑞星杀毒软件”等 3 种。

4. 防火墙

防火墙一般是设在被保护网络与因特网之间的信息传输防范措施的统称。其目的是防止发生不可预测的、潜在的破坏性侵入。它可以由硬件实现也可以通过软件实现，一般是软、硬件结合的产物。防火墙本身应该难以被穿过。防火墙的主要功能如下。

(1) 过滤不安全的服务和非法用户。

(2) 控制某些外部站点对被保护网络的访问。

(3) 保护被保护网络内的某些站点不被外部网络访问，以保护其信息免遭破坏。

(4) 控制被保护网络内的某些站点对外部网络的访问。

8.4.4 网络入侵取证

万一信息系统遭到入侵,就需要取得和保留证据,以便追踪入侵者和采取法律手段解决相关问题。网络入侵取证系统的出现,为用户通过法律手段保护网络和数据的安全提供了基础和保障。

1. 什么是网络入侵取证

网络入侵取证又叫数字取证、电子取证,是指对计算机入侵、破坏、欺诈、攻击等犯罪行为,利用计算机软硬件技术,按照符合法律规范的方式,进行识别、保存、分析和提交数字证据的过程。取证的目的是为了据此找出入侵者(或入侵的计算机),并解释入侵的过程。其技术指标要求做到数据记录的准确性、可靠性和不可更改性。

2. 网络黑匣子

网络入侵取证的成果形式为硬件(网络黑匣子)与软件(网络入侵分析软件),它可以作为网络中其他安全系统的有力补充,通过网络数据的收集、分析、提交来支持诉讼同时可以产生有力的威慑,达到将入侵阻止在行动以前的效果。

网络黑匣子应能严格按照法律对证据的要求,对被取证的计算机或者网络的数据进行如实的记录,并提供一套专业的软件进行分析,它类似于飞机上的黑匣子,将所有网络上发生的入侵事件进行记录,在必要时能作为呈堂证据追查事件真相。

(1) 对所有经过被取证机器的网络数据进行高效、完整的记录。

(2) 通过对系统日志的分析,及时发现服务器被入侵。

(3) 集中安全地存放被取证机器和网络的系统信息。

(4) 高速数据流量记录和分析系统。

(5) 保证数据的完整性和原始性,作为法律证据。

(6) IP 数据还原应用,重现入侵过程。

网络入侵取证系统能够快速将被取证机上的系统日志安全地转移到取证机以防止黑客将日志删除,并能对系统日志进行分析,查找出异常情况,收集证据并对其进行入侵分析,及时发现服务器的被攻击。

3. 基本应用

网络入侵取证系统是强大的网络监控系统,能对所有经过被取证机的网络数据进行记录并按照时间段进行存储,并能对各个数据包进行分析,查找入侵活动,收集证据做事后分析和法庭检举。网络入侵取证系统能保证其所取得的网络数据是完整的,它能对记录的网络数据进行完整性和原始性检测。

网络入侵取证系统允许安全管理员调查入侵事件,迅速对导致入侵的网络事件进行重建。它提供在应用层上的全部网络活动,所有非法和未被授权的行为被归档并作为证据,提交执法机构对其检举。

网络入侵取证系统采用基于静态分析和动态分析相结合的方式,对网络数据和日志信息进行入侵分析,从中发现所包含的入侵。其规则具有可扩展性,可以在新的攻击特征被披露后重新进行入侵分析和证据的提取。

8.5 信息系统审计

根据美国 FBI 和计算机安全学会(CSI)对美国 359 个公司进行的调查,在 2000 年由于非授权的内部人员对 IT 系统的访问和滥用,造成了这些公司超过 5000 万美元的损失。在这些公司中,有 38%的公司在上一年度发生了 1～5 起内部人员职务滥用事件,而有 37%的公司说他们不知道公司中发生了多少起同内部人员有关的安全事件。这些数据足以说明信息系统审计对于信息系统安全、可靠运行是多么重要。

8.5.1 信息系统审计的产生和发展

信息系统审计的发展是伴随着信息技术以及信息系统应用的发展而出现的。在数据处理电算化的初期,由于人们对计算机在数据处理中的应用所产生的影响没有足够的认识,认为计算机处理数据准确可靠,不会出现错误,因而很少对数据处理系统进行审计,主要是对计算机打印出的一部分资料进行传统的手工审计。随着计算机在数据处理系统中应用的逐步扩大,利用计算机犯罪的案件不断出现,使审计人员认识到需要应用计算机辅助审计技术对电子数据处理系统本身进行审计,即 EDI 审计。同时随着社会经济的发展,审计对象、范围越来越大,审计业务也越来越复杂,利用传统的手工方法已不能及时完成审计任务,必须应用计算机辅助审计技术进行审计。

1. 信息系统审计产生的原因

关于信息系统审计的原因可以归结为以下 3 点。

(1) 信息系统审计是从会计审计到计算机审计发展、演变过来的,实际是计算机审计的范围扩展,最后涵盖整个信息系统。

(2) 由于信息系统尤其是大型信息系统的建设是一项庞大的系统工程,它投资大、周期长、高技术、高风险,在系统的建设过程中,对工程进行严格、规范的管理和控制至关重要。正是由于信息系统工程所具有的这些特点,建设单位往往由于技术力量有限,无力对项目的技术、设备、进度、质量和风险进行控制,无法保证项目的实施成功。所以需要有第三方进行独立审计。

(3) 内部威胁的存在和危害。所谓内部威胁是指系统的合法用户以故意或非法方式进行操作所产生的威胁,如内部工作人员利用工作之便或者系统固有缺陷,非法使用数据资源或越权存取修改数据等。由于内部人员最容易接触敏感信息,并且他们的行动非常具有针对性,危害的往往是机构最核心的数据、资源等。而且内部人员对一个机构的运作、结构、文化等情况非常熟悉,导致他们行动时不易被发觉,事后也难以被发现。这些威胁的主要表现如下。

(1) 操作人员的误操作。

(2) 内部人员的恶意攻击、穿透。

(3) 系统管理员失职、权利滥用(篡改系统、篡改数据、安全管理失职)。

(4) 用户身份冒用、滥用、误用和非法转让。

2. 国际信息系统审计的发展

20 世纪八九十年代信息技术的进一步发展与普及,使得企业越来越依赖信息及产生信息的信息系统。人们开始更多的关注信息系统的安全性、保密性、完整性及其实现企业目标的效率、效果,真正意义的信息系统审计才出现。随着电子商务的全球普及,信息系统的审计对象、范围及内容逐渐扩大,采用的技术也日益复杂。到目前为止,信息系统审计在全球还是一个新的业务。从美国五大会计师事务所的数据看1990年拥有信息系统审计师12名到近百名,1995年已有500名,到2000年时,信息系统审计师正以40%~50%的速度增加,说明信息系统审计正逐渐受到重视。

美国在计算机进入实用阶段时就开始提出系统审计,从成立电子数据处理审计协会(EDPAA后更名为ISACA)以来,从事系统审计活动已有30多年历史,成为信息系统审计的主要推动者,在全球建有100多个分会,推出了一系列信息系统审计准则、职业道德准则等规范性文件,并开展了大量的理论研究。

3. 我国信息系统审计的发展

目前我国基本上停留在对会计信息系统的审计上,延伸手工会计信息系统审计,尚未全面探讨信息时代给审计业务带来的深刻变化。以我国在1999年颁布了《独立审计准则第20号——计算机信息系统环境下的审计》为例,其更多关注的是会计信息系统。在信息时代,面对加入WTO后全球一体化市场,我国IT服务业面临巨大的挑战,开展信息系统审计业务成为推动我国IT服务业发展的绝佳机会。

8.5.2 信息系统审计的概念

如何保证计算机信息系统的安全一直是困扰各信息系统用户的一大问题。对信息系统的威胁分为外部及内部威胁;来自入侵者的外部威胁相对容易发现,但来自机构内部的违规、犯罪损害的特点是更隐蔽、更常见、危害大、难抵御、难发现、破坏也更大。

1. 系统审计定义

审计的内容包含相当广泛,审计的重要性也随着信息系统的普及和复杂性的增加而日益提高。审计主要涉及系统开发过程中来自外部和内部的各种问题。信息系统审计(IS audit)目前还没有公认通用的定义。

国际信息系统审计领域的权威专家Ron Weber认为信息系统审计是“收集并评估证据以判断一个计算机系统(信息系统)是否有效做到保护资产、维护数据完整、完成组织目标,同时最经济的使用资源”。

信息系统审计可以理解为,为了信息系统的安全、可靠与有效,由独立于审计对象的IT审计师,以第三方的客观的立场对以计算机为核心的信息系统进行综合的检查与评价,向IT审计的对象的最高领导,提出问题与建议的一连串的活动。

2. 信息系统审计的目标

信息系统审计追求的目标是系统的有效利用和故障排除,使系统更加高效、健全地运行。其中既包括信息系统的外部审计的鉴证目标,即对被审计单位的信息系统保护资产安全及数据完整的鉴证;又包含内部审计的管理目标,即不仅包括被审计信息系统保护资产安全及数据完整而且包括信息系统的有效性目标,审计评估并提供反馈。信息系统审计的具体目标包括以下3类。

(1) 可用性。商业高度依赖的信息系统能否在任何需要的时刻提供服务,信息系统是否被完好保护以应对各种损失和灾难。

（2）保密性。系统保存的信息是否仅对需要这些信息的人员开放，而不对其他任何人开放。

（3）完整性。信息系统提供的信息是否始终保持正确、可信、及时，能否防止未授权的对系统数据和软件的修改。

8.5.3 信息系统审计的内容

在初期，信息系统审计是作为传统审计业务的一部分，在审计师对由计算机系统处理的数据的质量进行判断时提供技术支持。目前，对于信息系统审计，需求领域很广。广义的信息系统审计也称为IT审计，IT审计比信息系统审计所涵盖的范围更广泛。

1. IT审计的任务

IT审计包括如对组织的信息系统审计（主要集中在对信息技术的管理控制）、技术方面的信息系统审计（包括架构、数据中心、数据通信等）、应用的信息系统审计（包括经营、财务）、开发实施信息系统审计（包括需求识别、设计、开发以及实施后阶段）和信息系统是否符合国家或国际标准的审计等。狭义的信息系统审计则主要包括对信息系统本身的审计。信息系统审计业务将随着信息技术的发展而发展，为满足信息使用者不断变化的需要而增加新的服务内容，目前IT审计的主要任务如下。

（1）系统开发审计，包括开发过程的审计、开发方法的审计，为IT规划指导委员会及变革控制委员会提供咨询服务。

（2）主要数据中心、网络、通信设施的结构审计，包括财务系统和非财务系统的应用审计。

（3）支持其他审计人员的工作，为财务审计人员与经营审计人员提供技术支持和培训。

（4）为组织提供增值服务，为管理信息系统人员提供技术、控制与安全指导；推动风险自评估程序的执行。

（5）软件及硬件供应商及外包服务商提供的方案、产品及服务质量是否与合同相符审计。

（6）灾难恢复和业务持续计划审计。

（7）对系统运营效能、投资回报率及应用开发测试审计。

（8）系统的安全审计。

（9）网站的信誉审计。

（10）全面控制审计等。

2. 信息系统审计的组成

一个信息系统不等同于一台计算机。信息系统很复杂，由多个部分组成以做出商业解决方案。只有各个组成部分通过了评估，判定安全，才能保证整个信息系统的正常工作。对一个信息系统审计的主要组成部分分成以下几类。

（1）信息系统的管理、规划与组织。评价信息系统的管理、计划与组织方面的策略、政策、标准、程序和相关实务。

（2）信息系统技术基础设施与操作实务。评价组织在技术与操作基础设施的管理和实施方面的有效性及效率，以确保其充分支持组织的商业目标。

（3）资产的保护。对逻辑、环境与信息技术基础设施的安全性进行评价，确保其能支持组织保护信息资产的需要，防止信息资产在未经授权的情况下被使用、披露、修改、损坏或丢失。

(4) 灾难恢复与业务持续计划。这些计划是在发生灾难时，能够使组织持续进行业务，对这种计划的建立和维护流程需要进行评价。

(5) 应用系统开发、获得、实施与维护。对应用系统的开发、获得、实施与维护方面所采用的方法和流程进行评价，以确保其满足组织的业务目标。

(6) 业务流程评价与风险管理。评估业务系统与处理流程，确保根据组织的业务目标对相应风险实施管理。

从管理的角度，信息系统审计涵盖了系统开发的全过程，举例如下。

① 系统规划的审计。

② 系统分析的审计。

③ 系统设计的审计。

④ 编码的审计。

⑤ 测试的审计。

⑥ 试运行的审计。

⑦ 系统运行过程的审计。

⑧ 系统维护过程的审计。

3. 信息系统审计的时间类型

从审计的时间分，信息系统的审计可分为事前设计审计、事中过程审计、事后结果审计，各阶段审计的目标不同。

(1) 事前设计审计。在一个应用系统开发前的设计评审和运行前的各种测试都属于事前审计。主要包括对信息系统的应用架构，包括网络架构、操作系统和数据库系统等平台软件的选型、应用软件的业务逻辑和规范等，进行设计合理性审计，以保证应用系统是一个安全、可靠、可用的系统。

(2) 事中过程审计。事中过程审计是对信息系统的应用行为过程，进行使用合理性、合法性、真实性审计，以及时发现各种违规、可疑事件。通过对业务系统运行过程中各种内部、外部行为过程在信息系统各个层面上(应用系统、数据库、操作系统、网络)所遗留的痕迹信息进行实时和准实时扫描分析处理和预警。

(3) 事后结果审计。事后结果审计是对信息系统的应用结果数据进行复核验证，以保证应用结果数据的真实性和合规性。目前，商业银行使用的各种事后监督系统都属于事后审计。

信息系统审计的对象随着信息技术的不断发展将不断扩展。

4. 审计软件

现代信息系统审计必须借助于软件的支持。目前国内已经开发出多种用于信息系统审计的软件。例如我国金鹰国际集团软件公司推出的独立于业务信息系统的"应用过程审计 APA"软件就是一种基于应用过程审计的实时监督审计软件，是对各种应用系统运行过程中的各种行为的合规性、数据结果的真实性，按照业务处理的安全、规范、真实性等要求进行客观、适时的监测与审核，将各种违规、可疑事件及时报警，并提交各种审计报告。

该软件面向各种领域(行业)应用系统,针对各种安全隐患和业务风险,将领域应用的业务处理特性与安全审计规则相结合,采用构件架构技术、信息审计和检测预警技术,建立领域应用审计知识管理库,通过对业务系统运行过程中各种行为过程在信息系统各个层面上所遗留的痕迹信息进行实时和准实时扫描分析处理,以跟踪监测系统的运行,达到安全防范的目的。

8.5.4 IT 审计报告

IT 审计的最后结果是向企业的主管者提交审计报告。一般情况下,IT 审计报告包括综合审计意见和个别审计意见两部分。综合审计意见包括本次审计的概要、重要问题以及综合的结论。个别审计意见则主要是在审计过程中发现的个别问题的表现、分析以及改进对策等。

1. 审计报告内容

审计报告主要包括以下内容。

(1) IT 审计人员制作 IT 审计报告的时间。

(2) 对系统的可靠性、安全性及有效性进行评价的结果。

(3) 系统存在的问题。

(4) 根据改进的劝告提出的改进方案。

(5) 其他的必要事项。

2. 对信息系统的评价

审计报告中关键内容是对信息系统的评价。

(1) 系统安全性要素的评价。

① 资产安全性评价。计算机资产被破坏、盗窃或以非法目的使用后所造成的预期损失。

② 数据安全性评价。内部控制系统的容错能力,已经存在或潜在的错误以及这些错误的规模及数量以及总体安全性的评价。

(2) 系统可靠性评价。可靠性的概念,是指产品在规定的条件、规定的时间内完成规定的功能的能力和无故障运行的概率(平均故障时间 MTBF),也就是产品维持其功能和性能水平的能力。其中包括两方面。

① 硬件可靠性。

② 软件可靠性。

(3) 有效性评价。有效性评价主要评价信息系统是否以最节省(时间或金钱)的方式实现系统的目标。这就需要首先明确评价目标、性能指标和预算费用,然后构建负荷模型和系统模型并进行试验,分析试验结果,最后给出相应的建议。

3. 系统综合评价

综合评价是在上述评价的基础上,对信息系统进行全面评价和总结。综合评价的主要包括以下内容。

(1) 信息系统是否实现其设计目标。

(2) 开发过程的合理性。

(3) 是否产生管理创新,形成信息化的经营管理模式。

(4) 是否使管理组织体系发生根本的改变，更科学、合理。

(5) 是否使企业真正面向市场组织生产和经营。

(6) 是否使组织交流灵活。

(7) 是否提高了组织员工的工作效率和质量，提高了员工的向心力。

(8) 是否改善了组织与市场和顾客相连的手段和可能，是否成为企业核心竞争力的重要组成。

(9) 是否有效地降低了企业成本，提高了企业效益。

8.5.5 风险管理

由于各种不确定因素和威胁的存在，信息系统的开发和应用都存在巨大风险，一般意义上的风险是指对某一目的，带来伤害或损失的威胁的具体化的估算。风险管理是项目管理的重要内容。

1. 风险管理的概念

风险管理(Risk Management)是对风险进行控制与监管的过程，即识别、评价为达到某目的而带来的损失的风险，对风险进行控制、排除，使风险损失降到最低。

信息系统所面临的威胁包括自然的和人为的，内部的和外部的，是一些使信息系统受到损害而导致系统功能及目标受阻的所有现象。如地震、火灾、黑客攻击、硬件故障、软件差错、操作失误及有意识的犯罪等。

2. 风险管理的步骤

风险贯穿于项目的整个生命周期中，因而风险管理是个持续的过程，建立良好的风险管理机制以及基于风险的决策机制是项目成功的重要保证。风险管理是项目管理流程与规范中的重要组成部分，制定风险管理规则、明确风险管理岗位与职责是做好风险管理的基本保障。同时，不断丰富风险数据库、更新风险识别检查列表、注重项目风险管理经验的积累和总结更是风险管理水平提高的重要动力源泉。信息系统的风险管理一般包括以下几个步骤。

(1) 确定范围。确定风险分析的范围。

(2) 识别威胁。识别整个项目过程中可能存在的风险。

(3) 风险评价。对已经识别出来的项目风险进行量化估计，确定每个风险对项目的影响大小。

(4) 风险类型。

① A类风险。发生频率低且每次发生损失小。

② B类风险。地震、火灾等不常发生的灾难，发生频率不高，一旦发生损失巨大。

③ C类风险。经常发生的风险，发生时系统不能正常工作。

(5) 控制方案设计和评价。就项目中已经确定了可能存在的风险以及它们发生的可能性和对项目的风险冲击，排出风险的优先级。然后根据风险性质和项目对风险的承受能力制定相应的防范计划，即风险应对。

(6) 风险监控。在项目执行过程中，还需要时刻监督风险的发展与变化情况，并确定随着某些风险的消失而带来的新的风险。

8.6 软件能力成熟度模型

20 世纪 70 年代中期,美国国防部曾专门研究软件项目做不好的原因。发现其中 70% 的项目是因为管理不善而引起,而并不是因为技术实力不够。进而得出一个结论,即管理是影响软件研发项目全局的因素,而技术只影响局部。到了 20 世纪 90 年代中期,软件管理过程不善的问题仍然存在,大约只有 10%的项目能够在预定的费用和进度下交付。

软件项目失败的主要原因有以下几种:需求定义不明确;缺乏一个好的软件开发过程;没有一个统一领导的产品研发小组;子合同管理不严格;没有经常注意改善软件过程;对软件架构不重视;软件界面定义不善且缺乏合适的控制;软件升级暴露了硬件的缺点;关心创新而不关心费用和风险;标准太少且不够完善等。在关系到软件项目成功与否的众多因素中,软件度量、工作量估计、项目规划、进展控制、需求变化和风险管理等都是与工程管理直接相关的因素。由此可见,软件管理过程的意义至关重要。软件能力成熟度模型就是软件开发过程管理的一种标准。

8.6.1 什么是 CMM

信息系统等软件产品的开发包括开发过程、工具和文档等,都趋于标准化、规范化。软件能力成熟度模型(Capability Maturity Model,CMM)就是由美国卡内基梅隆大学软件工程研究所 1987 年研制成功的,是目前国际上最流行、最实用的软件生产过程标准和软件企业成熟度等级认证标准。目前,我国已有软件企业,例如东软公司、联想等通过了 CMM 标准认证。

1. 软件能力成熟度

软件能力成熟度标志着一个软件企业按计划的时间、成本,提交有质量保证的软件产品的能力、效率和水平。

软件过程就是用于开发和维护信息系统等软件产品的一系列活动和方法。CMM 提供了一个开发各种软件的过程改进框架,其目的是极大提高按计划的时间成本提交有质量保证的信息系统等软件产品的效率。

2. CMM 的组成

CMM 包括"软件能力成熟度模型"和"能力成熟度模型的关键惯例"两部分。

(1) 软件能力成熟度模型主要是描述 CMM 的结构,并且给出 CMM 的基本构件的定义。

(2) 能力成熟度模型的关键惯例详细描述了每个"关键过程方面"涉及的"惯例"。

这里"过程方面"是指一组相关联的活动。每个软件能力成熟度等级包含若干个对该成熟度等级至关重要的过程方面,它们的实施对达到该成熟度等级的目标起到保证作用。这些过程域就称为该成熟度等级的关键过程域,反之非关键过程域是指对达到相应软件成熟度等级的目标不起关键作用。CMM 模型划分为 5 个级别,共计 18 个关键过程域,52 个目标,300 多个关键实践。

3. CMM 的等级

CMM 就是一种用于评价软件承包能力并帮助其改善软件质量的方法,侧重于软件开发过程的管理及工程能力的提高与评估。CMM 模型描述分析了软件过程能力的发展过程，确立了软件过程能力成熟度的分级标准。CMM 将软件过程的成熟度分为 5 个等级：分别是初始级(Initial)、可重复级(Repeatable)、已定义级(Defined)、可管理级(Managed)和优化级(Optimizing)。5 个等级的分类方法如表 8-3 所示。

表 8-3 CMM 等级分类

过程分类 / CMM 等级	管理方面	组织方面	工程方面
优化级		技术改革管理 过程变更管理	缺陷防范
可管理级	定量过程管理		软件质量管理
已定义级	集成软件管理 组间协调	组织过程焦点 组织过程定义 培训程序	软件产品工程 同级评审
可重复级	需求管理 软件项目计划 软件项目跟踪与监控 软件转包合同管理 软件质量保证 软件配置管理		
初始级			

4. CMM 评估

CMM 评估由评估小组、公司的管理人员、具体项目的执行人员以及主任评估师几方共同组成。其中评估小组是由经验丰富的软件专业人员组成。评估过程主要分成两个阶段：准备阶段和评估阶段。准备阶段包括小组人员培训、计划以及其他必要的评估准备工作。开始，小组成员的主要任务是采集数据，回答 CMM 提问单，文档审阅以及进行交谈，对整个组织中的应用有一个全面的了解，然后进行数据分析。评估员要对记录进行整理，并检验所观察到的一切信息，然后把这些数据与 CMM 模型进行比较，最后给出一个评估报告。在每个评估报告中，必须针对 CMM 的每个关键过程域，指出这个软件过程在什么地方已经有效地执行了，什么地方还没有有效地执行。只有所有评估人员一致通过的情况下，这个评估报告才有效。

CMM 评估的特点是评估的结果不是一劳永逸，需要不断评测，这也符合软件开发过程的各种因素是不断变化的基本事实。

8.6.2 CMM 的作用

软件开发的风险之所以大，是由于软件过程能力低，其中最关键的问题在于软件开发组织不能很好地管理其软件过程，从而使一些好的开发方法和技术起不到预期的作用。项目的成功往往主要是通过工作组的杰出努力。这种仅仅建立在可得到特定人员上的成功不能为软件的生产和质量的长期提高打下基础，必须在建立有效的软件管理工程实践和管理实践的基础设施方面坚持不懈地努力，才能不断改进，才能持续地成功。

1. 软件过程评估

CMM可用于软件过程评估(Software Process Assessment,SPA)、规范软件管理。软件过程研究的是如何将人员、技术和工具等组织起来,通过有效的管理手段,提高软件生产的效率,保证软件产品的质量。从20世纪70年代开始,软件管理工程走过了一条以结构化分析与设计、结构化评审、结构化程序设计以及结构化测试,到20世纪90年代中期以过程成熟模型CMM、个体软件过程PSP和群组软件过程TSP为标志的,以过程为中心向着软件过程技术的成熟和面向对象技术、构件技术的发展为基础的真正软件工业化生产的道路。规范的软件过程是软件工业化的必要条件。

虽然成熟度的标志主要反映了一个软件企业的开发能力和水平,但对一个信息系统开发的组织和管理也有重要的指导意义。提高信息系统开发管理的成熟度,可以从项目管理、质量控制等方面得以改善信息系统的开发过程和质量。

2. 软件过程的改进

CMM可以改进软件过程(Software Process Improvement,SPI),帮助软件企业对其软件过程向更好的方向的改变,进行计划制定以及实施,从而提高软件质量。软件质量,乃至于任何产品质量,都是一个很复杂的行为和过程。产品质量,包括软件质量,是人们实践产物的属性和行为,是可以认识,可以科学地描述的,可以通过一些方法和人类活动,来改进的。

实施CMM是改进软件质量的有效方法,是控制软件生产过程、提高软件生产者组织性和软件生产者个人能力的有效合理的方法。

3. 软件能力评价

软件能力评价(Software Capability Evaluation,SCE),是一组经过培训的专业人员鉴别软件承包者的能力资格,或者是检查、监督正用于软件开发的软件过程的状况。

软件工程和很多研究领域及实际问题有关,主要相关领域和因素如下。

(1) 需求工程(Requirements Engineering,RE)。应用已被证明的原理、技术和工具,帮助系统分析人员理解问题或描述产品的外在行为。

(2) 软件复用(Software Reuse,SR)。利用工程知识或方法,由一已存在的系统,来建造一新系统。软件复用技术,可改进软件产品质量和生产率。

此外还有软件检查、软件计量、软件可靠性、软件可维修性、软件工具评估和选择等。

8.6.3 CMM各级别的主要特征

CMM主要是从开发过程管理的角度衡量软件企业的能力水平。这种成熟水平的衡量由低到高分为5个等级。其中初始级是完全随意的过程,可重复级是经过训练的软件过程,定义级是标准一致的软件过程,管理级是可预测的软件过程,优化级是能持续改善的软件过程。

1. 初始级

初始级表示软件过程仍处在未加定义的随意过程阶段,没有可操作的管理和控制机制。无论从管理、组织还是工程方面都没有规范,软件产品的开发是随意的,因此难免是混乱的。这时的软件开发过程完全是不成熟的。

该等级的主要特征是,软件开发能力是软件开发者个人的能力,而不是企业的能力。这时的软件过程管理和软件开发质量，强烈地依靠开发者的能力和责任心。如果关键的开发和管理人员离开，则整个个开发过程或者瘫痪，或者无法保证开发的质量。这就是软件企业能力不成熟的主要表现。这种情况下很难保证开发的进度、质量和效率。

2. 可重复级

在这里“可重复”的含义，包括由软件的可重复应用到软件开发过程的可重复。该级别表示软件企业建立了标准、规范的基本项目管理过程，实现成本的跟踪和进度的控制，整个管理过程是可以重复的，这也标志软件企业开始走向成熟。主要表现在以下 6 个方面。

(1) 需求管理。对软件需求进行管理，是决定项目成败的基础和关键，其中包括 3 项需求的管理。具体内容如表 8-4 所示。

表 8-4　需求及其管理

序号	需　求	内　　容	需 求 管 理
1	用户需求	用户对软件的需求	需求确定的管理
2	技术需求	满足用户需求的技术功能和质量属性	需求实现的管理
3	项目需求	项目计划和跟踪行为	需求变更的管理

(2) 软件项目计划。为软件工程的运作和软件项目活动的管理提供了一个合理的基础和可行、合理的工作计划。其中包括软件项目的策划、建议和评审；确定软件生命周期模型；执行项目的软件开发计划；制定项目软件工程设施和支持工具的计划等内容。

(3) 软件项目跟踪和监督。根据文档化的软件项目计划，跟踪和审查软件的完成情况和成果，并根据实际完成情况纠正偏差或调整项目计划。软件项目跟踪和控制使得软件过程可视化。

(4) 软件转包合同管理。软件转包合同管理的目的是选择合格的软件转包商，并有效地对其实施管理。该项管理包括选择软件转包商、与转包商建立承诺、跟踪和审查软件转包商执行合同的结果等内容。

(5) 软件质量保证。软件质量保证是为了保证软件产品和服务能充分满足顾客要求的质量而进行的有计划、有组织的活动。

(6) 软件配置管理。软件配置管理包括标示给定时间点上的软件配置，系统地控制对配置的更改，并维护在整个生命周期中培植的完整性和可跟踪性。软件配置的管理主要包括配置识别、版本控制、变更控制和配置审核等 4 项主要功能。

3. 已定义级

已定义级的主要标志是用于开发、维护软件的过程(包括软件工程过程和软件管理过程)已经得到了系统的定义并能付诸实施。

(1) 组织过程焦点。建立组织对软件过程活动的责任，为组织的整体软件过程能力的不断提高提供组织上的保证。

(2) 组织过程定义。由负责软件过程活动的小组在组织层上定义软件工程，包括制定和维护组织的标准软件过程以及相关的过程资源。

(3) 培训程序。根据系统目前及将来的需要判断培训需求，开发及完成所需的培训，提高组织内每一个人的知识技能。

(4) 集成软件管理。将软件工程活动和软件管理活动集成为一个协调的、已定义的过程。

(5) 软件产品工程。协调一致地执行一个妥善定义的工程过程,高效地生产正确的、一致的软件产品。

(6) 组间协调。软件工程组与其他组以及客户之间一起协调、合作,更好地使系统能满足客户的各种需求。

(7) 同级评审。由与软件工作产品生产者处于同一级别的其他人员系统地检查软件工作产品,找出错误并确定需要修改的领域。

4. 可管理级

可管理级是在达到可重复级和可定义级的基础上,使软件开发过程具有定量过程管理和质量管理的能力。

(1) 定量过程管理。制定软件过程实施目标,测量过程的性能及分析得到的变量,并通过变量的调整使过程稳定于可接受的范围之内。

(2) 软件质量管理。建立对项目软件质量的定量了解和实现特定的质量目标。其中包括软件产品的质量目标、实现目标的计划以及监控和调整软件计划、软件产品、活动和质量目标。

5. 优化级

优化级是能力成熟度的最高级,其标志是软件企业具有对已有软件过程进行深层次改进的能力,使成熟度得以不断提高。主要内容如下。

(1) 缺陷预防。识别产生缺陷的原因,并采取相应的防范措施,防止这些缺陷再次发生。

(2) 技术改革管理。识别新技术,把新技术有序地引入到组织的各种软件过程中,同时对引起的各种标准的变化进行管理。

(3) 过程变更管理。定义过程改进目标,不断地改进和完善组织的标准软件过程和项目定义软件过程。

8.6.4 CMM 应用案例

路透集团 CMM 主任评估师 Paul Iredale 打开计算机上的管理流程图,路透集团全球 67 个软件组织的结构图尽收眼底,你想了解某个开发小组("过程域")的情况,只需点击相应模块,该过程域的每一步工作都看得清清楚楚。

过程透明化带来的好处是连锁式的:方便了管理、方便了测试;淡化了个人的力量。这个程序员离开了,别人看一下文档就能接着干。最重要的是提供了积累过程,用标准化管理模式开发的软件能够成为可移植的基本模块,下一个软件的开发速度会大大加快,再下一个会更快,由此形成滚雪球式的良性循环。

8.7 信息系统开发文档管理

文档(Document)是管理的成果也是系统维护、更新的重要依据。无论哪种开发方法,无论哪项管理内容都离不开文档。所以文档的管理及规范就成了信息系统管理的重要内容之一。但这一点，经常被管理者或开发者忽视，致使系统开发工作效率低下，系统质量难以提高，系统维护困难。

1. 文档类型

文档是一种数据媒体和媒体上记录的信息。在信息系统开发中，文档被用来描述或表示为对开发活动、需求、过程或结果进行描述、定义、规定、报告或认证的任何书面(包括电子的、多种媒体的)信息。文档重要性的变化也可看成系统开发方法论的演变之一。

不同类型的信息系统文档的数量和标准有差别，但文档的重要性都是相同的。文档从内容上可分为两类。

(1) 说明性文档。包括各种阶段性文档、手册，以及系统的维护说明和使用手册等。

(2) 程序文档。加注释说明的程序清单。

2. 文档的作用

无论是说明性文档还是程序文档在系统开发中都扮演十分重要的角色。特别是说明性文档，很容易被开发者忽视，结果造成系统维护和评价的极大困难。概括地说信息系统文档有以下主要作用。

(1) 说明性文档是现代软件产品的不可缺少的重要组成部分。

(2) 文档是通信和交流手段。

(3) 文档对信息系统的开发有重要的控制作用。

(4) 文档是进行系统维护和评价的主要依据。

3. 软件概念的变化

早期，人们习惯于把文字性的说明文件称作文档，而软件产品主要指程序。但现在文档已经变成了软件产品的代名词。文档这种概念的演变在一定程度上反映出文档重要性的变化。表 8-5 列出了软件产品概念的变化过程。

表 8-5　文档概念的演变

年　份	软件产品	年　份	软件产品
1970 年以前	程序	1986 年至今	文档[+程序]
1970—1975	程序(主)+文档(辅)	未来	文档
1976—1985	文档(主)+程序(辅)		

4. 系统开发的主要文档

使用不同的开发方法，文档的类型、内容和功能有所不同。结构化方法对文档的要求比较严格，主要的文档有以下几类。

(1) 系统规划阶段。

① 系统总体规划(策划、计划)。

② 可行性分析报告。

(2) 系统分析。

① 系统需求调查报告。

② 系统逻辑方案说明书。

(3) 系统设计。

① 系统设计说明书。

② 系统测试计划和方案。

③ 系统测试报告。

(4) 系统实施。

① 用户手册。

② 计算机操作规程。

③ 程序说明书。

5. 文档标准

文档是用来进行描述和交流的工具,所以标准就显得非常重要。世界各国都十分重视文档标准化工作。我国计算机软件文档的标准参见附录B:《GB/T 8567—1988 计算机软件产品开发文件编制指南》。

小　　结

本章全面、深入论述信息系统管理在系统生命周期全过程中的重要性,并介绍了信息系统管理的重要内容和主要方法。

1. 本章学习目标

通过本章的学习应达到以下目标。

(1) 深刻认识信息系统管理对组织的重要性。

(2) 熟悉信息系统管理的内容和方法。

(3) 了解CMM的内容和作用。

(4) 信息系统管理人才的要求。

2. 本章主要内容

信息系统管理就是为了使信息系统的开发、运行和维护一体化,并提高系统效益而进行的整体规划和协调管理。

信息系统开发项目实施管理的目的是通过计划、检查、控制等一系列措施,使系统开发人员能够按项目的目标有计划地进行工作,以便按计划、高效率地完成项目。信息系统工程监理是信息系统管理的一种模式,是独立的第三方机构在信息系统工程开发过程中实施的在规划与组织、协调与沟通、控制、监督与评价等方面的职能。

成本管理是使资金合理使用、降低开发成本并获得最佳效益的基本保证。信息系统成本管理包括成本估算、不确定性分析、现金流分析和净值管理等内容。

由于来自内部和外部的威胁在不断增长,系统安全管理成了信息系统管理的重要内容之一。安全管理既涉及设计技术问题,也涉及管理问题。另一方面,安全管理应该贯穿系统的整个生命周期。

信息系统审计的发展是伴随着信息技术以及信息系统应用的发展而产生的。信息系统审计的任务是收集评估证据以判断一个信息系统是否有效做到保护资产、维护数据完整、完成组织目标,同时最经济的使用资源。

风险管理是项目管理和审计的重要内容。风险管理是对风险进行控制与监管的过程,即识别、评价为达到某项目的而带来的损失的风险，对风险进行控制、排除，使风险损失降到最低。

CMM提供了一个开发各种软件的过程框架，以及信息系统建设、管理的规范和标准。其目的是极大提高按计划的时间成本提交有质量保证的信息系统等软件产品的效率。CMM侧重于软件开发过程的管理及工程能力的提高与评估。CMM将软件过程的成熟度分为初始级、可重复级、已定义级、可管理级和优化级5个等级。

最后一节着重强调信息系统开发文档管理的重要性，并介绍了我国目前采用的一些信息系统开发文档的规范。

3. 本章重要术语

项目	成本管理	软件能力成熟度CMM
项目管理	信息系统安全管理	软件过程
项目生命周期管理	漏洞	初始级
项目资源管理	后门	可重复级
项目运行管理	网络入侵取证	已定义级
产品数据管理PDM	网络黑匣子	可管理级
项目管理要素	信息系统审计	优化级
信息系统工程监理	风险管理	系统开发文档

习题与实践

一、习题

1. 为什么说信息系统管理非常重要？
2. 信息系统管理包括哪些具体内容？
3. 什么是项目管理？
4. 项目管理的主要目标是什么？
5. 项目管理的要素是什么？
6. 信息系统监理的主要任务是什么？
7. 成本管理的有什么意义？
8. 对信息系统安全的主要威胁有哪些？
9. 信息系统安全管理包括哪些内容？
10. 数据加密技术对信息系统安全有什么意义？
11. 如何管理数据库的安全？
12. 防火墙的主要功能是什么？
13. 为什么要进行网络入侵取证，如何实现？
14. 信息系统审计的主要作用是什么？
15. IT审计报告主要包括哪些内容？
16. 什么是风险管理？
17. 信息系统主要面临哪些风险？
18. 什么是软件过程？

19. 简述 CMM 的主要目标。

20. 简述 CMM 的 5 个级别及其主要内容。

二、实践

1. 搜集国内外信息系统管理的标准，写出报告。

2. 搜索目前国内外主要的信息系统管理和审计软件工具，写出报告。

3. 上机练习 Project 2002 的使用方法，为自己制定一个计划，试用其进行管理。

4. 搜集黑客攻击信息系统的主要方法和防治策略，写出报告。

第9章 系统运行环境：文化、伦理和法律

信息系统的开发和建设不仅是一个技术问题，而且包含很复杂的管理问题。但这还不是全部，只有技术和管理还不能保证信息系统的高效开发和保证运行的效益。信息系统还需要健全的法律、经济和文化等社会环境的保障和高素质的开发、管理人员。信息系统包含极其丰富的文化和伦理的内涵，也向信息系统的开发、管理人员的道德素质提出了更高的要求。合格的信息系统的从业人员远远不是掌握一两种技术就可以胜任了，除了掌握所需的技术外，他们还应研究信息文化、熟悉信息法律和了解信息经济的相关知识。本章将从几个方面探讨信息系统的社会和文化内涵：社会、经济、文化、道德、法律、人才的要求。

案例 9-1 Napster 的破产

Napster 是由肖恩创建的世界最著名的 P2P 音乐下载网站。肖恩对 Napster 最初的创想来自大学时代一次偶然的寝室聚会，当时他就读于波士顿东北大学，喜好音乐的室友不停向他抱怨互联网上低效的 MP3 音乐链接。这一下子触动了肖恩，他在朦胧之中想出了 P2P 点对点音乐交换服务的原理，“人们的计算机硬盘上有很多音乐资料，而网络可以创造机会让喜欢音乐的人相互交流。”

除了一些 UNIX 服务器源码和基础的 Windows 编程，肖恩几乎什么都不懂。他找来一本 UNIX 的编程教程，在大学二年级放弃了自己的专业课程，挤出时间刻苦攻读编程语言。

就这样，肖恩完成了 Napster 第一个大型程序，这个程序能够搜索音乐文件并且提供检索，所有的音乐文件地址被集中存放在一个服务器中，这样使用者就能够方便地过滤上百个地址而找到自己需要的 MP3 文件，两年之后 Napster 诞生了。

网站试运营时就广受大学网民欢迎，名声一传十、十传百，很快就拥有 12 万用户。肖恩也没想到 Napster 的商业前景竟然如此的广阔——一个大学生的幻想居然将造就一个商业帝国。风险投资商找上肖恩，游说他将 Napster 商业化。

Napster 的出现，高兴的是网民，唱片业及其相关的音乐制作产业却倒了大霉。唱片业人士惊讶地发现，几乎所有网民都会熟练地使用音乐格式转换软件或者网络音乐交换服务，把他们手中的 CD 光盘转制成几十兆的 MP3 音乐，相互在网上交流。Napster 和肖恩出名了，但是网站的麻烦也随之而来。由于音乐交换服务在法律版权、知识产权方面的先天不足，它触及了传统音乐制作行业的利益。这一点，肖恩创业之初并没有想清楚。

Napster 这类音乐交换网站的存在大大地影响了传统产业的利益。根据美林银行的报告，近年来唱片业持续衰退，继 1997—1999 年 3 年创下年销售额 370 亿美元佳绩后，2000 年唱片业的业绩滑落到 350 亿美元，2001 年只有 330 亿，而同期网络音乐却是异军突起。

为了争夺网上娱乐市场，世界 3 大唱片公司——英国的 EMI 百代公司，德国

的贝塔斯曼，美国的 AOL 时代华纳都推出了各自的在线音乐服务网站，但是它们都无法与 Napster 竞争。

巨大的商业利益导致双方多次爆发冲突。1999 年 12 月，包括华纳、BMG、百代、索尼、环宇五大唱片公司在内的唱片公司共同起诉 Napster。由于涉及网络服务这个新生事物，案件审理一拖再拖。到了 2001 年的 2 月 12 日，法院出具裁决，认定 Napster 侵权。

2002 年，Napster 和美国唱片工业协会(RIAA)的版权官司在美国上诉法院的裁决中吃了败仗，法院裁决 Napster 侵犯了唱片公司的版权。Napster 最后只得申请破产保护。以创建 CD 刻录技术而闻名的 Roxio 公司透露，该公司已完成对破产的文件交换公司 Napster 公司的资产收购事宜。图 9-1 为肖恩和被收购后的 Napster 网页。

图 9-1　肖恩和被收购后的 Napster 网页

案例讨论

- 该案例反映了信息技术应用带来哪些经济、文化和生活的变化？
- Napster 的案件为什么在审理时一拖再拖，对传统法律提出了哪些挑战？
- 唱片工业协会(RIAA)为什么要状告 Napster 公司？
- 音乐下载网站应该如何经营才能成功？
- 举例说明 P2P 技术在信息系统的建设中可以有哪些应用？

9.1　信息社会和信息经济

信息系统现在不仅应用于企业，也在越来越广泛地应用于社会、生活的各个角落。各式各样的信息系统将社会编织成一个人类社会历史上从未有过的新的社会形态，同时也在改变着社会的产业结构和经济体系。

9.1.1 信息社会

信息社会是计算机、网络等信息技术广泛、深入应用带动社会进步实现社会信息化的结果。1959 年美国社会学家丹尼尔·贝尔第一次提出“后工业社会”(postindustry society)的概念,并在 1979 年发表《信息社会》论文,指出后工业化社会即信息社会,是以知识的生产和处理为基础的社会。

1. 什么是信息社会

我国学者陈禹教授指出,信息社会是指社会政治、经济、生活的各方面,围绕信息的重要性显著提高这个核心,进行改造、改组或重新定向,并引起人们思维方式、生活方式和工作方式的变化,从而达到一个前所未有的比工业化时期更高级的、更有组织的、更高效率的新的人类文明水平。

简单地说,信息社会是信息化的社会。“信息化”中“信息”是指信息、信息技术及其应用,“化”则表示应用的深度和广度,以及引发的社会变革。所以信息化表示广泛、深刻、发展的概念,其内涵包括如下含义。

(1) 广度。电子商务、电子政务、数字化城市、数字化地球、企业信息化。

(2) 深度。经济、政治、军事、社会生活、工作、学习、娱乐。

(3) 变革。社会资源的整合、社会运行效率提高、人们观念、意识的变革、对文化、政治、法律的冲击、数字鸿沟的出现。

本质上,信息化的社会就是一个由无数各类系统组成的巨型复杂系统。信息化和信息社会的核心是信息作为整个社会的资源得到充分的共享和应用,信息的价值得到充分的发挥和体现。

2. 企业信息化

企业是社会的重要和基本的组成单元,社会的信息化是从企业信息化开始的。反过来整个社会的信息化使企业信息应用走向成熟,真正实现信息化的社会基础。企业信息化是一个过程,涉及企业各个层次、各种应用。主要表现如下。

(1) 产品设计信息化。

(2) 生产过程信息化。

(3) 物流、销售信息化。

(4) 信息化客户服务和信息服务产品的开发。

(5) 管理信息化。

企业信息化可以带动现代化,利用后发优势实现企业的跨越式发展。这正是我国发展国民经济的基本战略。

3. 城市信息化

数字城市(Cybercity)已经成为国内信息化的热点问题,以 3S 技术为核心的空间信息技术是数字城市的核心应用技术。它与无线通信、宽带网络和无线网络日趋融合在一起,为城市生活和商务等方方面面提供了一种立体的、多层面的信息服务体系。

信息化城市的概念。

(1) 各种地理信息的数字化。

(2) 基础设施、电子政务、电子商务及信息服务。

(3) 改变生活。学习、娱乐、消费。

(4) 信息的高度共享。

(5) 数字化社区和虚拟城市。

4. 信息技术的社会影响

信息技术的发展、应用和推广，各种现代信息系统的建立，对人类社会已经并继续产生越来越广泛、深刻的影响。这是开发管理信息系统的重要思想认识基础之一。这些影响主要表现如下。

(1) 信息产业的出现。

(2) 信息经济、知识经济、知识社会的理论。

(3) 新的文化、价值观。

(4) 信息技术的影响涉及社会生活的各个方面并具有两面性。

9.1.2 信息产业

信息技术的发展造就了一个新型的产业——信息产业，信息产业在世界各国的经济中占有越来越重要的地位，信息化的水平已经成为衡量一个国家综合实力的标志之一。一些经济学家把信息产业称为“朝阳产业”，而把传统产业称为“夕阳产业”。这并不是说人们不再需要传统产业，而是因为信息产业的迅猛发展势头正在以前所未有的速度改造着传统产业、改变着我们的生活，并加速了社会的进化。

1. 信息产业的定义

美国信息协会(ATTA)将信息产业定义为，“信息产业是依靠新的信息技术和信息处理的创新手段，制造和提供信息产品和信息服务的生产活动组合。”实际上信息产业包括哪些内容至今没有一个统一的定义，而且有时很难在信息产业和传统产业之间划出一条十分清晰的界限，简单说可以归纳为两类定义。

(1) 广义。信息设备的生产以及为社会提供信息产品和信息服务的产业(制造、网络、信息服务)。

(2) 狭义。由于信息技术的进步涌现的电子信息产业。

信息系统的咨询、开发、外包和服务都已成为信息产业的重要组成部分。信息产业(以及信息经济、知识经济等)的出现和发展也体现了信息的价值和信息系统应用的意义。

2. 我国信息产业的发展

自从我国实施信息化带动工业化的战略后，信息产业一直保持23倍于GDP的速度发展。2001—2005年中国固定信息投资累计达1万多亿元人民币，5年来产业规模扩大了2.3倍，达到了3.34万亿元人民币。到2010年，中国信息产业总产值预计将达到2.26万亿元人民币，占GDP总量的10%，全国电话用户总数突破10亿户，固定电话突破2亿户。中国移动、中国电信、中国网通、中国联通和中国铁通五家运营商在2007年的纳税总额达到了770.45亿元。

2008年7月24日，中国互联网络信息中心(CNNIC)发布《第22次中国互联网络发展状况统计报告》。报告显示，截至2008年6月底，我国网民数量达到了2.53亿，首次大幅度超过美国，跃居世界第一位。同时，宽带网民数达到2.14亿人，也跃居世界第一。截至2008年7月22日，CN域名注册量以1218.8万个全面超过德国.de域名，成为全球第一大国家顶级域名。这三项重大突破举世瞩目,互联网大国规模初显。

信息产业的发展,为打造我国的信息社会奠定了坚实的基础。信息产品的普及以及基础设施的日益完善,都为我国的企业和组织建设和运行信息系统创造了一个更好的外部环境和基础。

3. 信息服务产业

服务业的概念是1935年由阿伦·格·费希尔提出的,他认为服务业是"为生产、生活和社会发展提供劳动服务,以满足人类更多需要的产业部门"。服务业的很大一部分是为人类提供满足各种精神需要的有形和无形的产品。随着工业社会的发展,很多产品的数量都开始供大于求。这使消费者开始追求更高的服务质量和更多的服务功能,所以服务业在国民经济中所占的比例日益增加,以至于美国经济学家富克斯在1968出版的《服务经济》中认为美国在"二战"后成为世界第一个服务经济社会。从本质上说,信息产业具有明显的服务经济的特征。这主要表现如下。

(1) 信息产品主要满足人们对高质量生活的追求。

(2) 信息服务满足人们(企业、组织)对信息以及信息处理的需要。

(3) 信息服务使人际交往方式、学习方式、工作方式和生活式发生巨大变化。

现在大多数信息产品公司都将自己企业的目标定位于服务,即为客户提供他们所需要的信息产品和服务。

4. 体验经济

体验经济(Experience Economy)是B. JosephpineⅡ和James H. Gilmore 1994年在《体验经济》一书中提出的经济新概念。他们认为人类的经济生活经历了4代:农业经济、工业经济、服务经济、体验经济,体验经济就是服务经济的深入发展。

世界著名的惠普(HP)公司提出全面的客户体验的理念,认为客户在购买HP产品和服务时与HP公司互动构成的印象和感觉,构成客户的全面体验。正如著名的未来学家托夫勒所说,我们做一件事情就是一个体验。体验经济的特点和核心就是全方位的信息服务和个性化的服务。体验经济的内涵如下。

(1) 体验经济追求的目标是消费和生产的个性化。

(2) 信息技术和信息产业使得量身定制的费用降低到允许大规模经营的程度。

(3) 在某种程度上,体验经济就是知识经济。

(4) 信息技术的应用可以使一对一的良好客户关系成为企业在竞争中成功的关键。

体验经济还产生了娱乐营销(Entertainment Marketing)等新的经济学概念。无论是体验经济还是娱乐营销强调的主要是文化内涵,而不是强调产品本身的数量和质量。

9.1.3 信息经济和信息经济学

A. 托夫勒在《力量的转移》一书中认为信息产业的发展是"金钱的力量到知识的力量的转移"。在这种情况下,经济学理论也必须同步发展。信息经济学就是在这种背景下产生和发展的。

1. 信息经济学的产生

作为传统经济学即西方主流经济学的基石,是建立在下述的两个假设基础上的。

(1) 经济人假设。以最小的代价换取最大的利益。

(2) 完全信息假设。熟知市场全部信息或无限的信息处理能力。

为了使分析简化,这样的假设无可非议,而且可以说明和解释很多经济现象,但随着信息技术和产业的发展,暴露了传统经济学理论中的一些局限性。主要问题如下。

(1) 传统经济学理论回避了信息的不确定性,而不确定性恰恰是普遍存在的,因为信息是不完全的。

(2) 现实经济活动中的人并不是理想的经济人,在经济生活中不可避免地存在逆向选择(adverse selection)和败德行为(moral hazard)。

(3) 信息不是稀缺资源,信息资源并不会随着应用而减少,信息的价值如何计算。

(4) 在经济活动中,交易双方的信息是不对称的。

随着经济活动所面临的环境日益复杂,增加了新交易的风险和不确定性。这时信息作为一种特殊资源的重要性就得到显著提高,信息的经济学特征就更加凸现出来。同时,传统经济学的矛盾也日益明显。在这样的背景下,信息经济学理论应运而生。

2. 信息经济学的概念

其实早在 1921 年,弗兰克·奈特在《风险、不确定性和利润》一书中就提出信息经济学的思想。他指出,利润的出现主要是企业家处理经济环境状态中的各种不确定性的经济结果。从而把信息与经济联系起来,提出信息是一种主要的商品,开创性地讨论了知识(信息)在经济活动中的意义。1977 年马克·波拉特出版了九卷本的《信息经济》,为信息经济的测度提供了一套可行的理论与方法,并提出了一种新的宏观经济结构理论,把信息业与农业、工业、服务业并列为独立产业。从此标志着信息经济学走向了成熟发展的阶段。

信息经济学是关于信息和信息处理在经济活动中的地位与作用的科学。市场竞争剧烈,所面临的不确定性越多,为保持优势,企业家必然会更多地考虑信息处理问题。这样大量的资金将被投入到企业的信息处理活动中。经济活动中不确定性的减少意味着企业家获得利润的机会增加,而信息是可以降低经济活动中不确定性的主要因素。同时,不确定性使企业家承担风险的代价由于信息的获取和利用而转变为利润形式。

3. 信息经济学研究的内容

信息经济学主要研究领域包括信息商品与信息市场,信息与信息活动的经济条件,信息资源的开发、管理、分配和利用,信息经济效益评价,信息产业、信息经济的结构与规模,信息经济与信息产业的发展战略与条件,信息对经济活动和经济行为的作用与影响,经济活动中信息要素问题,信息科学原理融入经济学问题,信息经济新方法体系的建立等。

微观信息经济学的研究范畴则集中于关于市场信息的 4 种形式(如委托—代理理论等)及其效用,最优信息经济分析(包括搜寻和最优信息系统选择理论),信息资源配置理论(包括团队理论、信息结构理论等),信息商品及微观信息市场理论(如微观信息市场效率与均衡理论等)等问题的研究。

4. 知识与经济

1998 年世界银行《1998 年世界发展报告——知识促进发展》报告中将数据、信息和知识的概念加以区分:数据是未经组织的数字、词语、声音、图像等,信息是以有意义的形式加以排列和处理的数据(有意义的数据),知识是用于生产的信息(有意义的信息)。信息经过加工处理，应用于生产，才能转变成知识。我国学者张守一也认为，知识和信息是各不相关的两部分。知识一定是人的智力劳动的结果，而信息不一定是人的智力劳动的结果。从集合论角度上讲，知识与信息两个集合相交，但不相等。

根据这样的观点产生了知识经济的概念。1996 年联合国经济合作与发展组织(OECD)的《以知识为基础的经济》报告中给知识经济的定义是，“建立在知识的生产、分配和使用(消费)之上的经济”。

信息经济和知识经济的概念有区别也有联系，正如马克·波拉特所总结的那样，“信息经济是在工业发展到一定程度时发展起来的。知识经济、信息经济是同时产生的，一脉相承的，他们有内在的联系，不可分割”。

5. 知识产业及其特征

知识产业(knowledge industry)是 1962 年由美国经济学家弗里茨·马克卢普首先提出的，是信息产业概念的延伸。知识产业主要由 5 部分组成。

(1) 教育是知识产业中最主要的组成部分(包括正规、家庭、社会，知识、技术、素质教育)。

(2) 研究与发展。

(3) 交流工具。印刷、出版、广播、电视、邮政等。

(4) 信息机械。计算机、通信技术、控制系统。

(5) 专家咨询、档案储存、贸易谈判等专门服务。

知识产业或知识经济体现了很多与传统经济和产业不同的特征，例如，知识密集型、结构立体型、劳动智力化、服务全球化、知识商品化、竞争无形化、知识产业化等。

9.2 信息文化

信息技术及其应用、信息系统在改变着企业和组织管理模式的同时也使人们的生活方式、工作方式、学习方式等都发生了巨大的变革。从这个意义上说信息系统在造就着信息社会，也在造就着信息社会的文化形态。这种新的文化形态会影响社会生活的各个方面，同时也会对各种信息系统的构建产生影响。信息系统的开发人员在建设信息系统时也必须考虑和研究这种影响。

9.2.1 信息文化的含义

一谈到信息技术在推动社会发展，常常会引起科学本位还是人本位的争论。其实，技术的发展并不仅仅意味着人们改造自然工具的变革，同时也意味着人类文明的进步和文化的进步。这就是邓小平关于“科学技术是第一生产力”论断的具体表现。信息文化将所谓的科学本位和人本位融合在一起。

1. 信息文化

信息文化可以表述为由于信息技术(包括计算机、网络、数据库、信息系统等)的发展所引发的人类文化的变革和进步。信息文化代表着人类的先进文化。信息文化应该包含以下一些含义。

(1) 人性化和民主意识的增强，人的价值观、民主观对信息系统的影响。

(2) 尊重人的多样性和企业及组织文化的多样性。

(3) 考虑人的行为，使用信息的方式、偏好。

(4) 文化对信息系统设计、开发、管理和应用的不同阶段影响也不同，贯穿始终。

(5) 从文化的发展和应用的角度理解信息系统的应用、开发、管理。

(6) 对语言、艺术的影响。

(7) 不是为了保管信息而构建信息系统，而主要是为了让人去更好地使用信息。

2. 企业文化变革

企业信息化产生的文化是信息文化重要组成部分。企业文化主要表现在企业(特别是领导者)的价值观念，领导作风、管理理念等方面。两个企业的产品可能一样，但其自身企业文化却可能相去甚远。信息系统开发者必须立足于对企业或组织文化以及信息行为的调查和理解。

企业管理信息化的过程往往伴随着传统的企业文化的瓦解和重建。一个公司的企业文化中具备"透明"、"开放"和"包容"的特质，企业管理信息化才有成功的基础；成功企业的信息化过程就是对原有企业文化的重构过程。

信息系统可以使分散的员工及代理商也都共存在统一的信息系统平台上互通有无，相互合作。其信息化应用与企业文化建设形成了一种水乳交融的情形，甚至难以分清到底是企业文化本身成就了其信息化应用，还是其信息化的应用促进了企业文化的形成。

9.2.2 信息技术发展的动力

如果说在农业社会和工业社会，人们发明各种工具是为了提高生产率，生产更多的粮食和工业品以满足人们的基本生活需求，那么信息技术及信息系统应用发展的原动力，则包含更多的精神需求的色彩和文化的内涵。

1. 计算机和民主意识

计算机的发展是和民主意识、民主的要求相随的。1970年春，加利福尼亚大学伯克利分校的一小批参加过反越战运动的计算机科学家离开了校园，聚集在一起，讨论信息的政治意义。在1972下半年出版的《人民的伙伴计算机》上提出："计算机基本上是用来反对人民而不是去帮助人民，它被用来控制人民而不是去解放人民。改变这一切的时机已经来临——我们需要……人民的伙伴计算机。"

可见信息技术体现了更多的民主的原则：每人拥有一台计算机以及兼容性原则。兼容性原则是计算机技术发展的一个重要因素，同时兼容性本身就体现民主性。信息网络特别是覆盖全球的因特网等公共信息网络的出现"天生"就具有民主的色彩。人类从来没有像现在这样便捷、自由地获取、应用信息和发布信息。

2. 网络时代的新观念

信息文化的深层次表现就是人们对世界的认识在发生潜移默化的变化，这些变化自然对人们的工作学习和生活的各个方面都产生影响。

(1) 新的时空观。海内存知己，天涯若比邻。地球村。

(2) 新的平等观。网络面前人人平等，公民的知情权。

(3) 新的财富观。信息是资源，知识的价值。

(4) 新的管理理念。网络化管理模式，学习型企业，电子政务。

(5) 新的经营观念。电子商务、网上经营、生态经济环境。

(6) 新的思维观念。虚拟思维观念。

(7) 新的生存观念。数字化生存。

(8) 新的学习观。终身学习、学习革命。

在信息系统的开发和建设中应该考虑这些观念的变革，并适应这些变革。

9.2.3 信息人

随着社会的发展，人的概念也在变化，这也体现了人的进化。只不过这种变化和影响从来没有像信息技术带给人的影响大。信息时代的人被称为信息人。

1. 信息人时代

根据人在社会中的地位和作用不同，人类社会可划分为3个中心时代。

(1) 体格人中心时代。表现为人的体力的交换和分享。

(2) 经济人中心时代。表现为社会人际关系的确定主要以物质为标准。

(3) 信息人时代。

信息人时代的主要特征表现如下。

(1) 信息意识和信息化的生活工作方式。

(2) 信息表达方式的多样化和数字化。

(3) 人的社会关系更多地体现为信息关系，社会成员成为信息人参与到各种社会联系中去。

(4) 人际信息交流方式和工具的演变及对信息技术工具的使用和依赖。人本身也成为信息系统中的一部分，甚至有人将从事计算机工作的人称为人件(liveware)。

2. 信息时代人是什么

人的变化或信息文化体现在更深的层次，甚至开始探讨，"信息时代人究竟是什么"这样严肃的哲学命题。正如在1998年世界哲学大会上，美国Bynum教授所指出的，各种形式的信息技术正在改变哲学概念的含义，当然"人"这个概念也不例外。这种变化表现在以下两个方面。

(1) 机器已经制造出各种各样的"人"。

① 机器人，因特网机器人，会走路、说话的机器人或机器手、机械臂等真人局部。

② 文化意义上的"虚拟人"。

③ 越来越接近真实人的生物计算机"人"。

(2) 人和计算机的融合，被称为电子人或半机器人。

① 在人的身体中植入各种各样的计算机芯片。

② 各种使人具有计算机功能的工具的应用。

图9-2所示是一种名为VeriChip新电脑芯片。2002年5月10日，美国雅各布斯一家3口成为第一批自愿接受植入这种新电脑芯片的人，从而宣告全球首个"电子人"家庭在佛罗里达州的博卡拉顿出现。这种芯片可帮助医生通过扫描器查看人体内部情况，对病人的身体状况做出迅速评估。

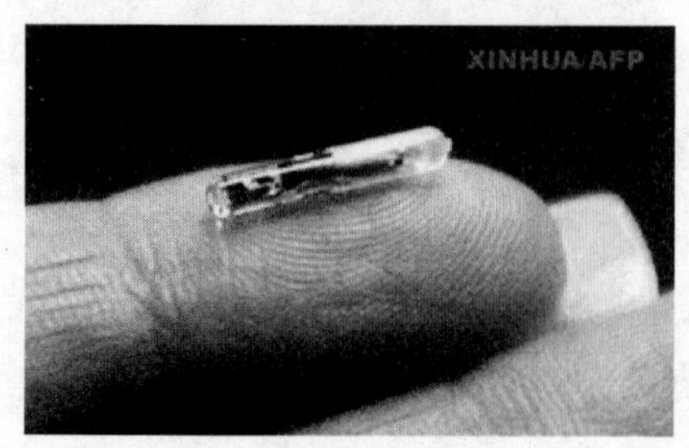

图9-2 VeriChip芯片

案例9-2　曼恩的可穿戴计算机

科学怪才史蒂夫·曼恩做人做得不自在,所以他用了一生的时间想把自己变成另外的什么东西。这个"另外的什么东西"就是人类历史上第一个"Cyborg"——半人半机器人。

20世纪70年代曼恩还在读高中的时候,他就开始研究如何很好地把人和机器结合起来。经过多年的努力,20世纪80年代初,曼恩终于在MIT的媒体实验室(大概也只有这个地方才能容纳这种科学怪才)发明了一样叫"可穿计算机"(WearComp)的东西。从此曼恩对他的"可穿式装备"不断进行改良,弄出了外型让人可以忍受的"聪明衣服"(SmartClothing)。"聪明衣服"样子就像一般的T恤衫,电路被织在衣服里面,所有外接设备都可以直接扣在衣服上,虽然还是很丑,但外套一罩上就看不出来了。眼镜看上去也和一般的太阳眼镜没什么两样。

曼恩的"机器"由许多传感器和测量仪器组成,它不仅仅是对穿戴者通过控制器输入的指令有反应,还能通过感应人体的体温、心跳、出汗、呼吸、走路的步子等等的变化来作出反应,做到与人心灵相通、行动一致。还可以将人和因特网相联并能自动记录信息。

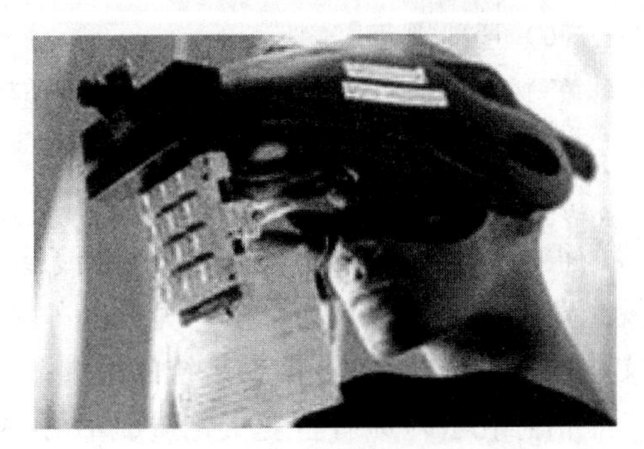

图9-3　未来的半机器人

实际上,曼恩的"机器"的意义远不至于此,它事实上改变了人和机器的关系,不再是人"操作"机器,而是机器从人那里获得提示,然后作出反应,曼恩称之为"人性智能"。图9-3为未来的半机器人的样子。

9.2.4　数字化悖论

信息技术在创造着前所未有的巨大财富和高质量的生活方式的同时,也在产生着很多不如意的,大多数人不希望看到的事情,这体现了任何事物的两面性,这就是辩证唯物主义的观点。有不少社会学家以及信息专家在探讨这方面的问题,其中具有代表性的观点有以下一些。

(1) 数字化生存的迷茫、失落、困惑、恐惧、憎恨。

(2) 信息崇拜还是计算机神话。

(3) 信息技术异化论。

(4) 天堂还是地狱。

(5) Internet拒绝立法。

(6) Hacker究竟是圣徒还是魔鬼。

(7) 信息技术是科学本位还是人本位?

这样一些观点提醒信息系统的开发者和所有IT的从业人员,信息技术带给人类的绝不只是经济的增长、生活的提高和文化的进步,它还存在许多负面的影响,需要人们认真对待。这样才能对相关的文化和法律等问题有深刻、全面地认识,才能在信息技术的应用中自觉做到扬善避害,使得信息技术真正成为推动社会进化的利器。

9.2.5 信息文化对信息系统的影响

现代企业管理的理念已经将企业文化看作是企业的重要组成要素之一。因此信息文化对信息系统建设的影响必然是多层次和全方位的。在信息系统生命周期的各个阶段都不能忽视信息文化的影响。

1. 信息文化的主要影响

信息文化对信息系统的影响主要归结为以下几个方面。

(1) 系统的运作方式。

(2) 企业的价值观。

(3) 人性化信息系统设计和应用模式。

(4) 信息共享和网络传输。

(5) 人员的素质。

(6) 管理规范。

(7) 客户信息等多种信息的收集和应用。

(8) 机器人的应用。

2. 企业文化影响信息系统

很多信息系统的初学者甚至包括系统开发的技术人员,往往过分关注技术的作用,而漠视企业文化和组织行为影响。尤其是作为信息系统的主要负责人,CIO应更多地关注信息文化,而不是仅仅关注信息系统的框架。

信息化会对原有企业文化造成不可避免的冲击。因为在企业没有实施信息化的时候,信息的传递手段是比较简单的,传递的范围和速度都不能让上上下下体验到真正信息化管理后会是什么感觉。而在实施信息化管理后,则有可能会将许多信息公开,数据得到更大范围的共享,这不仅对员工而且对企业老板都是一个考验。一种旧的企业文化的解体都伴随着一种利益结构的解体。失去职位的恐惧、学习新知识的恐惧、改变原有工作习惯的恐惧都会化为信息化的阻力因素。

信息系统的关键是如何把所有有用的信息组织起来,并以最方便应用的方式提供给用户。收集信息、处理信息和提供信息都是以用户应用为基本和唯一的目标。许多有用的信息在传统的管理理论中认为没有用处,但实际上对于企业和组织管理有用的信息散布在各个地方没有得到充分的利用,例如客户信息、员工的知识和经验等。

无论是实施ERP、SCM或CRM,信息系统成功的前提几乎惊人地一致——企业具有实时提供准确数据信息的工作作风;具有信息共享的工作习惯;具有以业务流程为导向的无边界的组织结构;具有企业内外流程的整合……这些无疑都是企业文化建设形成的根基。反过来,信息系统的建设和应用也会进一步促进知识型、学习型企业和组织的建设,成为企业文化发展的动力。

3. 信息系统的隐患

信息系统的悖论揭示了信息系统的很多负面问题,即使一个技术很成功的信息系统也难免存在一些隐患和弱点,举例如下。

(1) 脆弱的安全性,黑客和病毒的攻击。

(2) 信息过载等原因引起系统瘫痪带来的致命影响。

(3) 黄色信息和垃圾信息等有害信息的流通和影响。

(4) 网上欺诈和跨国犯罪。

(5) 国家和地区之间数字鸿沟的出现和扩大。

上述问题绝大部分不是属于技术问题,主要涉及文化和精神等领域的问题。1998 年美国国家科学院专门成立了一个组织：跨国犯罪与行贿舞弊研究中心(TraCCC),研究这些负面的影响。这些影响越来越成为信息系统开发中需要解决的重要问题。这使得信息伦理和道德的问题日益成为信息系统开发和应用研究的重要内容之一。

9.3 信息伦理和道德

随着信息技术的发展,已经将现有的道德及伦理观念推入了一些未曾预料到的领域,在这些领域里,应该使用什么样的规则还远没有定论。信息伦理和道德已经日益成为世界各国关注的社会问题之一。

9.3.1 计算机道德

许多人都一直在探讨,信息技术对道德和伦理的影响,并且正在形成一个新的道德领域——计算机道德。本节主要审视计算机道德观念的基础,并概述了计算机用户和计算机专业人员及企业的道德准则。

1. 什么是道德学

道德学是哲学的一个分支,用于判定什么是对或错、好或坏。道德行为就是按照主要基于伦理价值而建立的一套道德原则生活。

在过去的几个世纪中,哲学家们提出了许多相互争论的道德品行理论。一些哲学家认为,道德行为必须是建立在绝对的道德原则之上的,例如,“己所不欲,勿施于人”等。另一些哲学家则认为,之所以要求道德行为是因为它可以给最多的人带来最大的好处。还有一些哲学家认为,道德必须建立在宗教准则的基础上。

2. ACM 道德准则

为了给计算机专业人员建立一套道德准则,1992 年美国计算机协会(ACM)制定了一个关于其成员道德的声明：《ACM 道德和职业行为规范》。该规范包含 24 条规则,其中 8 条是一般性道德规则。根据这些准则,一个有道德的人应该具备以下特征。

(1) 为社会的进步和人类生活的幸福做出贡献。

(2) 注意不要伤害别人。

(3) 说真话并值得信任。

(4) 公平地对待他人。

(5) 尊重别人的知识产权。

(6) 使用别人的知识产权时给予对方适当的荣誉。

(7) 尊重别人的隐私权。

(8) 尊重机密性。

现在,计算机越来越成为商业、工业、医疗、教育、娱乐、社会事务以及人们日常生活的中心角色。那些直接或通过教学从事设计和开发软件系统的人员，有着极大的机会既可从事善举也可从事恶行，同时还能影响或使得他人做同样的事情。为尽可能保证这种力量用于有益的目的，软件工程师必须要求他们自己所进行的软件设计和开发是有益的，所从事的是受人尊重的职业。上述基本准则可以为道德地使用计算机提供明确的指引。

在《ACM道德和职业行为规范》中包含8组准则。每组准则均以下述3个层次的道德义务阐述。

(1) 渴望(对于真正的人)。方向、目标、道德价值。

(2) 期望(对于专业人员)。义务和职业态度。

(3) 要求(对于良好的从业者)。软件过程中的行为和责任。

该规范明确指出这些准则适用于本行业的从业者、教育者、管理者、政策制定者以及职业受训者和学生。准则对参与其中的个人、群体和组织间的各种关系给出了区别，并指出各自的主要义务。

9.3.2 计算机用户的道德

对于任何一个计算机用户，几乎每一个人都会遭遇很多涉及计算机道德问题的困惑，例如软件盗版、色情内容和因特网以及对计算机系统的未经授权的访问等。这些问题都在严重阻碍着良好计算机应用环境的建立。

1. 软件盗版

对于计算机用户来说，最迫切的道德问题之一就是计算机程序的复制。有些程序是免费提供给所有人的，这种软件被认为位于公众域，所有用户可以合法地复制公众域软件。这种软件之所以免费是因为创作它的人愿意所有的人免费得到它。

另一种类型的软件叫做共享软件。共享软件具有版权，它的创作者将它提供给所有的人复制和试用。作为回报，如果用户继续使用这个软件，创作者要求用户登记和付费。一些共享软件提供者随后会向登记用户提供软件升级和修正。

然而，大部分软件都是有版权的软件，法律禁止对它的不付费的复制和使用。软件盗版包括非法复制有版权的软件。计算机软件盗版是一种触犯我国刑法的犯罪行为。许多软件出版商允许用户将软件复制到自己的计算机上。但是，法律规定不能制作副本以送给他人或出售。如果软件是装在大学计算机实验室中的计算机上的，不能将它复制到磁盘上在别处使用。

2. 剽窃问题

在这里剽窃是指未经授权使用他人原作中的话或思想。在大学校园里经常会听到关于剽窃的讨论，因为它已经存在很长时间了。人们有时通过从书中或学期论文中复制别人的作品来剽窃。剽窃不仅仅是一种不道德行为，它还违反了著作权法，是一种知识偷窃行为。不幸的是，信息网络和字处理软件使得剽窃更容易了。

现在，各种各样的信息通过网络或磁盘散布。这些信息包括杂志上的文章、毕业论文、书的摘录、因特网上的作品等。当负责而有道德地使用这些信息时，无论你的作品是对这些信息的直接引用还是只应用了大意，都应当在引文或参考文献中注明出处，指出作者的姓名、文章标题、出版地点和日期等。

写一个软件包需要很长的时间和很多的努力。大多数软件包是由一组程序员、系统分析员和其他专家共同完成的。通常，从项目的启动到开始取得销售收入需要 2～4 年甚至更长的时间。如果人们从别人那里复制软件而不是购买自己的一份，软件出版商就挣不到值得他去努力的足够的钱。这个事实会挫伤公司开发新的更好软件的积极性。软件盗版增加了软件包的成本并且抑制了新软件的开发。每个人都会因为软件盗版而受到损失。

3. 未经授权的访问

在我国，未经授权访问其他的计算机或信息系统是一种严重的计算机犯罪行为。在国外，有时将那些通过计算机程序测试自己能力极限，但不造成任何危害的计算机用户常常被称为黑客(Heker)；那些通过非授权访问而制造破坏的人被称为闯入者(Cracxer)，以表示两者之间的区别。实际上，按照我国刑法，只要是未经授权访问别人的计算机和信息系统，无论是否有直接的破坏行为，都属于计算机犯罪，这种行为也违反了"尊重别人隐私"的道德准则。

一些闯入者辩称，他们闯入某家公司的数据库为了证明它是脆弱的，这是一种合法行为，或坚持说他们的行为源于"没有人受到伤害"这个信条。但是可以设想，一个修改或破坏医疗记录系统关键数据的闯入者也许会威胁到病人的生命。所以这种想法对于要在计算机系统中存储机密或敏感信息的人来说几乎没有任何说服力。

4. 公用及专用网络

对很多人来说，因特网的力量就在于它是一个开放的论坛，即它不可能受到检查。这一事实增加了这个问题的复杂性。只要还没有限制从网上获取资料的方法，那些来自具有较严格规则的国家的人将受到那些来自具有较宽松规则国家的人的支配。

目前，父母为了保护他们的孩子不受计算机色情危害，或个人避免那些不愿看到的资料的最好办法就是在家里控制访问。避开那些有色情内容的因特网地址，即通过因特网内容选择平台。这是一种得到很多负责任的因特网服务提供商(ISP)广泛认可的自动分级系统。

9.3.3 计算机专业人员道德

计算机专业人员包括程序员、系统分析员、计算机设计人员以及数据库管理员。计算机专业人员有太多的机会滥用计算机系统，因此最后系统所有的安全防范都寄希望于计算机专业人员的道德行为。计算机专业人员从一开始与计算机打交道就必须意识到这个问题。

1. 专业准则

美国计算机专业人员组织为本行业制定了相应的道德准则。准则包含几个标准，其中最重要的是资格及职业责任。资格要求一个专业人员跟上行业的最新进展。因为计算机行业涵盖了如此多的领域并且不断发展，因此没有一个人在所有领域都是具有竞争力的。因此，准则要求专业人员尽力跟上自己所属的那个特殊领域的进展，并且在碰到自己不熟悉的东西时向其他专家求助。专业职责主要表现在以下 3 个方面。

(1) 应将工作做得尽可能好，即使用户不能立即意识到最好的工作同较差工作之间的差别。

(2) 要确保每一个程序尽可能正确，即使没有人可能在数月甚至数年内发现它存在的错误。如果一个程序会对公众造成不利影响时应该向购买公司说明。

(3) 在离开一个工作岗位时保守公司的秘密。离开一个公司时，专业人员不应该带走其为该公司开发的程序，也不应该把将其开发的项目告诉新公司。

计算机专业人员有机会接触公司最大的财产，即它的数据及操作这些数据的方法。要保持数据的安全和正确，企业在一定程度上依赖于计算机专业人员的道德。

2. 程序员的责任

即使最道德的程序员也会编写出有错误的程序。大多数复杂的程序有太多的条件组合，要测试程序的每一种条件组合几乎是不可行的。在有些情况下，这种测试需要花几年的时间；其他情况下，没有人会考虑测试所有可能性。所有有经验的程序员都知道程序无论大小都会有错误。程序员的责任在于确定这些错误是不可避免的还是由于程序员的疏忽造成的。

那些尽责地为生命攸关的控制系统编写程序的程序员经常会要求对工作进行好几个层次的同级复查以确保已尽了最大的努力来排除程序的错误。

9.3.4 IT企业道德

企业和组织的道德表现在很多方面，例如，必须保证数据的安全和不被滥用，以及保证企业的诚信等。

1. 保护数据不丢失或被破坏

一个企业或组织必须保护它的数据不丢失或被破坏，不被滥用或出错，以及不被未经许可的访问。否则，这个机构就无法有效地为它的客户服务。要保护数据不丢失，企业或组织必须将数据适当地备份。但是要确保数据不被滥用或出错对于任何机构来说都是困难的。数据滥用的表现有以下几类。

(1) 没有使用合适的软件或没有适当地使用软件。

(2) 没有适当维护的数据产生严重的影响。一个企业或组织有责任在合理的可能性下尽量保持数据的完整和正确。如果发现了错误，就应当尽快地更正。

(3) 员工或企业没有能够保守数据机密，也会发生对数据的监用。例如任意泄露客户资料会给客户带来伤害。

2. 企业社会诚信

企业诚信主要体现在履行对客户的承诺等方面，是企业道德的集中体现。我国经济学家吴敬琏指出，信用是现代市场经济的生命。然而中国市场经济的改革已经20多年了，现代化市场经济所必需的国民信用体系并没有建立。近年来，在IT企业中失信、失范的行为越来越广泛，情节越来越恶劣，严重影响经济改革和发展的大局。举例如下。

(1) 任意夸大信息产品的功能。

(2) 恶意的竞争行为。

(3) 不兑现承诺的服务。

我国政府正在努力推动建立包括政府、企业及个人3个层面在内的中国社会信用体系。国内上百万家企业响应原外经贸部计算机中心等27家单位的动议，签名支持把9月19日定为我国诚信日。企业和个人的诚信信息是信息的价值的另一种体现。

9.4 信息法律

信息系统开发建设的全过程都需要研究法律、遵守法律，并需要依靠法律来保护系统的正常运行，运用法律解决运行过程中的各种纠纷。信息系统的从业人员应该熟知相关的信息法律。

9.4.1 信息法律的概念

法律的作用从根本上来说，就是为了规范人们的社会活动，调整人们在这些活动中的利益冲突，明确各种人员的权利与义务。信息系统建设、信息产品开发、信息的发布和使用等都是属于信息活动的范畴，自然需要相应的信息法律来规范人们在这类信息活动中的行为。

1. 社会需要信息法律

信息技术使得各种信息都可以数字化，并通过各种网络快速传递。信息技术和信息系统的应用对传统法律的挑战以及传统法律的局限性都呼唤信息法律。社会对信息法律的迫切需求主要表现在以下几个方面。

(1) 规范信息主体的信息活动。

(2) 保护信息主体的信息权利(信息立法的核心)。

(3) 协调和解决有关信息活动的矛盾。

(4) 保护国家利益和社会公共利益。

(5) 推动经济与社会的良性运行和协调发展。

2. 信息系统需要法律

由于计算机和网络技术的应用特别是信息系统的发展，使得传统企业、组织和社会运行模式都发生了本质的改变，并由此引发了一些新的法律问题。这些法律问题非常复杂，既涉及到知识产权保护和隐私权保护；也涉及企业、组织业务活动的正常运转；还涉及国家的政治、经济运作的安全问题。比如，如何应对黑客的攻击、病毒的侵袭等；此外还面临如何进行国际协调，如何加强政府部门间的协调以尽快形成规范网络应用环境；还涉及政府如何鼓励企业参与信息化，怎样实行安全认证，如何制定有关的法律、政策和标准等一系列法律问题。这些问题不解决就难以建立一个真正安全、可靠的信息系统运行的外部社会环境。

信息系统开发、建设和运行需要信息法律，主要表现在以下一些方面。

(1) 信息系统的脆弱性，需要法律保护。

(2) 需要熟悉并自觉遵守相关的法律。

(3) 信息系统需要法律规范。

(4) 依靠法律推进信息化建设。

(5) 信息领域的纠纷需要相关的信息法律解决。

3. 什么是信息法律

信息法律应是调整人们在信息活动中产生的各种社会关系的法律规范的总称，其中包括信息的占有、使用、转让、收益、处罚等。

根据法律的一般原则，信息法律应包括以下一些内容。

(1) 公民信息自由权的保护。

(2) 公民隐私权的保护。

(3) 信息安全的保障。

(4) 知识产权的法律保护。

(5) 企业商业信息权的法律保护。

(6) 国家秘密信息权的保护。

(7) 规范信息产业和信息市场的法规。

随着社会的发展,对信息法律的内容会提出更多的要求,信息法律也需要随着社会的进化而不断发展。

4. 国际信息立法的历史

早在1624年英国就颁布了《垄断法》(即专利法),保护个人的发明专利权。这实际就是最早的信息法律,只不过那时信息主要是以文字形式表达的。后来一些工业化国家相继出台了很多和信息有关的法律。例如1776年瑞典颁布《出版自由法》,1967年美国颁布《信息自由法》,接着1974年又颁布了《个人隐私法》等。

还有些信息法律属于世界性的法律公约。例如,1886年成立《保护文学艺术作品的伯尔尼公约》,1952年成立的日内瓦《世界版权公约》等。我国现在已经加入了这两个公约。

9.4.2 我国的计算机法律发展

我国的计算机安全立法工作开始于20世纪80年代。1981年,公安部开始成立计算机安全监察机构,并着手制定有关计算机安全方面的法律法规和规章制度。1986年4月开始草拟《中华人民共和国计算机信息系统安全保护条例》(征求意见稿)。1988年9月5日第七届全国人民代表大会常务委员会第三次会议通过的《中华人民共和国保守国家秘密法》,在第三章第十七条中第一次提出:"采用电子信息等技术存取、处理、传递国家秘密的办法,由国家保密工作部门会同中央有关机关规定。"1989年,我国首次在重庆西南铝厂发现计算机病毒后,立即引起有关部门的重视。公安部发布了《计算机病毒控制规定(草案)》,开始推行"计算机病毒研究和销售许可证"制度。

1991年5月24日,国务院第八十三次常委会议通过了《计算机软件保护条例》。这一条例是为了保护计算机软件设计人的权益,调整计算机软件在开发、传播和使用中发生的利益关系,鼓励计算机软件的开发与流通,促进计算机应用事业的发展,依照《中华人民共和国著作权法》的规定而制定的。这是我国颁布的第一个有关计算机的法律。1992年4月6日机械电子工业部发布了《计算机软件著作权登记办法》,规定了计算机软件著作权管理的细则。

1994年2月18日,国务院第147号令发布了《中华人民共和国计算机信息系统安全保护条例》,为保护计算机信息系统的安全,促进计算机的应用和发展,保障经济建设的顺利进行提供了法律保障。这一条例于1988年4月着手起草,1988年8月完成了条例草案,经过近4年的试运行后方才出台。这个条例的最大特点是既有安全管理,又有安全监察,以管理与监察相结合的办法保护计算机资产。

针对国际互联网的迅速普及,为保障国际计算机信息交流的健康发展,1996年2月1日国务院第195号令发布了《中华人民共和国计算机信息网络国际联网管理暂行规定》,提出了对国际联网实行统筹规划、统一标准、分级管理、促进发展的基本原则。1997年5月20日,国务院对这一规定进行了修改,设立了国际联网的主管部门,增加了经营许可证制度,并重新发布。

1996年3月14日,国家新闻出版署发布了电子出版物暂行规定,加强包括软磁盘(FD)、只读光盘(CD-ROM)、交互式光盘(CD-I)、图文光盘(CD-G)、照片光盘(Photo-CD)、集成电路卡(IC-Card)和其他媒体形态的电子出版物的保护。

1997年6月3日,国务院信息化工作领导小组在北京宣布中国互联网络信息中心

(CNNIC)成立,并发布了《中国互联网络域名注册暂行管理办法》和《中国互联网络域名注册实施细则》。中国互联网络信息中心负责我国境内的互联网络域名注册、IP 地址分类、自治系统号分配、反向域名登记注册等服务。

1997 年 10 月 1 日起我国实行的新刑法,第一次增加了计算机犯罪的罪名,包括非法侵入计算机系统罪,破坏计算机系统功能罪,破坏计算机系统数据程序罪,制作、传播计算机破坏程序罪等。这表明我国计算机法制管理正在步入一个新阶段,并开始和世界接轨,计算机化的时代已经到来。

计算机网络系统安全不仅涉及国家信息系统的安全,也涉及无数企业、事业单位数据安全的重要问题。没有计算机网络的安全,电子商务系统就无法正常的运行。为此国家制定了一系列有关加强计算机网络安全管理的法律、法规。

1997 年 12 月 8 日,国务院信息化工作领导小组根据《中华人民共和国计算机信息网络国际联网管理暂暂行规定》,制定了《中华人民共和国计算机信息网络国际联网管理暂行规定实施办法》,详细规定了国际互联网管理的具体办法。与此同时,公安部颁布了《计算机信息网络国际联网安全保护管理办法》,原邮电部也出台了《国际互联网出入信道管理办法》,旨在通过明确安全责任,严把信息出入关口、设立监测点等方式,加强对国际互联网络使用的监督和管理。

9.4.3 我国网络安全法律主要内容

网络安全是保证各种信息系统正常运行的基础,我国法律特别重视对网络安全的法律保护。上述我国关于加强计算机网络安全管理的法律、法规主要包括以下内容。

1. 国际互联网出入信道的管理

《中华人民共和国计算机网络国际联网管理暂行规定》规定,我国境内的计算机互联网必须使用国家公用电信网提供的国际出入信道进行国际联网。任何单位和个人不得自行建立或者使用其他信道进行国际联网。除国际出入口局作为国家总关口外,原邮电部还将中国公用计算机互联网划分为全国骨干网和各省、市、自治区接入网进行分层管理,以便对入网信息进行有效的过滤、隔离和监测。

2. 市场准入制度

《中华人民共和国计算机网络国际联网管理暂行规定》规定了从事因特网经营活动和从事非经营活动的接入单位必须具备的条件。

(1) 是依法设立的企业法人或者事业单位。

(2) 具备相应的计算机信息网络、装备以及相应的技术人员和管理人员。

(3) 具备健全的安全保密管理制度和技术保护措施。

(4) 符合法律和国务院规定的其他条件。

《中华人民共和国计算机信息系统安全保护条例》规定,进行国际联网的计算机信息系统,由计算机信息系统的使用单位报省级以上的人民政府公安机关备案。

3. 安全责任

网络系统安全保障是一个复杂的系统工程,它涉及诸多方面,包括技术、设备、各类人员、管理制度、法律调整等,需要在网络硬件及环境、软件和数据、网际通信等不同层次上实施一系列不尽相同的保护措施。只有将技术保障措施和法律保障措施密切结合起来,才能实现安全性，保证我国计算机网络的健康发展。

(1) 从事国际互联网业务的单位和个人，应当遵守国家有关法律、行政法规，严格执行安全保密制度，不得利用国际互联网从事危害国家安全、泄露国家秘密等违法犯罪活动，不得制作、查阅、复制和传播妨碍社会治安的信息和淫秽色情等信息。

(2) 计算机网络系统运行管理部门必须设有安全组织或安全负责人，其基本职责包括保障本部门计算机网络的安全运行；制定安全管理的方案和规章制度；定期检察安全规章制度的执行情况，负责系统工作人员的安全教育和管理；收集安全记录，及时发现薄弱环节并提出改进措施；向安全监督机关和上一级主管部门报告本系统的安全情况。

(3) 每个工作站和每个终端都要建立健全网络操作的各项制度，加强对内部操作人员的安全教育和监督，严格网络工作人员的操作职责，加强口令和授权的管理，及时更换有关密码、口令；重视软件和数据库的管理和维护工作，加强对磁盘文件和软盘的发放和保管，禁止在网上使用非法软件、软盘。

(4) 网络用户也应提高安全意识，注意保守秘密，并应对自己的资金、文件、情报等机要事宜经常检查，杜绝漏洞。

9.4.4 计算机安全犯罪和惩处

为了确保计算机系统的安全，我国新刑法中对计算机犯罪的主要形式的认定和量刑都做了明确的规定。

1. 计算机犯罪的主要形式

我国新的《刑法》确定了以下计算机犯罪的 5 种主要形式。

(1) 违反国家规定，侵入国家事务、国防建设、尖端科学技术领域的计算机信息系统。

(2) 对计算机信息系统功能进行删除、修改、增加、干扰，造成计算机信息系统不能正常运行。

(3) 对计算机信息系统中存储、处理或传输的数据和应用程序进行删除、修改、增加的操作。

(4) 故意制作、传播计算机病毒等破坏程序，影响计算机系统的正常运行。

(5) 利用计算机实施金融诈骗、盗窃、贪污、挪用公款、窃取国家秘密或其他犯罪行为。

2. 计算机犯罪的量刑

在新《刑法》中对于计算机犯罪规定了明确的惩处量刑。

(1)《刑法》285 条规定，犯非法侵入计算机信息系统罪的，处三年以下有期徒刑或拘役。

(2)《刑法》286 条第一款规定，犯破坏计算机信息系统罪的，处五年以下有期徒刑或拘役；后果特别严重的，处五年以上有期徒刑。

(3)《刑法》286 条第二款规定，破坏计算机信息系统数据、应用程序罪的，依据 286 条第一款规定处罚，即处五年以下有期徒刑或拘役；后果特别严重的，处五年以上有期徒刑。

(4)《刑法》286 条第三款规定，犯制作、传播计算机破坏性程序罪的，依据 286 条第一款规定处罚，即处五年以下有期徒刑或拘役；后果特别严重的，处五年以上有期徒刑。

9.4.5 知识产权

知识产权是单纯通过立法行为建立的无形财产权。知识和信息是知识产权旨在保护和保持与事实和构思有关的精确材料。由于信息技术特别是网络技术的应用使得知识产权的形式发生了变化。

1. 知识产权基本原理

知识产权保护有如下3个基本原理。

(1) 激励社会创造与发明的需要,因为创造与发明事实上是一个国家社会、经济和文化发展的决定因素。

(2) 保护相当可观的投资的需要,投资对创造和思想作品的传播是必不可少的,例如,复杂的医药成分和药品的研制。

(3) 承认和保护发明人和创造人的道德权益,以防止他人滥用其创造成果的需要。

知识产权保护旨在为社会带来利益,促进作品和发明在更广的范围内传播。例如,发明人由于其发明获得了专利保护,作为回报通过登记公开服务于社会。事实上这正是该制度的美妙之处:作为授予的独占权的回报,将发明和创造的成果广泛地传播。这在整体上服务于社会,因为受保护的生产可能成为进一步发明创造工作的基础。

2. 网上知识产权

在网络中知识是以电子数据的形式存在、存储和传输的。知识载体形式的变化,给知识产权的保护提出了严重的挑战。网上知识产权是指著作权人、专利权人和商标权人在因特网上依法享有的专有权,即占有、使用、收益、处分知识财产的权利。它是知识产权在因特网上的新领域,将使知识产权的法律保护达到新的发展水平,以适应因特网信息技术飞速发展的需要。网上知识产权既有知识产权的一般特征,又有网络特征,表现在以下3个方面。

(1) 易复制性。数字信息的复制极其方便并且成本极低。

(2) 易传播性。数字信息通过网络可以快速传播。

(3) 知识产权的国际化。网络的国际化带来知识产权的国际化,需要国际间的协调。

3. 专利权

专利权是指一个国家为鼓励发明人将其发明公布,以利于科技发展而在特定期限内(通常20年)给予发明人对其发明享有的"三不"垄断权,即不允许他人制造、不允许他人销售、不允许他人使用的权利。

大部分国家也都是以版权的形式来保护计算机软件的。与网络有关的专利实际上是一种基于计算机软件而开发、设计的如何做事的发明。然而在过去的若干年中,美国专利商标局收到很多包括"商业经营方法"在内的计算机软件专利的申请。专利保护期只有20年,而一个软件的寿命则很短,数年之后就可能没有用了,为何还要费劲申请专利?一个主要的原因在于寻求保护"思想";特别是通过谋取"商业经营方法"的专利以寻求保护其经营方法或模式,并达到增强其商业竞争优势的目的。

9.4.6 网上版权保护

为了保护网上的知识产权,世界大多数国家主张通过缔结国际公约来进一步强化对知识产权的"专有性"的保护。1996年12月在日内瓦,世界知识产权组织WIPO主持缔结的

《世界知识产权组织版权条约》和《世界知识产权组织表演和唱片条约》中，就针对网络环境，增加了版权保护的新权利，同时对现有权利向数字化中应用延伸做出了解释。

1. 商标权

在商标保护上，大多数国家则采取了将驰名商标脱离商品及服务而加以专门保护；以适应强化商标专有性的趋势。在实践中，网络上的侵权行为的发生，往往是侵权复制品，全世界任何地点都可能成为侵权行为的发生地，因而企图限制网络传输的无国界性是根本做不到的。实际上多数国家和地区，正采取弱化知识产权的地域性，加速各国知识产权法律国际"一体化"的进程，来解决这个矛盾。但是知识产权法律国际"一体化"需要有一个共同的标准，世界贸易组织订立的《与贸易有关的知识产权协议》(TRIPS 协议)就是一例。在世界信息化发展过程中，强化知识产权专有性和国际知识产权法律国际"一体化"的趋势，是不可阻挡的潮流。

2. 出版权

我国著作权法中，对作品的数字化及网络传播都没有作出相应的法律规定。网络环境下，作品的主体和客体发生了变化，并使传统的出版、传播行为得到扩展。开放式作品的著作权主体难以认定，而信息网络作品、多媒体作品和由工具生成的衍生作品的存在，使作品的分类带来困难。这就影响了电子商务等活动中主体资格的认定。

在网络环境下，传统意义出版的环节是不存在的，承担作用的是信息内容提供者和网络服务者以及从事电子商务活动的商家。由于出版地域的不确定性，给地域的确定带来困难。因此必须要研究网络传播服务提供者和信息内容提供者以及电子商务的商家的权利和义务。

另外个人合理使用作品的界线很难界定。特别是在网络环境下，经济利益获取与作品形式的分离，使营利与非营利的界线很难划清。用户合法权利的保护受到影响。在网络环境下，存在着用户对作品被动获取的条件和环境，极可能使用户合法权利受到侵害。所以，为了保护各方著作权利人的利益，同时有利于推动电子商务的发展，传统著作权法的保护原则和重点应当有所调整；并随着计算机网络技术和应用的进展，不断增加调整力度。

9.4.7 隐私权保护

隐私权是指社会公民的个人和生活不被干扰权利与个人资料的支配控制权。隐私权是人权的一种表现形式。在一些发达国家，隐私权已经受到法律的保护。但是信息技术特别是网络技术使得隐私权的保护面临新的考验和挑战。

1. 网络对隐私权的威胁

隐私权，从权利形态来分有隐私不被窥视的权利、不被侵入的权利、不被干扰的权利、不被非法收集利用的权利；从权利的内容分可以有个人特质的隐私权(姓名、身份、肖像、声音等)、个人资料的隐私权、个人行为的隐私权、通信内容的隐私权和匿名的隐私权等。

这些权利之中，受到威胁最大的可能是个人资料、特质等不被非法利用的权利了。因为网络的发展已无异于建立了一个虚拟的世界。在这个虚拟的世界中的许多服务和资源都可以是免费的，如免费电子邮箱、免费下载软件、免费登录为用户或会员以接收一些信息以及一些免费的咨询服务等。然而在人们高兴地接受这些免费服务时，必经的一道程序就是登录个人的一些资料，如姓名、地址、工作、兴趣爱好等。这些信息的用途，有利于客户信息的管理和客户关系系统应用，但也不排除一些不法的网络服务经营商将这些资料用作他用甚至出卖的可能。

2. 顾客信息的保护

人们在网上漫游，驻足感兴趣的网站，收集有价值的信息，在BBS上发表自己的看法，在网上玩游戏、购物，在网上交友、通信、谈情说爱，在网上旅游，在网上加入一些团体。所有这些信息都悄然不知地存放在各个网站的服务器中。如果把所有信息集中起来加以分析，就会对企业有巨大的商业价值。而在网络上要达到这样的目的，显然要比在现实生活容易千百倍！如何解决这个矛盾并保护隐私权呢？

首先，隐私权保护的最基本原则之一就是个人资料应在资料所有者许可的情况下被收集利用。而这项原则不应因提供的服务是否收费而有所变化，除非商家在提供免费服务时在附加条件中就明确了可以将相关资料用作一些商业利用的要件。

其次，应大力提倡保护隐私权。一方面，隐私权有存在的社会文化基础，就是对人的尊重和人权的认可；另一方面，隐私权也有存在社会经济的基础，那就是隐私在一定的条件下可以转化为有价值的信息。比如一些明星、名人的个人信息与行为会带来价值，其个人声望、名誉等也会在其所做的广告中带来更多的价值，而这些都是隐私权的一部分。

最后，用户提供信息与网络服务商提供服务可以看作是一种交换或对价的行为，当然不可能是完全对等的对价。但既然是对价的行为，双方都应承担一定的权利与义务，服务商有获得相关资料的权利，也相应地应有在获得资料时征求用户是否同意自己的资料被用于商业用途的义务。

3. ISP在隐私权保护中的责任

除了企业或组织的信息系统管理者外，因特网服务提供商ISP对于网络与电子商务中隐私权保护尤其具有重要的责任与义务，主要包括以下的一些内容。

(1) 在用户申请或开始使用服务时告知使用因特网可能带来的对个人权利的危害。

(2) 告知用户其可以合法使用的降低风险的技术方法。

(3) 采取适当的步骤和技术保护个人的权利，特别是保证数据的统一性和秘密性，以及网络和基于网络提供的服务的物理和逻辑上的安全。

(4) 告知用户匿名访问因特网及参加一些活动的权利。

(5) 不修改或删除用户传送的信息。

(6) 仅仅为必要的、特定和合法的目的收集、处理和存储用户的数据。

(7) 不为促销目的而使用用户数据，除非得到用户的许可。

(8) 对适当使用用户数据负有责任，必须向用户明确个人权利保护措施。

(9) 在用户开始使用服务或访问ISP站点时告知其所采集、处理、存储的信息内容、方式、目的和使用期限。

(10) 根据用户的要求更正不准确的数据或删除多余的、过时的或不再需要的信息，避免隐蔽地使用数据。

(11) 向用户提供的信息必须准确、及时予以更新，在网上公布数据应谨慎。

此外，还应该对数据文档的互连与比较作出约定。如澳大利亚法律规定，除非国内法能提供相应的保护措施，应当禁止互连，特别是通过连接、合并或下载包含有个人数据的文档，禁止从第三方可查询的文件中建立新的文档，禁止将第三方掌握的文档或个人数据与公共机构掌握的一个或更多的文档进行对比或互连。

4. 我国隐私权的保护

总体而言，我国还没有专门针对个人隐私保护的法律，并且在其他的法律法规中的相关规定也很单薄。隐私权保护，尤其是网络与电子商务中的隐私权保护，在我国法律界还是一个新的命题。但在已有的法律法规中，已有一些涉及隐私权的有关条款。

我国宪法第38条规定："中华人民共和国公民的人格尊严不受侵犯。禁止用任何方法对公民进行侮辱、诈骗和诬告陷害。"我国民法通则第100条规定："公民享有肖像权，未经本人同意，不得以获利为目的使用公民的肖像。"第101条规定："公民、法人享有名誉权，公民的人格尊严受到法律保护，禁止用侮辱、诽谤等方式损害公民、法人的名誉。"我国《计算机信息网络国际联网安全保护管理办法》第7条规定："用户的通信自由和通信秘密受法律保护。任何单位和个人不得违反法律规定，利用国际联网侵犯用户的通信自由和通信秘密。"我国的《计算机信息网络国际联网管理暂行规定实施办法》第18条规定："用户应当服从接入单位的管理，遵守用户守则；不得擅自进入未经许可的计算机系统，篡改他人信息；不得在网络上散发恶意信息，冒用他人名义发出信息，侵犯他人隐私；不得制造传播计算机病毒及从事其他侵犯网络和他人合法权益的活动。"

5. 信息公开和电子签章条例

按照联合国1946年第59号决议，信息自由被定义为"一项基本人权"，很多国家都有自己的信息公开法。在WTO规则的29个法律文件中，关于技术性贸易壁垒、政府采购条款等，都提出了信息公开的要求，作为成员国必须履行承诺。我国的信息公开法案已经提到议事日程。

《中华人民共和国电子签名法》草案已于2004年3月24日国务院第45次常务会议讨论通过。8月28日十届全国人大常委会第十一次会议通过。该法案主要包括4项内容。

(1) 确立了电子签名的法律效力。

(2) 对于数据电文，也就是电子形式的文件作了相关规定。

(3) 设立了电子认证服务市场准入制度。

(4) 规定了电子签名安全保障制度。

这些条例对于推动我国信息化、信息系统和信息资源的应用都会有极大作用。

9.5 信息意识和我国信息化战略

对于企业或组织来说，实现信息化的关键是什么，是设备、技术还是信息化技术人才？其实都不是，关键还是管理者尤其是主要管理者头脑中的信息意识。对于信息系统的开发和管理来说，关键和基础也是开发者、管理者、尤其是企业或组织"一把手"头脑中的信息化意识。

9.5.1 信息意识

信息意识就是对信息重要性的全面和深刻的理解的基础上对信息资源的管理和使用的意识。这里特别强调把信息真正看作个人和企业、国家的战略资源，具有强烈的寻找信息、应用信息解决面临的各种问题的意识和迫切需求。这里强调以下3点。

(1) 对信息的认识。

(2) 信息重要性和价值的深刻理解。

(3) 信息开发应用的自觉性和主动性。

信息意识是发展信息化的思想基础和认识基础。这种意识越强烈，推动信息化就越主动积极，就越能实现信息的价值。反之，如果信息化意识淡漠，即使安装了最现代化的设备，拥有优秀的信息技术人才，也难以真正积极主动实现信息化。

信息意识主要体现在以下几点基本认识。

(1) 信息是重要资源。

(2) 信息并不稀缺，稀缺的是对企业发展有用的信息。

(3) 信息的价值在于对决策的改变应用。

(4) 信息的应用需要完善有效的信息系统和相应的管理。

(5) 信息的价值的体现需要信息的流动、共享、处理和应用。

(6) 信息管理的重要作用是深度的数据处理、挖掘信息的价值。

作为信息化的从业人员，信息意识的含义还应该包括对世界信息化发展的透彻了解、对我国信息化战略的深刻认识和对自己肩负的实现国家信息化的使命具有强烈、不可推卸的责任感。

9.5.2 我国的信息化战略

在 2000 年 10 月 11 日发布的中国共产党第十五届中央委员会第五次全体会议公报中，第一次明确勾画出我国的信息化战略是“大力推进国民经济和社会信息化，是覆盖现代化建设全局的战略举措。以信息化带动工业化，发挥后发优势，实现社会生产力的跨越式发展。”

在中共中央关于制定国民经济和社会发展第十个五年计划的建议中具体提出，“要在全社会广泛应用信息技术，提高计算机和网络的普及应用程度，加强信息资源的开发和利用。”特别是“政府行政管理、社会公共服务、企业生产经营要运用数字化、网络化技术，加快信息化步伐。面向消费者，提供多方位的信息产品和网络服务。积极创造条件，促进金融、财税、贸易等领域的信息化，加快发展电子商务。推动信息产业与有关文化产业结合。各级各类学校要积极推广计算机及网络教育。在全社会普及信息化知识和技能”。

1. 国家信息化领导机构

21 世纪初，为了对全国信息化进程的全面领导，国家成立了规格非常高的国家信息化领导小组。2001 年 12 月 27 日中共中央政治局常委、国务院总理、国家信息化领导小组组长朱镕基主持召开了国家信息化领导小组第一次会议。这一届国家信息化领导小组的成员有当时的中共中央政治局常委、国家副主席、国家信息化领导小组副组长胡锦涛，中共中央政治局常委、国务院副总理、国家信息化领导小组副组长李岚清，国务院副总理、国家信息化领导小组副组长吴邦国等。新一届政府组成后，国务院总理温家宝继续接任国家信息化领导小组组长的工作。这足以显示中央和国务院对实现我国信息化战略的重视和决心。2008 年 3 月 18 日，全国人大通过决议，决定成立工业和信息化部，统管国家信息化建设的具体工作。

2. 当前信息化的主要任务

在 2003 年 7 月召开的国家信息化领导小组第 3 次会议上，中共中央政治局常委、国务院总理、国家信息化领导小组组长温家宝主持会议并作重要讲话。重申了我国的信息化战略，并部署了当前信息化战略的实施规划。

(1) 大力推广应用信息技术。抓紧在经济和社会发展的重要领域和关键环节率先应用信息技术。积极运用信息技术改造和提升传统产业、调整和改造东北等老工业基地、加快企业信息化步伐。继续促进金融、财税、商贸等领域信息化，推进电子商务。加快农业信息化步伐。大力发展互联网，提高互联网应用水平。

(2) 加强信息资源开发利用。以政府信息资源开发利用为突破口，带动全社会信息资源的开发利用。加快发展信息服务业。进一步加强信息基础设施建设，防止盲目投资和重复建设。

(3) 抓紧推行电子政务。按照统一规划、突出重点、整合资源、统一标准、保障安全的原则，逐步建成电子政务体系的基本框架。

(4) 切实加强信息安全保障工作。坚持积极防御、综合防范的方针，在全面提高信息安全防护能力的同时，重点保障基础网络和重要系统的安全。完善信息安全监控体系，建立信息安全的有效机制和应急处理机制。

9.5.3 信息人才的培养战略

信息化的关键在于信息人才的培养。信息人才的培养是我国信息发展战略的重要组成部分之一。信息人才应该是具有信息意识和某一方面的信息技术和信息应用能力的人才。早在1999年12月3日教育部就在《关于加快中小学信息技术课程建设的指导意见(草案)》中提出，全国普通高中和城市初中2001年开设信息技术必修课程，发达地区小学从2005年开始普及信息技术教育。

该草案中对中小学信息能力提出十分具体要求。

(1) 小学生能制作图文并茂的文档；了解上网浏览、能用电子邮件通信。

(2) 初中生能制作多媒体演示文稿；能对网上信息检索、下载、利用。

(3) 高中生能了解程序设计的基本思想，能制作简单的多媒体作品和进行数据处理；能在网上进行信息检索、下载、应用和制作简单的网页在网上发布。

现在这项计划已经取得了初步的成效，大大提高了我国青少年信息化的水平，这为我国信息化战略的实现建立了坚实的基础。

高等院校信息专业是培养高级信息人才的最重要阵地。国家信息化战略的实施和信息技术的日益发展，对信息人才的信息意识、技术水平和开发能力等都提出了更高的要求，也对我国高校信息专业的教学内容和方法(教师和学生双方)提出了严重的挑战。

9.6 信息人才

国家要实现信息化战略，企业要提高竞争优势，必然需要大量的信息系统开发、建设和管理的各类人才，这类人才可以统称为“信息人才”。“信息人才”包括几层含义：使命、责任、义务和培养。

9.6.1 信息人才需求

信息人才的需求基于信息、信息管理和信息应用技术的开发、推广和信息系统应用的不断深化以及由此产生的企业和组织管理理念和管理方式的变化。其发展主要背景如下。

(1) 信息量爆炸。

(2) 信息处理复杂、处理速度加快。

(3) 信息应用的变化。多种信息源、信息表达方式多媒体化、信息使用深度不断延伸。

(4) 信息的重要性空前提高。国家信息化带动工业化的战略。

(5) 国际的挑战。

我国有1000多家大中型企业,超过1000万家小型企业,再加上政府部门、居民社区等,信息人才的需求市场是巨大的。为此我国已经制定了信息人才培养的长远计划。1999年12月3日教育部提出《关于加快中小学信息技术课程建设的指导意见(草案)》。草案规定全国普通高中和城市初中2001年开设信息技术必修课程,发达地区小学从2005年开始普及信息技术教育。

加入WTO后,我国各行各业面临着来自国际、国内更加激烈的市场竞争。为应对和赢得经济全球化所带来的竞争,我国企业必须及时转变管理观念,尽快实现以信息化为核心的管理现代化,进而提高企业的市场竞争力。然而,中国企业(尤其是传统企业)在信息化进程中正面临着一个巨大瓶颈的制约,这个瓶颈既不是技术,也不是资金,而是复合型信息管理人才的匮乏。人才的匮乏严重困扰着企业信息化建设的正常进行,极大影响了企业信息化水平的快速提高。

因此,在全社会范围内培养一支既懂管理科学又懂信息技术的复合型、专业化、正规化的企业信息管理人才队伍已是当务之急。在此背景下,国家劳动和社会保障部根据国家职业资格证书制度,适时制定并颁布了《企业信息管理师国家职业标准》。该《标准》的出台,标志着我国企业信息管理人员的职业培训和资格认证有了统一规范和科学依据,必将有效促进我国优秀信息系统人才的大批涌现。

9.6.2 信息人才培养

为了加速我国信息化人才的培养,满足社会对信息人才的日益增加的需求,我国实施了多层次人才培养的模式。举例如下。

(1) 中等和高等职业教育。

(2) 高等院校信息管理和信息系统等专业培养。

(3) 国家职业资格教育和培训。

(4) 国内外企业资格认证和培训。

我国目前在正规教育的基础上,大力开展国家信息化培训,这类培训认证大致分为4大类。

(1) 信息管理类。

(2) 电子商务类。

(3) 电子政务类。

(4) 信息技术类。

下面仅介绍信息管理与信息系统培养目标和人才知识结构。

1. 信息专业培养目标

专业名称：信息管理与信息系统。

专业代号：110102(管理学—管理科学与工程)。

本专业培养具备现代管理学理论基础、计算机科学技术知识及应用能力，掌握系统思想和信息系统分析与设计方法以及信息管理等方面的知识与能力，能在国家各级管理部门、工商企业、金融机构、科研单位等部门从事信息管理以及信息系统分析、设计、实施管理和评价等方面的高级专门人才。

2. 知识和能力结构

本专业主要学习经济、管理、数量分析方法、信息资源管理、计算机及信息系统方面的基本理论和基本知识，接受系统和设计方法以及信息管理方法的基本训练，具备综合运用所学知识分析和解决问题的基本能力。学生应获得以下几方面的知识与能力。

(1) 掌握信息管理与信息系统的基本理论、基本知识。

(2) 掌握信息系统的分析方法、设计方法和实现技术。

(3) 具有信息组织、分析研究、传播与开发利用的基本能力。

(4) 具有综合运用所学知识分析和解决问题的基本能力。

(5) 了解本专业相关领域的发展动态；掌握文献检索、资料查询、收集的基本方法，具有一定的科研和实际工作能力。

(6) 与用户沟通的能力以及团队成员之间的协作能力。

本专业培养的人才需要复合型的知识体系。其中主干学科包括管理学、经济学、信息与系统理论、计算机科学与技术等，培养要求应该是随着技术和应用的发展而变化的。信息系统的开发和应用充满了创造性，其知识和能力表现出知识、技术和艺术的多个层次的内容。

3. 职业道德

由于信息岗位在企业或组织中的重要性以及职业本身特点，所以对和信息系统有关的从业人员的道德素质提出了更高的要求。具体如下。

(1) 高度责任感、使命感。

(2) 敬业精神。

(3) 集体主义的协作精神(团队精神)。

(4) 知法守法的法制观念。

9.6.3 和信息系统相关的职业

由于信息社会对信息人才的巨大需求，和信息有关的职业层出不穷，其中很多都是目前相当热门的职业。这些新型职业和岗位的出现也是信息技术所产生的社会影响的具体表现之一。这些新的职业和岗位都是围绕各种信息系统的建设、应用和管理而设立的。例如：CIO、CSO、信息系统师、企业信息管理师、信息系统监理、电子商务师、电子政务师、项目管理师、系统审计师、程序员、高级程序员、系统分析员等不胜枚举，更多的新型职业还会不断涌现。这些岗位和职业为信息专业人才的发展开辟了无限广阔的空间。

1. 企业信息管理师

企业信息管理师职业资格认证于2003年3月推出。《企业信息管理师国家职业标准》将企业信息管理师定义为"从事企业信息化建设,并承担信息技术应用和信息系统开发、维护、管理以及信息资源开发利用工作的复合型人员"。并按知识和技能水平的不同将该职业划分为助理企业信息管理师(国家职业资格三级)、企业信息管理师(国家职业资格二级)和高级企业信息管理师(国家职业资格一级)3个等级。

《企业信息管理师国家职业标准》包括6大职业功能模块:信息化管理、信息系统开发、信息网络构建、信息系统维护、信息系统运作、信息资源开发利用等。本职业一切培训和鉴定考试均围绕这6大职业功能模块开展。

2. IT审计师

信息系统开发和应用催生了IT审计师或信息系统审计师等职业。IT审计师进行独立IT审计的职责主要是有效地管理与IT相关的风险,从而确保信息系统的安全、可靠及有效。

信息系统审计师(Certified Information System Auditor,CISA)也称IT审计师或IS审计师,是指既通晓信息系统的软件、硬件、开发、运营、维护、管理和安全,又熟悉经济管理的核心要义,能够利用规范和先进的审计技术,对信息系统的安全、稳定性和有效性进行审计、检查、评价和改造。信息系统审计师的存在有利于维护信息时代的市场经济秩序,降低风险。

信息系统审计师的职能首先是"系统可靠性保证",它是保证信息资产安全、完整、真实可靠的基础。只有当产生信息的系统本身具有可靠性时,它的产品——信息——才是对决策有用的。为了鉴证系统的可靠性,信息系统审计师可以通过检测公司信息系统的可用性、安全性和过程的完整性来确定其是否可靠。

此外,信息系统的破坏者可以来自公司外部也可以来自内部。信息系统所面临的风险包括数据的失窃、毁坏、截取、改动、延误或传输路径的改变以及伪造信息。这些风险会破坏正常的交易秩序,给交易双方带来巨大的损失。信息系统审计师可以凭借自己的专业知识评估服务器的效率与系统的可靠性,帮助从事电子商务的公司评估其信息系统的内部控制与风险。

很多行业都需要信息系统审计师,例如软件供应商、管理咨询机构、会计师审计事务所、跨国公司、大型企业和上市公司等。

3. 电子商务师

据美国IDC估算,如果全球电子商务营业额达到几万亿的规模,电子商务职业岗位人才需求将增加到2000万人,而这个数字比全世界现有的信息专业人员的总数还要大。面对电子商务人才短缺这个全球性难题,中国电子商务企业也不例外。仅上海一地,电子商务人才的缺口就高达15万人。专家预计,未来10年,中国电子商务人才缺口为200多万!为此,2002年,劳动和社会保障部制定了"电子商务师"国家职业标准,标志着电子商务师已成为国家承认的正式职业,2003年正式启动了电子商务师职业鉴定考试。

电子商务师的职业定义是"利用计算机技术、网络技术等现代信息技术从事商务活动或相关工作的人员。"职业等级共设4个等级,分别为电子商务员(国家职业等级四级)、助理电子商务师(国家职业等级三级)、电子商务师(国家职业等级二级)、高级电子商务师(国家职业等级一级)。

电子商务师是一种复合型人才,其所需要的基础知识包括计算机与网络应用知识、数据处理基础知识、计算机网络(因特网)应用基础知识、电子商务基础知识、网络营销基础知识、电子支付基础知识、物流配送基础知识、电子商务安全基础知识、电子商务法律法规常识等。

4. PMP 项目管理

随着中国社会经济制度的深入改革,加入 WTO 后与国际惯例接轨步伐的不断加快,项目管理的重要性被越来越多的中国企业及组织所认识。企业决策者开始认识到运用项目管理知识、工具和技术可以为他们大大减少项目的盲目性,减少项目中种种失误带来的巨大损失。而那些拥有良好项目管理教育和实践经验的人员早已成为实力公司追逐的对象。

中国项目管理师(Project Management Professional,PMP)国家职业资格认证是中华人民共和国劳动和社会保障部在全国范围内推行的四级项目管理专业人员资质认证体系的总称。它共分为 4 个等级,项目管理员(国家职业等级四级)、助理项目管理师(国家职业等级三级)、项目管理师(国家职业等级二级)和高级项目管理师(国家职业等级一级)。

项目管理的概念相当广泛,涉及多种行业,多种类型的工程项目。由于信息系统工程的重要性和复杂性等方面的特点,使得项目管理师在信息系统工程设施过程中的作用更加凸现出来。

9.6.4 计算机资格认证

为适应国家信息化建设的需要,规范计算机技术与软件专业人才评价工作,促进计算机技术与软件专业人才队伍建设,人事部、原信息产业部在总结计算机软件专业资格和水平考试实施情况的基础上,重新修订了计算机软件专业资格和水平考试有关规定。

自 2004 年 1 月 1 日起,人事部、原国务院电子信息系统推广应用办公室发布的《关于印发〈中国计算机软件专业技术资格和水平考试暂行规定〉的通知》(人职发〔1991〕6 号)和人事部《关于非在职人员计算机软件专业技术资格证书发放问题的通知》(人职发〔1994〕9 号)即行废止。计算机资格认证的专业类别、资格名称和级别对应关系如表 9-1 所示。

表 9-1 专业类别、资格名称和级别对应表

<table>
<tr><th></th><th>计算机软件</th><th>计算机网络</th><th>计算机应用技术</th><th>信息技术</th><th>信息服务</th></tr>
<tr><td>高级资格</td><td colspan="5">信息系统项目管理师
系统分析师(原系统分析员)
系统架构设计师</td></tr>
<tr><td>中级资格</td><td>软件评测师
软件设计师(原高级程序员)</td><td>网络工程师</td><td>多媒体应用设计师
嵌入式系统设计师
计算机辅助设计师
电子商务设计师</td><td>信息系统监理师
数据库系统工程师
信息系统管理工程师</td><td>信息技术支持工程师</td></tr>
<tr><td>初级资格</td><td>程序员(原初级程序员、程序员)</td><td>网络管理员</td><td>多媒体应用制作员
电子商务技术员</td><td>信息系统运行管理员</td><td>信息处理技术员</td></tr>
</table>

小　结

本章介绍了一些信息系统开发人员应该了解的信息技术在社会、产业、经济、文化、法律和道德等方面带来的变化，以及由此而产生的对信息人才的巨大需求。

1. 本章学习目标

(1) 了解信息化社会带来的变革。

(2) 分析信息化带来的文化问题。

(3) 从社会、经济、文化、法律层次进一步强化信息意识。

(4) 明确信息专业人才的使命和责任以及基本素质要求，增强学习动力。

2. 本章主要内容

前面各章讲解了信息系统的技术和管理的知识，但对于一个信息系统的专业人员来说还不够，还应从社会、经济和文化的高度理解企业的信息化过程和信息系统开发、应用的重要性。这是因为信息系统现在不仅应用于企业，也在越来越广泛地应用于社会、生活的各个角落。各式各样的信息系统将社会编织成一个人类社会历史上从未有过的新的社会形态——信息社会，同时也在改变社会的产业结构、经济体系以及社会的文化内涵。

信息产业在世界各国的经济中占有越来越重要的地位，信息化的水平已经成为衡量一个国家综合实力的标志之一。信息产业使服务经济更加现实并产生了体验经济等新的经济模式和理念。信息经济学从经济学的角度研究信息的价值及经济中的各种不确定因素。

信息文化表现为由于信息技术的发展所引发的人类文化的变革和进步。信息文化对信息系统建设的影响是多层次和全方位的。在信息系统生命周期的各个阶段都不能忽视信息文化的影响。信息文化不仅体现在人们生活方式和价值观念的变化，也在改变着“人”本身的含义。按照辩证唯物主义的观点任何事物都有两面性，信息技术在引起上述变革的同时也在产生着很多不如意的，大多数人不希望看到的事情。作为信息系统的专业人员的责任之一就是扬善避恶，使信息技术成为社会进步的工具。

随着信息技术的发展，已经将现有的道德及伦理观念推入了新的阶段，信息伦理和道德日益成为世界各国关注的社会问题之一。本章探讨了计算机道德的概念，并概述了计算机用户和计算机专业人员及企业的道德准则。同时强调，信息系统开发建设的全过程都需要研究法律、遵守法律，并须要依靠法律来保护系统的正常运行，运用法律解决运行过程中的各种纠纷。信息系统的从业人员应该熟知并自觉遵守相关的信息法律。

我国的信息化战略是大力推进国民经济和社会信息化，是覆盖现代化建设全局的战略举措。为了实现这个规划，需要培养大量的信息人才。所以本章最后从国家信息化战略，企业要提高竞争优势等角度出发说明社会的信息人才的巨大需求和新兴的职业和岗位。

3. 重要术语

信息化	服务经济	数字化悖论
信息社会	知识经济	法律
信息产业	知识产业	信息法律
信息经济学	信息文化	知识产权
体验经济	信息人	网上知识产权

出版权	隐私权	计算机道德
商标权	计算机犯罪	

习题与实践

一、习题

1. 信息化社会的含义是什么？仔细观察你的周围，看看 IT 引起了哪些变化？
2. 从信息技术的发展给社会带来的变化理解科学技术是第一生产力的论断。
3. 由信息的价值分析信息经济的内涵？
4. 什么是知识经济和知识产业？
5. 你认为信息文化包括哪些内容？
6. 为什么信息系统的技术人员应该研究信息文化？
7. 由曼恩的发明你得到哪些启示？
8. 企业中信息文化的体现有哪些，对信息系统的开发、运行有什么影响？
9. 什么是计算机道德？
10. 为什么世界各国都特别重视计算机道德的问题？
11. 作为一个信息系统开发人员应该具备什么样的道德素质？
12. 什么是信息法规、应有哪些主要功能？
13. 搜索我国目前有哪些主要的信息法规。
14. 为什么信息社会更需要法律的保护？
15. 什么是知识产权，对社会的进步有什么意义？
16. 信息系统的建设可能在哪些方面会触犯知识产权和隐私权？
17. 信息专业学生肩负什么样的社会使命和职责？
18. 信息专业的学生应该具备什么样的知识结构和能力结构？
19. 我国目前最需要哪些方面的信息人才？
20. 为了将来服务社会，现在应做哪些准备？

二、实践

1. 一个同学从网上下载了一篇论文作为自己的作业交给老师，你用法律的知识分析该行为存在什么问题？

2. 上网搜索相关职业资格培训的内容及其价格。

3. 以组为单位组织调查信息专业相关的职业和人才的需求，写出调查报告在班内交流。

4. 调查有哪些自己喜欢的相关职业或岗位，制定自己的学习计划。

5. 现在“人肉搜索”常被用来在网上曝光某人的信息，你觉得，这样做会涉及哪些法律问题？

附录A　企业信息管理师国家职业资格

1. 职业定义

从事企业信息化建设，承担信息技术应用和信息系统开发、维护、管理以及信息资源开发利用工作的复合型人员。

2. 职业能力特征

具有较强的学习能力、信息处理能力和应变能力；能够准确判断问题和解决问题；善于沟通与协调，合作意识强；语言表达清楚。

基本化程度：大专毕业（或同等学力）。

3. 职业守则

遵纪守法，恪尽职守；

团结合作，热情服务；

严谨求实，精益求精；

尊重知识，诚信为本；

开拓创新，不断进取。

4. 基础知识

(1) 信息技术。

① 计算机软硬件基础知识。

② 计算机网络基础知识。

③ 数据管理基础知识。

④ 管理信息系统知识。

(2) 企业管理。

① 企业管理概论。

② 财务会计基础知识。

③ 市场营销基础知识。

④ 人力资源管理基础知识。

⑤ 生产与运作管理基础知识。

(3) 法律法规。

① 经济法基本知识。

② 知识产权法基本知识。

③ WTO相关知识。

各级技能要求如表A-1～表A-3所示。

表 A-1　助理企业信息管理师(国家职业资格三级)

职业功能	工作内容	技能要求	相关知识
一、信息化管理	(一) 执行信息化管理制度	1. 能够调查并记录各部门信息化管理制度的执行情况 2. 能够对各部门信息化管理制度的执行情况提出改进意见	企业管理制度基本知识
	(二) 全员信息化培训	1. 能够搜集整理并分析培训需求信息 2. 能够进行信息化普及知识授课 3. 能够解答信息化一般问题	1. 培训需求信息搜集与分析知识 2. 信息化基本知识 3. 教学基本知识
	(三) 采集处理信息化情报	1. 能够搜集信息化发展动态资料 2. 能够调查了解相关服务厂商的基本情况 3. 能够调查了解相关产品的市场情况	1. 信息采编基本知识 2. 市场调查知识
二、信息系统开发	(一) 系统应用需求调查与分析	能够调查企业各部门对信息系统的不同需求	信息系统需求调查基本知识
	(二) 业务流程调查	能够调查了解现存业务流程的基本逻辑结构	业务流程调查知识
	(三) 系统实施	1. 能够进行基础数据准备 2. 能够进行系统测试 3. 能够进行系统测试与试运行 4. 能够进行基本的应用编程	1. 系统测试理论与方法基本知识 2. 系统运行基本知识 3. 基本开发语言和工具
三、信息网络构建	(一) 综合布线	能够进行网络线路的铺设与联通	计算机通信技术基础知识
	(二) 安装调试	1. 能够参加网络设备的安装与调试 2. 能够参加硬件设备的安装与调试 3. 能够参加软件系统的安装与调试	网络安装调试知识
	(三) 服务管理	1. 能够进行 Web 服务管理 2. 能够进行域名服务管理 3. 能够进行邮件服务管理 4. 能够进行文件服务管理	网络技术基础知识
	(四) 网络管理	能够进行网络系统故障管理	故障管理基本知识
	(五) 安全管理	1. 能够进行网络安全日志管理 2. 能够进行网络安全故障管理	网络安全基本知识
四、信息系统维护	(一) 系统维护	1. 能够维护系统软件 2. 能够维护系统硬件资源 3. 能够维护计算机网络	1. 系统软件知识 2. 计算机及接口技术 3. 系统维护知识
	(二) 应用系统管理	能够维护应用系统的正常运行	信息系统应用知识
	(三) 数据维护	能够对数据库和数据文件进行日常维护	数据维护知识
	(四) 系统备份和恢复	1. 能够进行日常的系统备份和恢复管理 2. 能够进行网络系统存储管理	1. 系统备份和恢复技术知识 2. 数据存储管理技术知识

续表

职业功能	工作内容	技能要求	相关知识
五、信息系统运作	(一) 操作和使用信息系统	1. 能够使用常用工具软件 2. 能够通过信息系统实现企业内部与外部之间的信息交换 3. 能够通过信息系统实现企业信息管理部门与其他部门之间的信息交换	1. Web网页制作知识 2. 上网知识 3. 常用工具软件知识
	(二) 用户使用情况调查	1. 能够调查各部门使用信息系统的效率 2. 能够调查各部门在使用信息系统过程中出现的问题	问卷调查方法
	(三) 信息系统运行状况记录	1. 能够记录系统运行的各项指标数值 2. 能够撰写系统运行状况报告	记录方法
六、信息资源开发利用	(一) 信息应用需求调研	1. 能够调研管理应用需求 2. 能够调研市场应用需求 3. 能够调研决策需求	信息应用基本知识
	(二) 基础数据采集与管理	1. 能够采集各有关部门的数据 2. 能够对采集的数据进行管理	数据采集与管理方法

表 A-2 企业信息管理师(国家职业资格二级)

职业功能	工作内容	技能要求	相关知识
一、信息化管理	(一) 制订信息化战略规划	1. 能够调研信息化的发展趋势 2. 能够调研同行业信息化信息 3. 能够调研企业内外信息化需求 4. 能够调研企业信息化建设条件 5. 能够起草企业信息化战略规划报告	1. 企业经营发展战略知识 2. 企业信息化理论和方法
	(二) 制定并监督执行信息化管理制度	1. 能够编写信息化管理制度 2. 能够监督信息化管理制度的执行 3. 能够检查并分析信息化管理制度的执行情况 4. 能够提出信息化管理制度的调整建议	信息化管理制度知识
	(三) 信息化标准规范设计	1. 能够执行国家、地方、行业信息化标准 2. 能够制定企业信息化标准规范	1. 标准化基础知识 2. 标准化工作法律法规
	(四) 全员信息化培训	1. 能够制定培训大纲 2. 能够组织培训 3. 能够组织培训效果的评估	1. 培训管理基本知识 2. 培训效果评估知识

续表

职业功能	工作内容	技能要求	相关知识
二、信息系统开发	(一) 系统总体规划	1. 能够归纳企业各部门对信息系统的不同要求，并撰写初步调查报告 2. 能够起草信息系统总体方案 3. 能够建立综合平台 4. 能够提出系统的总体开发模式，选择合适的开发工具和平台	1. 系统规划知识 2. 可行性分析方法 3. 决策支持系统（DSS/GDSS/IDSS）知识 4. 办公自动化系统（OA）和经理信息系统（EIS）基本知识 5. 制造资源计划与企业资源计划（MRP Ⅱ/ERP）知识 6. 计算机集成制造系统（CIMS）基础知识
	(二) 业务流程调查及优化	1. 能够制定调查提纲 2. 能够制定调查方法 3. 能够制定调查计划 4. 能够组织调查 5. 能够进行业务流程分析 6. 能够撰写调查报告并提出优化建议	1. 业务流程优化理论知识 2. 组织设计基本知识
	(三) 系统分析	1. 能够进行系统需求的详细调查与分析 2. 能够绘制数据流图 3. 能够编制数据字典	1. 系统分析知识 2. 数据流图知识 3. 数据字典知识
	(四) 系统设计	1. 能够进行系统的总体设计 2. 能够绘制模块结构图 3. 能够进行代码设计 4. 能够进行系统的详细设计 5. 能够进行数据库设计	1. 软件工程知识 2. 系统设计的标准与规范知识
	(五) 系统实施	1. 能够组织程序设计 2. 能够组织系统测试 3. 能够进行系统安装与调试 4. 能够控制系统实施进度 5. 能够实施系统转换	1. 程序设计知识 2. 系统测试知识 3. 系统转换知识 4. 系统安装与调试知识
三、信息网络构建	(一) 需求调查	能够进行网络需求调查	网络需求分析基本方法
	(二) 网络设计	1. 能够进行企业网络系统的组网规划 2. 能够进行网络数据传输技术设计 3. 能够制定因特网接入方案	网络通信原理与设计基本知识
	(三) 网络服务设计	1. 能够制定网络系统的各种服务方案 2. 能够设计各种应用服务器的部署方案	网络服务知识

续表

职业功能	工作内容	技能要求	相关知识
三、信息网络构建	（四）软硬件选型	1. 能够根据软硬件产品的技术性能和价格情况，合理选择软硬件 2. 能够起草招标书，并对投标书进行技术审核	1. 谈判知识 2. 招、投标基本知识 3. 软硬件选择方法
	（五）项目实施	1. 能够进行质量控制 2. 能够进行时间进度控制 3. 能够进行网络系统的测试和验收	质量管理基本知识
	（六）网络管理	1. 能够制定网络系统管理规划 2. 能够进行网络资源使用管理 3. 能够进行网络系统性能管理	网络管理知识
	（七）安全管理	1. 能够进行网络系统安全规划 2. 能够进行网络安全配置管理 3. 能够进行网络安全服务管理	网络安全配置管理与服务管理知识
四、信息系统维护	（一）系统软件维护	1. 能够检查系统运行状况 2. 能够解决系统运行中的问题	系统运行管理知识
	（二）应用软件管理	1. 能够管理各应用系统的运行 2. 能够排除各应用系统出现的故障	应用软件管理知识
	（三）数据维护	1. 能够组织检查数据的存储、更新 2. 能够进行数据安全管理	1. 数据管理基本知识 2. 数据安全基本知识
	（四）监督执行信息系统维护和管理制度	1. 能够考核维护人员工作业绩 2. 能够发现和纠正违章行为	绩效考核知识
	（五）系统备份和恢复	1. 能够进行系统备份、灾害防范的规划与实施 2. 能够进行网络系统存储管理的规划与实施	1. 系统容灾管理技术知识 2. 网络存储管理技术知识
五、信息系统运作	（一）制定操作规程	能够编写用户使用手册	手册编写知识
	（二）信息系统运作效果分析	1. 能够分析信息系统的运行效果 2. 能够进行信息系统的效益分析	1. 系统运行分析知识 2. 效益分析知识
	（三）操作和使用信息系统	1. 能够通过信息系统进行业务管理 2. 能够通过信息系统开展电子商务应用	1. 业务管理知识 2. 电子商务基本知识
六、信息资源开发利用	（一）信息采集内容规划	1. 能够确定信息采集的内容 2. 能够将信息采集的内容合理分类 3. 能够设计信息采集内容体系	信息分类基本知识
	（二）信息源布点	能够确定信息源	信息源布点知识
	（三）信息采集与传输系统设计	1. 能够设计信息采集方式 2. 能够设计信息传输方式	信息采集与传输方法基本知识
	（四）信息综合	1. 能够筛选信息 2. 能够综合信息 3. 能够进行信息排序	信息综合方法

表 A-3 高级企业信息管理师(国家职业资格一级)

职业功能	工作内容	技能要求	相关知识
一、信息化管理	(一)制订信息化战略规划	1. 能够分析判断企业经营战略目标对信息化的要求 2. 能够对信息化环境进行分析 3. 能够主持制定企业信息化战略规划	1. 战略信息管理知识 2. 决策基本知识 3. 投资分析方法基本知识 4. 技术创新及制度创新知识
	(二)建立信息化评价指标体系	1. 能够设计信息化评价指标 2. 能够设计信息化指标评价方法	技术经济理论与方法
	(三)制定信息化管理制度	1. 能够主持制定信息化管理制度 2. 能够对信息化管理制度的适用性进行动态分析并做出相应调整	1. 国家信息化相关方针政策 2. 组织行为学理论基本知识
	(四)制定信息化标准规范	1. 能够审定企业信息化各种标准规范 2. 能够制定企业信息化标准规范体系 3. 能够协调和处理企业信息化标准规范实施中的重大问题	1. 标准化理论基本知识 2. 有关标准规范
	(五)信息化组织机构设置和调整	1. 能够合理划分信息化管理各种职能 2. 能够提出信息化管理组织机构和岗位设置的建议	1. 组织管理基本知识 2. 工作设计知识
	(六)全员信息化培训	能够主持制定全员信息化培训计划及其实施方案	1. 人力资源规划基本知识 2. 人力资源培训与开发知识
二、信息系统开发	(一)系统总体规划	1. 能够确定企业对信息系统的要求 2. 能够主持制定信息系统开发总体方案	信息化领导知识
	(二)系统开发的组织管理	1. 能够合理设置开发组织 2. 能够有效管理开发组织及其成员	项目开发管理知识
	(三)制定开发策略	1. 能够正确决定自行开发项目 2. 能够正确决定委托开发项目 3. 能够合理选择合作伙伴 4. 能够制定开发计划 5. 能够提出投资预算	1. 项目比较分析方法 2. 费用/效益分析方法 3. 对策论、决策论基本知识
	(四)业务流程重组	能够提出业务流程优化方案	业务流程重组(BPR)理论与方法
	(五)系统分析	1. 能够主持系统分析 2. 能够主持审定系统逻辑方案	系统分析理论与方法
	(六)系统设计	1. 能够主持系统设计 2. 能够主持审定系统设计方案	系统设计理论与方法
	(七)系统实施	1. 能够组织系统转换 2. 能够进行预算控制 3. 能够进行实施效果评价	技术管理基本知识

续表

职业功能	工作内容	技能要求	相关知识
三、信息网络构建	（一）需求分析	能够根据需求调查的结果分析判断信息网络构建的必要性和可行性	项目评价方法基本知识
	（二）网络规划	能够主持制定信息网络建设总体规划，制定企业的网络管理和安全策略	1. 计算机网络原理知识 2. 网络的经济分析相关知识
	（三）项目实施	1. 能够制定实施计划 2. 能够监控实施过程 3. 能够检查实施效果	项目管理知识
	（四）预算控制	1. 能够合理分配预算 2. 能够对项目实施进行预算控制	预算管理知识
四、信息系统维护	（一）制定系统软硬件维护管理的规章制度	能够制定系统维护管理的规章制度	系统维护管理规章制度知识
	（二）制定应用软件维护和管理制度	能够制定应用软件维护和管理制度	应用软件维护和管理制度知识
	（三）制定数据维护和管理制度	能够制定数据维护管理规章制度	数据维护和管理制度知识
五、信息系统运作	（一）操作和使用信息系统	1. 能够通过信息系统进行知识管理 2. 能够通过信息系统进行决策分析 3. 能够通过信息系统进行电子商务管理	1. 知识管理理论知识 2. 决策分析理论知识 3. 电子商务管理知识
	（二）信息系统运作效果评价	1. 能够从技术和经济两方面综合评价信息系统的运作效果 2. 能够制定信息系统调整方案	信息系统效果评价方法
六、信息资源开发利用	（一）制定信息资源管理制度	能够组织制定信息资源管理制度	信息资源管理基本知识
	（二）信息分析	1. 能够进行信息统计分析 2. 能够根据信息统计分析结果进行经济活动的评价与预测	1. 统计学基本知识 2. 评价与预测方法
	（三）提供决策支持信息	能够提供决策支持信息	企业经营决策知识

附录B　国家标准《GB/T 8567—1988　计算机软件产品开发文件编制指南》

国家标准《GB/T 8567—1988　计算机软件产品开发文件编制指南》是一份指导性文件。它建议在软件的开发过程中编制下述14个文件：可行性研究报告、项目开发计划、软件需求说明书、数据要求说明书、总体设计说明书、详细设计说明书、数据库设计说明书、用户手册、操作手册、模块开发卷宗、测试计划、测试分析报告、开发进度表、项目开发总结。该指南给出了这14个文件的编制提示，它同时也是这14个文件编写质量的检验准则。下面详细介绍这14种文件的编写目的与内容要求。

1. 可行性研究报告

可行性研究报告的目的是，说明该软件开发项目的实现在技术上、经济上和社会条件上的可行性，论述为了合理地达到开发目标而可能选择的各种方案，说明并论证所选定的方案。可行性研究报告的编写内容见表B-1。

表B-1　可行性研究报告

1. 引言
    1.1　编写目的
    1.2　背景
    1.3　定义
    1.4　参考资料
2. 可行性研究的前提
    2.1　要求
    2.2　目标
    2.3　条件、假定和限制
    2.4　进行可行性研究的方法
    2.5　评价尺度
3. 对现有系统的分析
    3.1　数据流程和处理流程
    3.2　工作负荷
    3.3　费用开支
    3.4　人员
    3.5　设备
    3.6　局限性
4. 所建议的系统
    4.1　对所建议系统的说明
    4.2　数据流程和处理流程
    4.3　改进之处
    4.4　影响
        4.4.1　对设备的影响
        4.4.2　对软件的影响
        4.4.3　对用户单位机构的影响
        4.4.4　对系统运行的影响
        4.4.5　对开发的影响
        4.4.6　对地点和设施的影响
        4.4.7　对经费开支的影响
    4.5　局限性
    4.6　技术条件方面的可行性
5. 可选择的其他系统方案
    5.1　可选择的系统方案1
    5.2　可选择的系统方案2
    ……
6. 投资及收益分析
    6.1　支出
        6.1.1　基本建设投资
        6.1.2　其他一次性支出
        6.1.3　非一次性支出
    6.2　收益
        6.2.1　一次性收益
        6.2.2　非一次性收益
        6.2.3　不可定量的收益
    6.3　收益/投资比
    6.4　投资回收周期
    6.5　敏感性分析
7. 社会条件方面的可行性
    7.1　法律方面的可行性
    7.2　使用方面的可行性
8. 结论

2. 项目开发计划

编制项目开发计划的目的是用文件的形式，将在开发过程中各项工作的负责人员、开发进度、经费预算、所需软硬件条件等问题做出的安排记录下来，以便根据本计划开展和检查项目的开发工作。编制的内容要求如表 B-2 所示。

表 B-2 项目开发计划

1. 引言	2.5 完成项目的最迟期限
1.1 编写目的	2.6 本计划的审查者与批准者
1.2 背景	3. 实施总计划
1.3 定义	3.1 工作任务的分解
1.4 参考资料	3.2 接口人员
2. 项目概述	3.3 进度
2.1 工作内容	3.4 预算
2.2 主要参加人员	3.5 关键问题
2.3 产品及成果	4. 支持条件
2.3.1 程序	4.1 计算机系统支持
2.3.2 文件	4.2 需要用户承担的工作
2.3.3 服务	4.3 需由外单位提供的条件
2.3.4 非移交产品	5. 专题计划要点
2.4 验收标准	

3. 软件需求说明书

软件需求说明书的编制是为了使用户和软件开发人员双方对该软件的初始规定有一个共同的理解，使之成为整个软件开发工作的基础。其内容要求见表 B-3。

表 B-3 软件需求说明书

1. 引言	3.2.1 精度
1.1 编写目的	3.2.2 时间特性要求
1.2 背景	3.2.3 灵活性
1.3 定义	3.3 输入输出要求
1.4 参考资料	3.4 数据管理能力要求
2. 任务概述	3.5 故障处理要求
2.1 目标	3.6 其他专门要求
2.2 用户的特点	4. 运行环境规定
2.3 假定的约束	4.1 设备
3. 需求规定	4.2 支撑软件
3.1 对功能的规定	4.3 接口
3.2 对性能的规定	4.4 控制

4. 数据要求说明书

数据要求说明书的编制目的是为了向整个软件开发时期提供关于被处理数据的描述和数据采集要求的技术信息，其内容要求列于表 B-4 中。

5. 概要设计说明书

概要设计说明书又称为总体设计说明书，编制目的的是说明对项目系统的设计考虑，包括基本处理流程、组织结构、模块结构、功能配置、接口设计、运行设计、系统配置、数据结构设计和出错处理设计等，为程序的详细设计提供基础。其内容要求见表 B-5。

表 B-4 数据要求说明书

1. 引言 1.1 编写目的 1.2 背景 1.3 定义 1.4 参考资料 2. 数据的逻辑描述 2.1 静态数据 2.2 动态输入数据	2.3 动态输出数据 2.4 内部生成数据 2.5 数据约定 3. 数据的采集 3.1 要求和范围 3.2 输入的承担者 3.3 处理 3.4 影响

表 B-5 概要设计说明书

1. 引言 1.1 编写目的 1.2 背景 1.3 定义 1.4 参考资料 2. 总体设计 2.1 运行环境 2.2 基本设计概念和处理流程 2.3 结构 2.4 功能需求与程序的关系 2.5 人工处理过程 2.6 尚未解决的问题 3. 接口设计 3.1 用户接口	3.2 外部接口 3.3 内部接口 4. 运行设计 4.1 运行模块组合 4.2 运行控制 4.3 运行时间 5. 系统数据结构设计 5.1 逻辑结构设计要点 5.2 物理结构设计要点 5.3 数据结构设计要点 6. 系统出错处理设计 6.1 出错信息 6.2 补救措施 6.3 系统维护设计

6. 详细设计说明书

详细设计说明书又称为程序设计说明书，编制目的的是说明一个软件系统各个层次中的每一个程序(模块)的设计考虑。如果软件系统比较简单，层次少，本文件可以不单独编写，有关内容可并入概要设计说明书。详细设计说明书的内容要求见表 B-6。

表 B-6 详细设计说明书

1. 引言 1.1 编写目的 1.2 背景 1.3 定义 1.4 参考资料 2. 程序系统的组织结构 3. 程序 1(标识符)设计说明 3.1 程序描述 3.2 功能 3.3 性能 3.4 输入项	3.5 输出项 3.6 算法 3.7 流程逻辑 3.8 接口 3.9 存储分配 3.10 注释设计 3.11 限制条件 3.12 测试计划 3.13 尚未解决的问题 4. 程序 2(标识符)设计说明 ……

7. 数据库设计说明书

数据库设计说明书的编制目的是对于设计中的数据的所有标识、逻辑结构和物理结构做出具体的设计规定。内容要求见表 B-7。

表 B-7　数据库设计说明书

1. 引言	2.4　专门指导
1.1　编写目的	2.5　支撑软件
1.2　背景	3. 结构设计
1.3　定义	3.1　概念结构设计
1.4　参考资料	3.2　逻辑结构设计
2. 外部设计	3.3　物理结构设计
2.1　标识符和状态	4. 运用设计
2.2　使用它的程序	4.1　数据字典设计
2.3　约定	4.2　安全保密设计

8. 用户手册

用户手册的编制是使用非专业术语的语言，充分地描述该软件系统所具有的功能及基本的使用方法，使用户通过本手册能够了解该软件的用途，并能够确定在什么情况下、如何使用它。具体的内容要求见表 B-8。

表 B-8　用户手册

1. 引言	3.3　数据结构
1.1　编写目的	4. 使用过程
1.2　背景	4.1　安装与初始化
1.3　定义	4.2　输入
1.4　参考资料	4.2.1　输入数据的现实背景
2. 用途	4.2.2　输入格式
2.1　功能	4.2.3　输入举例
2.2　性能	4.3　输出
2.2.1　精度	4.3.1　输出数据的现实背景
2.2.2　时间特性	4.3.2　输出格式
2.2.3　灵活性	4.3.3　输出举例
3. 运行环境	4.4　文卷查询
3.1　硬环境	4.5　出错处理与恢复
3.2　支撑软件	4.6　终端操作

9. 操作手册

操作手册的编制是为了向操作人员提供该软件每个运行的具体过程的有关知识，包括操作方法的细节。内容要求见表 B-9。

表 B-9　操作手册

1. 引言	4.2　运行步骤
1.1　编写目的	4.3　运行 1(标识符)说明
1.2　背景	4.3.1　运行控制
1.3　定义	4.3.2　操作信息
1.4　参考资料	4.3.3　输入文段
2. 软件概述	4.3.4　输出文段
2.1　软件的结构	4.3.5　输出文段的复制
2.2　程序表	4.3.6　启动恢复过程
2.3　文卷表	4.4　运行 2(标识符)说明
3. 安装与初始化	……
4. 运行说明	5. 非常规过程
4.1　运行表	6. 远程操作

10. 模块开发卷宗

模块开发卷宗是在模块开发过程中逐步编写出来的。每完成一个模块或一组密切相关的模块,复审时编写一份,应该把所有的模块开发卷宗汇集在一起。编写的目的是记录和汇总低层次开发的进度和结果,以便于对整个系统开发工作进行管理的复审,并为将来的维护提供有用的技术信息。具体内容要求见表 B-10 和表 B-11。

表 B-10 模块开发卷宗

1. 标题 2. 模块开发情况表(见附表 B-11) 3. 功能说明 4. 设计说明	5. 源代码清单 6. 测试说明 7. 复审的结论

表 B-11 模块开发情况表

模块标识符				
模块的描述性名称				
代码设计	计划开始日期			
	实际开始日期			
	计划完成日期			
	实际完成日期			
模块测试	计划开始日期			
	实际开始日期			
	计划完成日期			
	实际完成日期			
组装测试	计划开始日期			
	实际开始日期			
	计划完成日期			
	实际完成日期			
代码复查日期/签字				
源代码行数				
目标模块大小				
项目负责人批准日期/签字				

11. 测试计划

这里所说的测试是指整个软件系统的组装测试和确认测试,本文件的编制是为了提供一个对该软件的测试计划,包括对每项测试活动的内容、进度安排、设计考虑、测试数据的整体性方法及评价准则,具体内容见表 B-12。

表 B-12 测试计划

1. 引言 1.1 编写目的 1.2 背景 1.3 定义 1.4 参考资料 2. 计划 2.1 软件说明 2.2 测试内容 2.3 测试 1(标识符) 2.3.1 进度安排 2.3.2 条件 2.3.3 测试资料 2.3.4 测试培训 2.4 测试 2(标识符) ……	3. 测试设计说明 3.1 测试 1(标识符) 3.1.1 控制 3.1.2 输入 3.1.3 输出 3.1.4 过程 3.2 测试 2(标识符) …… 4. 评价准则 4.1 范围 4.2 数据整理 4.3 尺度

12. 测试分析报告

测试分析报告的编写是为了把组装测试和确认测试的结果、发现的问题以及分析结果写成文件形式加以保存,具体编写内容要求见表 B-13。

表 B-13 测试分析报告

1. 引言 1.1 编写目的 1.2 背景 1.3 定义 1.4 参考资料 2. 测试概要 3. 测试结果及发现 3.1 测试 1(标识符) 3.2 测试 2(标识符) …… 4. 对软件功能的结论	4.1 功能 1(标识符) 4.1.1 能力 4.1.2 限制 4.2 功能 2(标识符) …… 5. 分析摘要 5.1 能力 5.2 缺陷和限制 5.3 建议 5.4 评价 6. 测试资源消耗

13. 开发进度月报

开发进度月报的编制目的是及时向有关管理部门汇报项目开发的进度和情况,以便及时发现和处理开发过程中出现的问题。一般来说,开发进度月报是以项目组为单位每月编写的,具体内容要求见表 B-14。

表 B-14 开发进度月报

1. 标题 2. 工程进度与状态 2.1 进度 2.2 状态 3. 资源耗用与状态 3.1 资源耗用 3.1.1 工时 3.1.2 机时	3.2 状态 4. 经费支出与状态 4.1 经费支出 4.1.1 支出性费用 4.1.2 设备购置费 4.2 状态 5. 下个月的工作计划 6. 建议

14. 项目开发总结报告

项目开发总结报告的编制是为了总结本项目开发工作的经验，说明实际取得的开发成果以及对整个开发工作的各个方面的评价，具体内容要求见表 B-15。

表 B-15　项目开发总结报告

1. 引言 　1.1　编写目的 　1.2　背景 　1.3　定义 　1.4　参考资料 2. 实际开发结果 　2.1　产品 　2.2　主要功能和性能 　2.3　基本流程	2.4　进度 　2.5　费用 3. 开发工作评价 　3.1　对生产效率的评价 　3.2　对产品质量的评价 　3.3　对技术方法的评价 　3.4　出错原因的分析 4. 经验与教训

参考文献

1. LARMAN G. UML和模式应用——面向对象分析与设计导论 [M]. 姚淑珍，李虎，等译. 北京：机械工业出版社，2002.
2. JACOBSON I，BOOCH G，RUMBAUGH J. 统一软件开发过程[M]. 周伯生，冯学民，樊东平，译. 北京：机械工业出版社，2002.
3. WHITTEN L J et al. 系统分析与设计方法(影印版)[M]. 7 版. 北京：高等教育出版社，2008.
4. ARLOW J. UML和统一过程——实用面向对象地分析和设计[M]. 方贵宾，等译. 北京：机械工业出版社，2003.
5. BABER R. 计算机文化[M]. 汪嘉旻，译. 北京：清华大学出版社，2001.
6. GERALD M，WEINBERG. 系统分析与建模[M]. 北京：清华大学出版社，2002.
7. SOMMERVILLE I，SAWYER P. 需求工程[M]. 赵文耘，等译. 北京：机械工业出版社，2003.
8. BRAY I K. 需求工程导引[M]. 舒忠梅，等译. 北京：人民邮电出版社，2003.
9. 教育部. 关于加快中小学信息技术课程建设的指导意见(草案)，1999.
10. 安淑芝. 计算机网络[M]. 北京：中国铁道出版社，2004.
11. 陈晓红. 信息系统教程[M]. 北京：清华大学出版社，2003.
12. 陈禹. 经济信息管理概论[M]. 北京：中国人民大学出版社，1996.
13. 董荣胜，古天龙. 计算机科学与技术方法论[M]. 北京：人民邮电出版社，2002.
14. 胡克瑾，等. IT 审计[M]. 北京：电子工业出版社，2002.
15. 姜同强. 计算机信息系统开发——理论、方法与实践[M]. 北京：科学出版社，2000.
16. 刘寅虓. 系统分析与软件开发过程管理使用案例教程[M]. 北京：清华大学出版社，2003.
17. 宋振晖，等. 信息系统工程监理知识体系[M]. 北京：电子工业出版社，2004.
18. 汪星明. 管理系统中计算机应用 [M]. 2 版. 武汉：武汉大学出版社，2001.
19. 吴组玉. 信息系统工程[M]. 北京：人民邮电出版社，2001.
20. 许国志. 系统科学与工程研究[M]. 上海：上海科技教育出版社，2000.
21. 薛华成. 管理信息系统[M]. 4 版. 北京：清华大学出版社，2003.
22. 张龙祥. UML 与系统分析设计[M]. 北京：人民邮电出版社，2003.
23. 张维明. 信息系统建模[M]. 北京：电子工业出版社，2002.
24. 赵乃真. MIS 发展的探索——知识管理[J]. 管理信息系统，2000.
25. 赵乃真. 电子商务技术与应用[M]. 北京：中国铁道出版社，2003.
26. 赵乃真. 电子商务网站建设[M]. 北京：清华大学出版社，2003.
27. 赵熙朝. CMM 综述[OL]. 天极网. 2002-01-12.
28. 左美云. 企业信息管理[M]. 北京：中国物价出版社，2002.
29. 罗超理. 管理信息系统原理与应用[M]. 北京：清华大学出版社，2002.
30. 罗超理，李万红. 管理信息系统原理与应用[M]. 北京：清华大学出版社，2002.
31. 孙强. 信息系统审计：安全、风险管理与控制[OL]. e-works. 2003-03-02.
32. 企业信息管理师国家职业资格认证[OL]. 中国企业信息管理师网站. http://www.cio.cn/zhengce1.asp.

参考文献

1. LARMAN C. [illegible]
2. JACOBSON I, BOOCH G, RUMBAUGH J. [illegible]
3. WHITTEN J L. [illegible]
4. [illegible]
5. BAREK N. [illegible]
6. GERALD M. WEINBERG. [illegible]
7. SOMMERVILLE I, SAWYER P. [illegible]
8. BRAY I K. [illegible]

[illegible]

读者意见反馈

亲爱的读者：

感谢您一直以来对清华版计算机教材的支持和爱护。为了今后为您提供更优秀的教材，请您抽出宝贵的时间来填写下面的意见反馈表，以便我们更好地对本教材做进一步改进。同时如果您在使用本教材的过程中遇到了什么问题，或者有什么好的建议，也请您来信告诉我们。

地址：北京市海淀区双清路学研大厦A座602室 计算机与信息分社营销室 收

邮编：100084　　　　电子邮件：jsjjc@tup.tsinghua.edu.cn

电话：010-62770175-4608/4409　　　　邮购电话：010-62786544

教材名称：信息系统设计与应用（第2版）

ISBN：978-7-302-21079-5

个人资料

姓名：________________ 年龄：_______ 所在院校/专业：____________________

文化程度：____________ 通信地址：____________________________________

联系电话：____________ 电子信箱：____________________________________

您使用本书是作为： □指定教材 □选用教材 □辅导教材 □自学教材

您对本书封面设计的满意度：

□很满意 □满意 □一般 □不满意　改进建议____________________________

您对本书印刷质量的满意度：

□很满意 □满意 □一般 □不满意　改进建议____________________________

您对本书的总体满意度：

从语言质量角度看 □很满意 □满意 □一般 □不满意

从科技含量角度看 □很满意 □满意 □一般 □不满意

本书最令您满意的是：

□指导明确 □内容充实 □讲解详尽 □实例丰富

您认为本书在哪些地方应进行修改？（可附页）

____

____

您希望本书在哪些方面进行改进？（可附页）

____

____

电子教案支持

敬爱的教师：

为了配合本课程的教学需要，本教材配有配套的电子教案（素材），有需求的教师可以与我们联系，我们将向使用本教材进行教学的教师免费赠送电子教案（素材），希望有助于教学活动的开展。相关信息请拨打电话 010-62776969 或发送电子邮件至 jsjjc@tup.tsinghua.edu.cn 咨询，也可以到清华大学出版社主页（http://www.tup.com.cn 或 http://www.tup.tsinghua.edu.cn）上查询。

高等学校计算机专业教材精选

计算机技术及应用

信息系统设计与应用(第 2 版)　赵乃真　ISBN 978-7-302-21079-5

计算机硬件

单片机与嵌入式系统开发方法　薛涛　ISBN 978-7-302-20823-5
基于 ARM 嵌入式 μCLinux 系统原理及应用　李岩　ISBN 978-7-302-18693-9

计算机基础

计算机科学导论教程　黄思曾　ISBN 978-7-302-15234-7
计算机应用基础教程(第 2 版)　刘旸　ISBN 978-7-302-15604-8

计算机原理

操作系统原理教程(第 2 版)　孟静　即将出版
计算机系统结构　李文兵　ISBN 978-7-302-17126-3
计算机组成原理(第三版)　李文兵　ISBN 978-7-302-13546-3
微型计算机操作系统基础——基于 Linux/i386　任哲　ISBN 978-7-302-17800-2
微型计算机原理与接口技术应用　陈光军　ISBN 978-7-302-16940-6

软件工程

软件工程实用教程　范立南　即将出版

数理基础

离散数学及其应用　周忠荣　ISBN 978-7-302-16574-3

算法与程序设计

C++ 程序设计　赵清杰　ISBN 978-7-302-18297-9
C++ 程序设计实验指导与题解　胡思康　ISBN 978-7-302-18646-5
C 语言程序设计教程　覃俊　ISBN 978-7-302-16903-1
C 语言上机实践指导与水平测试　刘恩海　ISBN 978-7-302-15734-2
Java 程序设计(第 2 版)　娄不夜　ISBN 978-7-302-20984-3
Java 程序设计教程　孙燮华　ISBN 978-7-302-16104-2
Java 程序设计实验与习题解答　孙燮华　ISBN 978-7-302-16411-1
Visual Basic 上机实践指导与水平测试　郭迎春　ISBN 978-7-302-15199-9
程序设计基础习题集　张长海　ISBN 978-7-302-17325-0
计算机程序设计经典题解　杨克昌　ISBN 978-7-302- 163589
数据结构　冯俊　ISBN 978-7-302-15603-1

数据库

SQL Server 2005 实用教程　范立南　ISBN 978-7-302-20260-8
数据库基础教程　王嘉佳　ISBN 978-7-302-11930-8
数据库原理与应用案例教程　郑玲利　ISBN 978-7-302-17700-5

图形图像与多媒体技术

AutoCAD 2008 中文版机械设计标准实例教程　蒋晓　ISBN 978-7-302-16941-3
Pro/ENGINEER 标准教程　樊旭平　ISBN 978-7-302-18718-9
Photoshop(CS2 中文版)标准教程　施华锋　ISBN 978-7-302-18716-5
计算机图形学基础教程(Visual C++ 版)　孔令德　ISBN 978-7-302-17082-2

计算机图形学实践教程(Visual C++ 版)　孔令德　ISBN 978-7-302-17148-5
计算机图形学基础教程(Visual C++ 版)习题解答与编程实践　孔令德　即将出版

网络与通信技术

Web 开发技术实用教程　陈轶　ISBN 978-7-302-17435-6
Web 开发技术实验指导　陈轶　ISBN 978-7-302-19942-7
Web 数据库编程与应用　魏善沛　ISBN 978-7-302-17398-4
Web 数据库系统开发教程　文振焜　ISBN 978-7-302-15759-5
实用网络工程技术　王建平　ISBN 978-7-302-20169-4
计算机网络技术与实验　王建平　ISBN 978-7-302-15214-9
计算机网络原理与通信技术　陈善广　ISBN 978-7-302-15173-9
网络安全基础教程　许伟　ISBN 978-7-302-19312-8